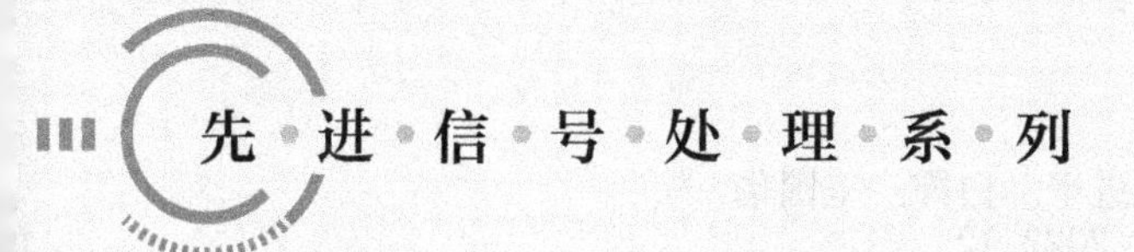

雷达波形设计与处理导论

孙进平　白　霞　王国华｜编著

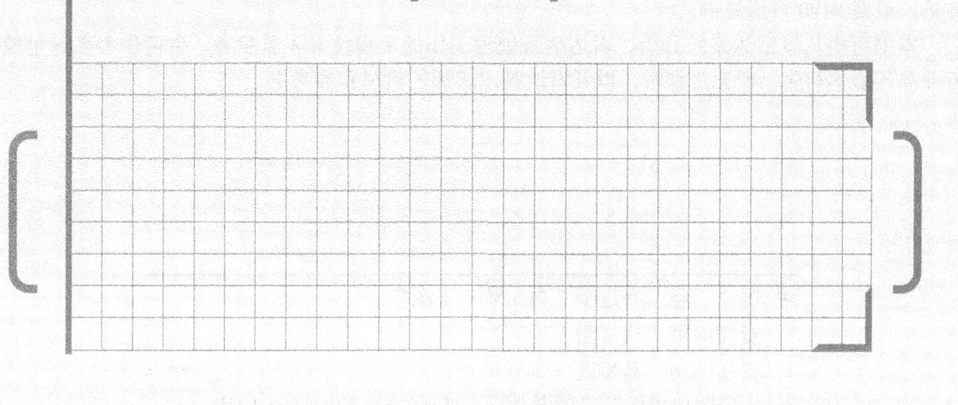

人民邮电出版社
北京

图书在版编目（CIP）数据

雷达波形设计与处理导论 / 孙进平，白霞，王国华编著. -- 北京 : 人民邮电出版社，2022.12
（先进信号处理系列）
ISBN 978-7-115-59556-0

Ⅰ. ①雷… Ⅱ. ①孙… ②白… ③王… Ⅲ. ①雷达波形－波形设计②雷达波形－处理 Ⅳ. ①TN951

中国版本图书馆CIP数据核字(2022)第110065号

内 容 提 要

雷达系统可提取的信息和信息的质量与雷达发射波形有直接关系。现代雷达必须具备多种功能和综合应用的能力，需要采用多种发射波形，以适应任务需求和环境的变化。本书在侧重基本理论、基本概念和基本设计方法的基础上，以实例化方式介绍了雷达波形设计与处理的理论及实践方法。

本书共分为 9 章，第 1～4 章介绍雷达波形设计与处理的基础理论，第 5～9 章介绍与现代雷达应用密切相关的内容，包括脉冲多普勒雷达波形、低截获概率雷达波形、最佳检测波形、最佳跟踪波形，以及 MIMO 雷达波形。

本书可供从事雷达系统分析、雷达信号处理工作的工程技术人员参考，也可作为高等学校相关专业高年级本科生、研究生课程，以及雷达技术培训的教材和参考书。

◆ 编　　著　孙进平　白　霞　王国华
责任编辑　代晓丽
责任印制　马振武
◆ 人民邮电出版社出版发行　　北京市丰台区成寿寺路 11 号
邮编　100164　　电子邮件　315@ptpress.com.cn
网址　https://www.ptpress.com.cn
固安县铭成印刷有限公司印刷
◆ 开本：700×1000　1/16
印张：15　　2022 年 12 月第 1 版
字数：294 千字　　2022 年 12 月河北第 1 次印刷

定价：149.80 元

读者服务热线：(010)81055493　印装质量热线：(010)81055316
反盗版热线：(010)81055315
广告经营许可证：京东市监广登字 20170147 号

前言

雷达系统对目标的探测性能与其所发射的波形密切相关。现代多功能雷达必须具备发射多种波形的能力，以满足不同的任务需求并适应环境的变化。编写本书的目的是帮助电子信息工程、雷达工程等相关专业的学生和工程技术人员初步掌握现代雷达波形理论以及具体的设计方法，为从事雷达系统分析、信号与数据处理等方面的工作打下基础。

本书重点介绍雷达波形设计与处理的基本理论、基本概念和基本设计方法。在此基础上，以实例化方式讨论了雷达波形设计领域的一些专题内容，包括脉冲多普勒雷达波形、低截获概率雷达波形、最佳检测波形、最佳跟踪波形，以及多输入多输出（Multiple-Input Multiple-Output，MIMO）雷达波形等与现代雷达应用密切相关的内容。为便于读者加深对所述原理与方法的理解，部分章节给出了较为丰富的 MATLAB 示例程序。

本书共分为 9 章。第 1 章简要说明雷达系统的一些基本概念，并从系统辨识的角度分析了雷达波形设计问题的重要性。第 2 章介绍雷达信号的常用数学表示方法，描述波形整体特征的参量，以及作为最佳线性处理的匹配滤波理论。第 3 章介绍模糊函数及其性质，以及模糊函数与雷达目标分辨能力之间的关系。第 4 章介绍常用雷达波形，包括线性调频脉冲信号、单载频相参脉冲串信号、步进频率信号和二相编码信号，分析信号频谱、模糊函数及相应的信号处理方法。第 5 章介绍脉冲多普勒雷达波形，分析脉冲重复频率（Pulse Repetition Frequency，PRF）对系统性能的影响，重点讨论低 PRF、高 PRF 和中 PRF 3 种模式下杂波、盲区、遮蔽等因素的影响，以及相应的信号处理方法。第 6 章介绍低截获概率雷达的基本概念和实现低截获性能的主要技术，讨论周期模糊函数和平均模糊函数的定义和应用方式，以及时频谱分析和循环谱分析这两种常用的提取低截获概率波形参数的信号处理方法。第 7 章介绍能够实现最佳检测性能的波形设计问题，以及匹配滤波、白化滤波和联合设计方法。通过利用发射机信号（波形）的自由度来增强对杂波和干扰的抑制，从而实现雷达检测性能的提升。第 8 章介绍雷达目标跟踪中的波形优化策略，通过分析波形参数与跟踪性能之间的关系，在不同场合依据特定的准则对发射波形进行优化调整，可以提高跟踪性能，给出利用恒频–双曲调频组合脉冲串作为发射波形，用序贯扩展卡尔曼滤波对机动目标进行跟踪的波形优化方案。第 9 章介绍 MIMO 雷达的基本原理，以及 MIMO 雷达正交波形设计的信号模型和设计准则。针对相位编码正交波形设计问题，给出一种基于量子遗传算法的波形优化设计方法。

本书第 1、2、8、9 章由孙进平撰写，第 3、4、5、6 章由白霞撰写，第 7 章由王国华撰写，王冰冰、郝昭昕等研究生提供了部分仿真结果。本书参考了许多国内外学者的著作，在编写过程中得到了北京航空航天大学毛士艺教授、国防科技大学胡卫东教授等专家的指导和帮助，在此深表感谢。

由于编者的专业水平和实际工程经验有限，书中疏漏及不足之处在所难免，敬请读者批评指正。

作　者

目　录

第 1 章　绪论……1

1.1　雷达系统的基本概念……1
1.2　雷达波形技术的发展……8
参考文献……10

第 2 章　雷达信号与匹配滤波……12

2.1　引言……12
2.2　雷达信号的表示方法……13
2.2.1　时域与频域表示……13
2.2.2　波形参量与不确定原理……17
2.3　雷达信号的产生与接收……20
2.4　匹配滤波理论……23
2.4.1　白噪声下的匹配滤波器……24
2.4.2　色噪声下的匹配滤波器……29
2.5　匹配滤波器的实现……33
参考文献……38

第 3 章　模糊函数及雷达分辨理论……40

3.1　模糊函数的定义……40
3.2　模糊函数的性质……42
3.3　模糊函数与目标分辨……48

3.3.1 距离分辨 ……48
3.3.2 速度分辨 ……51
3.3.3 距离–速度联合分辨 ……52
3.4 模糊函数的例子 ……53
3.4.1 矩形脉冲的模糊函数 ……53
3.4.2 矩形脉冲的分辨性能 ……54
参考文献 ……59

第 4 章 常用雷达波形 ……60

4.1 雷达信号的分类 ……60
4.2 线性调频脉冲信号 ……62
4.2.1 线性调频脉冲信号的频谱特性 ……63
4.2.2 线性调频脉冲信号的模糊函数 ……64
4.2.3 线性调频脉冲信号的处理方法 ……68
4.3 单载频相参脉冲串信号 ……69
4.3.1 均匀脉冲串信号的频谱特性 ……70
4.3.2 均匀脉冲串信号的模糊函数 ……72
4.3.3 均匀脉冲串信号的处理方法 ……75
4.4 步进频率信号 ……78
4.4.1 步进频率信号的频谱特性 ……78
4.4.2 步进频率信号的模糊函数 ……79
4.4.3 步进频率信号的处理方法 ……83
4.5 二相编码信号 ……85
4.5.1 二相编码信号的频谱特性 ……86
4.5.2 二相编码信号的模糊函数 ……87
4.5.3 二相编码信号的处理方法 ……91
4.6 MATLAB 程序清单 ……91
参考文献 ……98

第 5 章 脉冲多普勒雷达波形 ……100

5.1 脉冲多普勒雷达概述 ……100
5.2 多普勒效应 ……101
5.3 低 PRF 脉冲多普勒雷达波形 ……104
5.3.1 目标和杂波间的差别 ……106
5.3.2 低 PRF PD 雷达信号处理 ……108

5.3.3 低 PRF 工作模式小结……113
5.4 高 PRF 脉冲多普勒雷达波形……113
5.4.1 高 PRF 的时域特性……114
5.4.2 高 PRF PD 雷达信号处理……116
5.4.3 高 PRF 工作模式小结……118
5.5 中 PRF 脉冲多普勒雷达波形……118
5.5.1 中 PRF 雷达的杂波响应……119
5.5.2 中 PRF 雷达的 PRF 选择……121
5.5.3 中 PRF 工作模式小结……123
参考文献……123

第 6 章 低截获概率雷达波形……124

6.1 低截获概率雷达概述……124
6.2 低截获概率雷达基本原理……125
6.3 低截获概率波形的模糊度分析……128
6.3.1 周期模糊函数……129
6.3.2 平均模糊函数……131
6.4 连续波信号……131
6.4.1 调频连续波模糊函数分析……131
6.4.2 调频连续波信号处理……138
6.5 随机技术……140
6.5.1 随机化波形……141
6.5.2 随机调频连续波模糊函数分析……142
6.6 低截获概率信号分析……147
6.6.1 LPI 雷达波形的时频谱分析……149
6.6.2 LPI 雷达波形的循环谱分析……150
参考文献……152

第 7 章 最佳检测波形……153

7.1 引言……153
7.2 检测波形优化……154
7.2.1 已知信号的检测……154
7.2.2 波形优化……156
7.2.3 波形优化性能……156
7.3 未知多目标检测最佳波形设计……157

7.3.1 信号模型 ······ 157
7.3.2 波形优化模型 ······ 158
7.4 检测波形优化问题的求解 ······ 160
7.4.1 联合设计的 SINR ······ 161
7.4.2 WF 和 MF 设计的 SINR ······ 163
7.4.3 联合设计中 XCS 的雅可比矩阵 ······ 163
7.4.4 WF 设计中 XCS 的雅可比矩阵 ······ 166
7.4.5 MF 设计中 XCS 的雅可比矩阵 ······ 167
7.5 仿真实验 ······ 168
参考文献 ······ 174

第 8 章 最佳跟踪波形 ······ 175

8.1 引言 ······ 175
8.2 用于目标跟踪的发射波形集合 ······ 176
8.2.1 高斯包络单载频脉冲 ······ 176
8.2.2 高斯包络 LFM 脉冲 ······ 177
8.2.3 CF-HFM 组合脉冲串 ······ 178
8.3 线性跟踪模型中的波形优化 ······ 179
8.3.1 卡尔曼滤波 ······ 179
8.3.2 观测噪声协方差的 CRLB 近似 ······ 180
8.3.3 基于卡尔曼滤波的波形自适应选择 ······ 182
8.3.4 仿真及分析 ······ 183
8.4 非线性跟踪模型中的波形优化 ······ 187
8.4.1 无迹卡尔曼滤波 ······ 188
8.4.2 基于无迹变换的跟踪均方误差预测 ······ 190
8.4.3 仿真及分析 ······ 191
8.5 机动目标跟踪中的波形优化 ······ 194
8.5.1 基于分辨单元及量测提取的观测噪声协方差近似 ······ 194
8.5.2 基于序贯扩展卡尔曼滤波的波形自适应选择 ······ 199
8.5.3 仿真及分析 ······ 204
参考文献 ······ 208

第 9 章 MIMO 雷达波形 ······ 209

9.1 MIMO 雷达简介 ······ 209
9.2 信号模型和设计准则 ······ 211

9.3 基于量子遗传算法的正交波形设计……213
9.3.1 遗传算法……213
9.3.2 量子遗传算法……218
9.3.3 正交信号波形设计过程……220
9.4 仿真及分析……222
参考文献……225

名词索引……227

第1章 绪论

本章首先简要说明有关雷达系统的一些基本概念，以便读者理解本书所讨论的波形设计问题。其次，从系统辨识的角度分析雷达波形设计问题的重要性。最后对雷达波形技术的发展及当前的一些研究现状做简要介绍。

1.1 雷达系统的基本概念

雷达是英文 Radar 的音译，源于 Radio Detection and Ranging 的缩写，意思为“无线电探测和测距”，按词意，雷达的基本功能是利用电磁波来发现目标，并测定其空间位置。从用途而言，雷达是一个利用电磁波信号发现目标的传感器装置。对于一个常规的雷达系统，其工作过程可归纳如下：① 雷达发射机产生一定能量的射频（Radio Frequency，RF）信号，并通过天线辐射出去，使其在空中传播；② 辐射能量在传播过程中，有一部分被距离雷达一定远处的反射体（目标）截获；③ 目标截获的能量被重新辐射到许多方向上（电磁波的反射）；④ 重新辐射的能量有一部分（回波）返回雷达处，并被雷达天线接收；⑤ 回波被接收机放大，并经过特定的信号处理后，接收机的输出端将做出目标回波信号是否存在的判决，同时估计出目标的位置、速度以及散射中心分布等信息。

雷达是利用目标对电磁波的反射（或称为二次散射）现象来发现目标并测定其参数的。凡是能反射电磁波的物体，都可以是雷达的目标。诸如飞机、导弹、人造卫星、舰艇、车辆、兵器、炮弹、人体，甚至地表、洋流、云雨等都可能作为雷达的探测目标，具体视雷达的用途而定。一个简化的脉冲雷达工作过程如图 1-1 所示，射频信号以脉冲形式发射，在两个脉冲之间接收回波信号，因此收发可以共用同一天线装置，中间由收发开关进行切换。如果雷达发射的是连续波信号（即发射机一直输出射频信号或间歇很短），则需有独立的发射天线和接收天线。对于多站雷达或利用外辐射源的被动雷达，发射机和接收机则在不同的地方[1-3]。

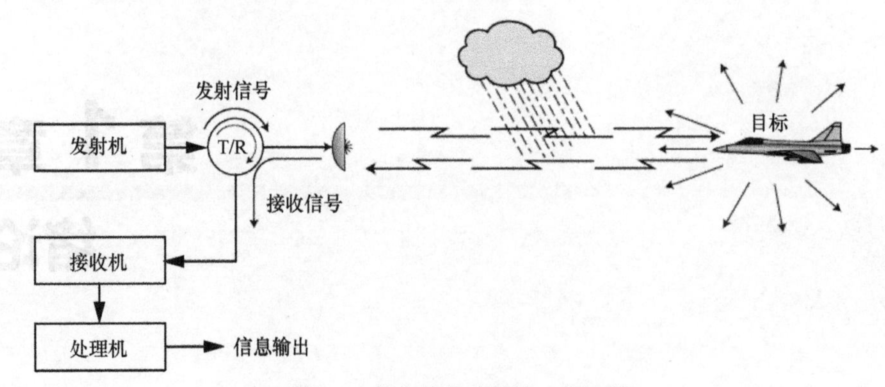

图 1-1　简化的脉冲雷达工作过程

雷达系统中发射信号的具体形式为雷达的波形。为了能有效地在空间或特定介质中传播，雷达必须工作在特定的无线电频段上，即发射信号的波形有一特定载频。由于工作频率不同的雷达在工程实现时差别很大，波段的选择是设计雷达时首先需要解决的问题。雷达工作的频率范围极宽，从几兆赫兹（MHz）一直到太赫兹（THz），激光雷达则工作在更高频率上。为特定的雷达选择波长需要根据诸多因素进行权衡，比如：① 电磁波的传播特性；② 任务目标及应用；③ 雷达的工作环境、技术的成熟度和成本等。最终，雷达的工作频段与具体的应用目的密切相关[1]。例如，超视距雷达（地波或天波）工作在高频（High Frequency，HF）波段，因为只有在这个波段才能形成足够的绕射或电离层反射，对感兴趣的大型目标也有可接受的回波能量。地基甚远距离预警雷达工作在特高频（Ultra High Frequency，UHF）和甚高频（Very High Frequency，VHF）波段。L 波段雷达主要是地基和舰载系统，用于空中交通控制搜索任务。大部分地基和舰载中程雷达工作在 S 波段。大部分气象监测雷达系统是 C 波段雷达，大部分防空制导雷达也工作在 C 波段。机载预警雷达一般工作在 L 或 S 波段，而大部分机载火控、监视雷达则工作在 X 波段。对于某一具体的雷达应用而言，工作频率的选择并非确定不变。例如，实现微波成像的合成孔径雷达，其工作频率从 HF 波段到毫米波段都有应用。

和通信系统中的射频信号一样，雷达发射信号也是用某个基带信号对载波调制后形成的。因此，一旦确定了载频，对雷达波形的研究就可以针对调制的基带信号展开[4-7]。但雷达的发射信号与通信系统的发射信号又有本质的区别，通信的目的是信息的传输，因此发射信号必须承载所有的信息。雷达的发射信号则毫无信息，它只是信息的运载工具。当雷达发射信号碰到目标时，目标就对发射信号进行调制并产生二次散射，形成回波信号。目标的全部信息就蕴藏在这个回波信号内。可以这样比喻，通信是利用电磁波在收发之间“抛”东西，而雷达则是用电磁波“捞”东西。也因此，通信主要考虑的是传输信道的容量、保密性以及如何确保信号在传输过程中不失真，雷达则主要考虑在有限的发射功率条件下，如何更远、更快地发现目标，以及如何从目标回波中提取更多、更准确的目标信息。但不管怎样，雷达与通信系统中的射频信号都是信息的载体，由于信息承载能力与信号的形式密切相关，因此两者都需要在某些特定约束条件下，设计具有良好信息承载能力的信号形式。在通信中，这就是信号调制技术，而在雷达中，就是信号（或波形）的设计问题。

前面提到，雷达是一种传感器，而任何一种传感器的工作雷达在原理上都是将被测物理量转换调制到某个输入信号，再对输出进行测量解调来完成的。进一步，我们可以将雷达的探测过程视为图 1-2 所示的系统辨识过程，这个系统由雷达的部分硬件（发射链路、接收链路）、电磁波传播的信道以及要探测的目标组成。与一般的黑盒系统辨识问题不同，对此系统的各个部分，我们都有一定的先验知识，比如通过定标试验，发射链路和接收链路的特性几乎可以完全已知，信道的不确定性也可以通过测量试验大大降低，系统的不确定性主要体现在目标及各种可能出现的干扰上，有关目标的不确定性就是我们要获取的信息。对一个系统的辨识，必定是以输入–输出信号的测量为基础实现的，而为了有效地辨识系统，输入（探针）信号也必须经过专门的设计。因此，从系统辨识的角度看，雷达波形设计问题毫无疑问是非常重要的。

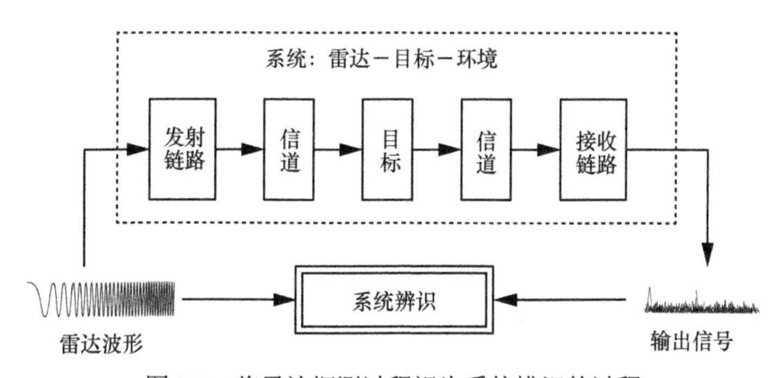

图 1-2　将雷达探测过程视为系统辨识的过程

雷达波形与它能运载的信息量有直接的关系。我们自然希望得到尽可能多的所需要的信息，同时要尽可能地排除干扰。从实践上讲，选定的发射信号要较易形成，收到的回波信号中的有用信息要较易提取，干扰（即有害信息）要易于去除，这种提取和去除就是通过雷达处理器（信号处理及数据处理）设备来实现的。

现实中的目标对雷达发射信号的响应是相当复杂的，与波长、照射方向、目标形状及材料等诸多因素有关。而不同用途的雷达关心的目标又千差万别，尽管有电磁散射特性这样专门的研究方向，但在设计波形时就严格考虑具体的目标散射特征，显然是不大现实的。因此，在考虑波形设计问题时，我们一般采用理想“点目标”模型，即认为目标的电反射面积在空间是集中在一点上，或者，目标的尺寸远小于雷达的分辨单元。对于可实现高分辨率成像的超宽带雷达波形，这里的“点目标”可视为实际目标的散射中心。

雷达对目标距离的测量是其最基本的任务之一，电磁波在均匀介质中以固定的速度直线传播，自由空间的光速近似为$c=3\times10^8$ m/s 。于是，目标至雷达的距离可以通过测量从发射信号至接收到目标回波信号的时延t_R得到

$$R_0=\frac{1}{2}ct_R \tag{1-1}$$

图 1-3 所示为最简单的脉冲法测距原理，其他测量时延的方法有频率法和相位法，具体与发射信号的形式（波形）有关，比如高度计等发射调频连续波的雷达，测距是用频率法。

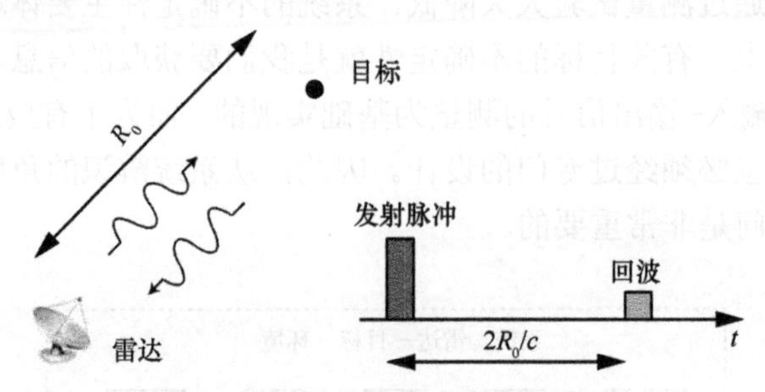

图 1-3　最简单的脉冲法测距原理

尽管测距的原理很简单，但实际中要考虑一系列的问题。一般目标的回波是发射能量的极小一部分，同时叠加了雷达接收电路产生的热噪声以及其他各种可能的干扰，这使得回波时延不可能被精确测出，即存在测量的精度问题。根据统计信号处理的结论，对信号参数的估计精度依赖于输入的信噪比。因此，我们在对反映目标信息的回波参数进行估计之前，必须设法改善信噪比（当然，参数估计之前的目标检测也需要改善信噪比）。怎样对接收信号进行处理，使在目标回波出现的位置信噪比最大，为此要设计什么样的发射波形，这是匹配滤波要研究的问题。如果两个目标相距很近，它们的回波可能会叠在一起，能否将其分开，也是衡量波形的一个重要指标，这是分辨率的问题。为了持续监视目标、有效抑制杂波以及测量目标速度，雷达需要发射一个脉冲串，这时会产生如图 1-4 所示的（距离）模糊问题。近距离R_n处的目标对脉冲 2 的反射回波与远距离R_f处目标对脉冲 1 的反射回波在同一时刻接收，远近目标无法区分，这是发射脉冲串波形导致的结果。

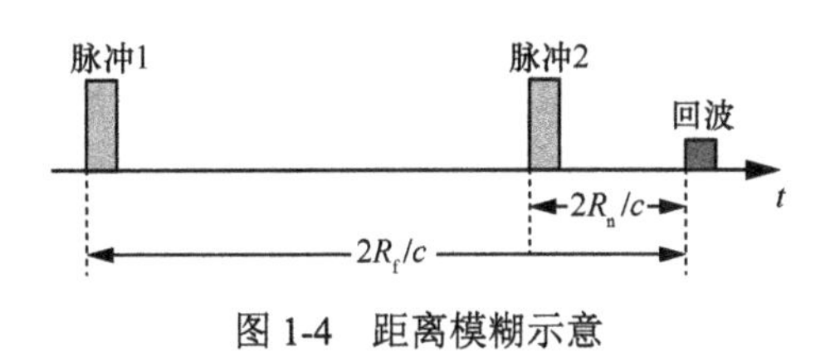

图 1-4　距离模糊示意

雷达对目标速度的测量基于多普勒效应。如图 1-5 所示，假定发射信号的频率为 f_0，即两个波峰之间的载波周期 $T=1/f_0$，目标相对雷达的运动速度为 v，在发射波峰 A 的时刻 t_0，目标与雷达的距离为 R_0。经过时间 Δt 后，波峰 A 到达目标并反射，之后在时刻 t_1 回到雷达处。由于 $c\Delta t=R_0+v\Delta t$，即 $\Delta t=R_0/(c-v)$，因此

$$t_1=t_0+2\Delta t=t_0+\frac{2R_0}{c-v} \tag{1-2}$$

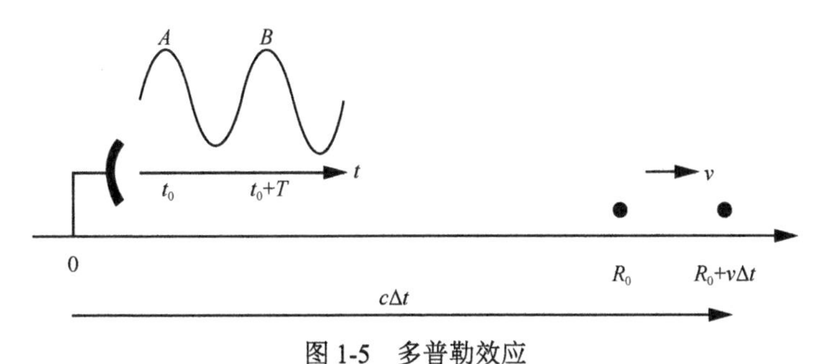

图 1-5　多普勒效应

同理，t_0+T 时刻发射的相邻波峰 B，到达目标后返回雷达的时刻 t_2 为

$$t_2=t_0+T+\frac{2R_1}{c-v} \tag{1-3}$$

这里 $R_1=R_0+vT$，因此回波的周期为

$$T_{\mathrm{R}}=t_2-t_1=t_0+T+\frac{2(R_0+vT)}{c-v}+\left(t_0+\frac{2R_0}{c-v}\right)=T\frac{c+v}{c-v} \tag{1-4}$$

这也意味着雷达信号的长度会发生伸缩变化。回波频率为

$$f_{\mathrm{R}}=f_0\frac{c-v}{c+v}=f_0\frac{1-\dfrac{v}{c}}{1+\dfrac{v}{c}} \tag{1-5}$$

在 $v<<c$ 的情况下，利用如下近似

$$\frac{1}{1+\dfrac{v}{c}}=1-\frac{v}{c}+\frac{v^2}{c^2}-\cdots \tag{1-6}$$

可得

$$f_{\mathrm{R}}=f_0\left(1-\frac{2v}{c}+\cdots\right)\approx f_0-\frac{2v}{\lambda} \tag{1-7}$$

其中，$\lambda=cT=\dfrac{c}{f_0}$ 为波长。接收信号频率与发射信号频率之差即多普勒频率，为

$$f_{\mathrm{d}}=f_{\mathrm{R}}-f_0\approx-\frac{2v}{\lambda} \tag{1-8}$$

如果能够测量出此频率差，我们就可以得出目标的相对径向速度。更一般的多普勒频率近似式为

$$f_{\mathrm{d}}(t)\approx-\frac{2}{\lambda}\frac{\mathrm{d}R(t)}{\mathrm{d}t} \tag{1-9}$$

其中，目标与雷达之间的距离 $R(t)$ 是随时间变化的函数。

实际上目标速度的测量并非必须通过多普勒频率的测量来实现，也可以通过两次扫描得到的目标距离差除以扫描间隔时间来估计，或在跟踪滤波的过程中估计出。而对多普勒频率的鉴别，也并非单单是为了测量目标的速度。存在强杂波（地面、海面或云雨等不感兴趣的物体产生的回波，其强度远高于目标回波）时，若目标与这些背景物体相对雷达的径向速度不同，则可以通过多普勒频率的鉴别区分出目标回波与杂波，从而极大地改善对目标的检测及其参数估计性能。

相对于载频而言，多普勒频率的数值非常小，而我们知道，一个信号的频率分辨率取决于信号波形的时域宽度。为了获得大的距离测量范围，雷达通常又需要发射窄的脉冲波形。举例来说，对于 X 波段（10 GHz）的雷达，脉冲宽度为 10 μs，可以得到的频率分辨率约为 1/(10 μs)=100 kHz，而一个径向速度为 300 m/s 的目标，其多普勒频率也仅为 20 kHz。因此，大多数雷达并不能直接从单个脉冲中测量出目标的多普勒频移。提高多普勒分辨率必须增加对目标的照射时间。为此，我们可以采用脉冲串波形，通过测量多个脉冲回波信号间的相位变化，来获得更高的多普勒分辨率。其过程如图 1-6 所示，两个相邻脉冲的间隔为脉冲重复间隔（Pulse Repetition Interval，PRI），一般记为 T_{R}，其倒数为脉冲重复频率（Pulse Repetition Frequency，PRF）。假定该波形的脉冲数为 M，则总的相参处理间隔（Coherent Processing Interval，CPI），即观测时长约为 MT_{R}，其值远大于单个脉冲的宽度。M 个脉冲的回波存放为一个二维数组，垂向为脉冲向或慢时间方向，横向为距离向或快时间方向。每列做离散傅里叶变换（Discrete Fourier Transform，DFT），垂向将变换至多普勒域，就可同时确定目标的距离和多普勒频率（速度）。由此可以看出，以 T_{R} 为周期发射脉冲并采集回波，即对低频的多普勒信号进行了慢时间上的离散采样，采样频率为 PRF，根据数字信号处理知识，多普勒频率的分辨单元即 PRF/M，范围从 $-\mathrm{PRF}/2$ 到

PRF / 2，如果目标多普勒频率在此范围之外，则会出现多普勒模糊现象，即多普勒频率为 f_d 和(f_d+PRF)的两个目标是无法区分的。

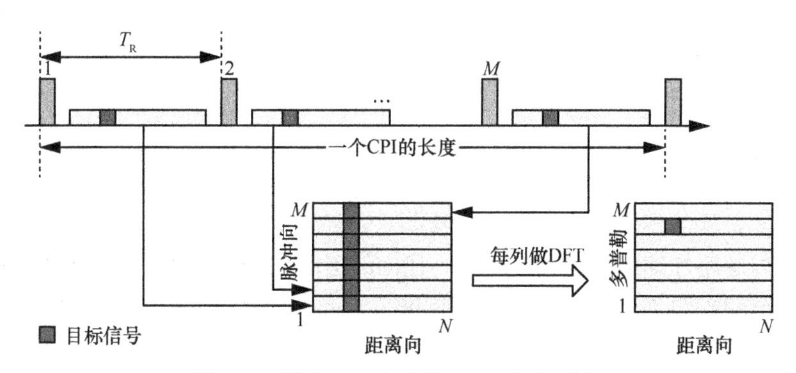

图 1-6　用脉冲串波形测量多普勒的过程

从上述原理可知，测量目标的多普勒即测量多个脉冲回波信号间的相位变化。因此，除多普勒频率所引起的相位变化量外，其余变化量应该是确定的，这就要求所发射每个脉冲波形的相位之间，以及回波解调信号的相位之间存在确定的关系，即系统必须是相参的。一个简单的相参脉冲雷达波形示例[8]如图 1-7 所示。在相参雷达中，有一个极其稳定的振荡器，称为参考振荡器（Reference Oscillator，RO），系统的其他频率源均由 RO 驱动产生，包括中频（Intermediate Frequency，IF）的相参振荡器（Coherent Oscillator，COHO）和射频的本地稳定振荡器（Stable Local Oscillator，STALO，或 LO），这样整个系统会在统一的“时序”下工作，即波形的相位有统一的参考基准，相参性得到保证。

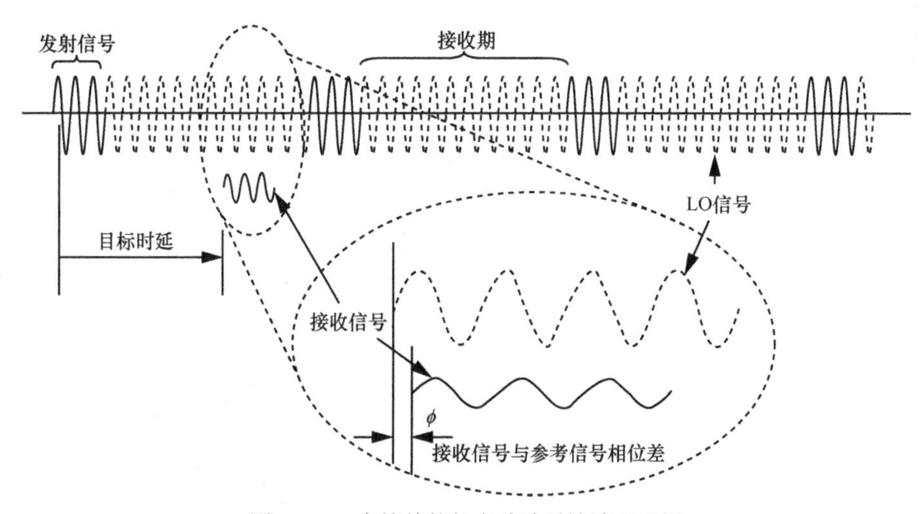

图 1-7　一个简单的相参脉冲雷达波形示例

同样地，在目标多普勒的测量中，除脉冲波形产生的模糊问题外，实际中也可能需要考虑一系列的问题。例如，目标除了径向速度，很可能也有径向加速度，按式（1-9），加速度会使得多普勒频率与时间呈线性关系（而不是常数），即存在多普勒扩展，这会对测量造成影响。目标切向的运动也会产生同样的问题。但在实际中，这些问题并非都是需要解决的。例如，由于空域覆盖范围的要求，一般的运动目标指示（Moving Target Indicator，MTI）雷达在每个特定角度的照射（驻留）时间很短，只发射/接收有限个脉冲，即一个 CPI 的总观测时长较短，多普勒分辨率低，使得这段时间内多普勒的变化量小于一个分辨单元的宽度，这样我们在分析波形设计问题时，就可以忽略加速度的影响。此外，径向的运动使得目标回波的时延随慢时间变化，在一个较短的 CPI 内，可以保证回波位于同一距离单元内，这样可以大大简化多普勒处理的计算。相应地，在 MTI 雷达中，多普勒信息也就只能用于鉴别杂波和目标，无法测量目标速度。在某些应用中，也可能需要很长的 CPI，以有效积累目标回波能量，这时就需要用一些专门的信号处理方法对上述问题产生的误差进行补偿。

根据前面的讨论，一个运动目标的回波不仅是发射信号的时延副本，其频率也发生了改变（多普勒频移）。因此，实现信噪比最大化的匹配滤波（或相关）必须在时延（即距离）和多普勒（即速度）两维进行。这样的话，对某个距离处运动目标回波的处理结果，可能与另一距离处以某一速度运动的目标回波的处理结果接近，使得我们难以区分（分辨）这两个目标。上述有关脉冲波形的讨论已经说明了这一点。用于研究雷达波形在距离和多普勒方向上综合分辨能力的重要工具，就是 Woodward 提出的模糊函数（Ambiguity Function，AF）[9]。对模糊函数性质的研究表明，能使时延和多普勒同时确定并达到任意高精度的“理想”模糊函数是不存在的，即任何雷达波形必定是在分辨率、精度和模糊度之间进行折中的结果。

以上有关雷达系统的一些基本概念的简要说明，只是为了便于读者理解本书讨论的波形设计问题，但这些对于深入理解雷达波形理论显然是不够的，因此建议读者参考文献[1]等有关雷达系统方面的著作。

1.2 雷达波形技术的发展

在雷达的早期阶段，使用的是最简单的单频连续波和单频脉冲波形。在第二次世界大战期间，美国无线电公司（Radio Corporation of America，RCA）的 North 于 1943 年在其技术报告中提出了匹配滤波器的概念[10]，由于该报告没有公开，所以 Van Vleck 和 Middleton 等[11]又独立地提出了相同结果。匹配滤波器的提出并非专门针对雷达应用，这是一种实现噪声中最佳波形检测的通用方法。其后，苏联的 Kotelnikov 在 1946 年提出了最小错误判决概率的理想接收机理论[12]，其中将最大后验概率准则作为一个最佳准则，针对的是通信问题。1950 年，Shannon 信息论刚问世不久，在英国皇家雷达基地的 Woodward 就将信息量的概念应用于雷达信号的检测，在其著作 *Probability and Information Theory, with Applications to Radar*（原为技术报告，1953 年公开出版）中，提出理想的雷达接收机应能从叠加了噪声的回波中提取出尽可能多的有用的信息[9]。为此，仅需要知道后验概率分布，故理想接收机应是一个计算后验概率分布的装置。Woodward 指出距离分辨率和测距精度取决于信号的带宽而非时宽，并提出了雷达模糊原理、定义了模糊函数及分辨常数等新概念，而且首次考虑了波形设计问题。所有这些为雷达信号理论（包括波形设计和信号处理）奠定了基础[8]，其中的概念和方法沿用至今。20 世纪 60 年代，雷达波形技术的发展最为迅速，尤其是脉冲压缩波形的发展，线性调频（Linear Frequency Modulation，LFM）波形、巴克（Barker）码等相位编码波形、频率步进波形、频率捷变波形、PRF 参差脉冲串波形等陆续被应用于实际雷达系统。理论方面，Sussman 在 1962 年提出了基于模糊函数最佳综合的波形设计方法[13]，Spafford[14]研究了杂波抑制的最佳波形设计等问题，但多数结果都是实际雷达系统难以实现的波形。1971 年，Rihaczek[15]提出了“简便的波形选择方法”，即根据目标环境图和信号模糊图匹配的原则[9]，选择合适的信号形式和波形参数，使系统的性能指标满足要求，由于其强大的实用性，这种设计思路（在可实现的波形集中选择一个最好的）在工程界沿用至今。尽管其文章中没有给出过多的理论表述，但 Rihaczek 实际上引入了波形集与“约束条件”的重要概念。在 20 世纪 80 年代后，随着各类数值优化算法和软件的成熟，类似 Sussman 综合的优化波形设计方法得到了一些学者的持续关注和研究。这些方法一般根据实际系统的可实现性，给出约束条件，然后针对具体应用以波形参数为变量，设计优化目标函数，再用数值优化软件求解出最优解，从而得出最佳波形。

在 21 世纪初，随着多输入多输出（Multiple-Input Multiple-Output，MIMO）雷达、认知雷达（Cognitive Radar，CR）、分布式孔径下一代雷达（Next Generation Radar，NGR）等一系列新概念的提出，雷达波形设计的研究又空前活跃起来。在此背景下，美国空军研究实验室（Air Force Research Laboratory，AFRL）的 Wicks 于 2002 年提出了波形分集（Waveform Diversity，WD）的概念，旋即联合美国军方的几家研究机构，在 2002 年年底提出了一项 20 年 WD 长期研究计划[16]。虽然该计划没有被批准，但也通过其他方式获得了一些资助。其实在 Wicks 之前，Blunt、Pillai 等已经对最优发射波形的问题做了很多深入的研究[16-17]。从 2002 年开始，雷达界几乎每年都要举办关于 WD 的国际会议和讨论会，其中国际波形分集与设计会议（International Waveform Diversity and Design Conference）每两年举办一次，报道和研讨波形分集方面的最新进展。

波形分集包含两个重要的组成部分，一是“波形库”（Waveform Set），即经过优化设计且可实现的雷达波形集合（现在的雷达相当于使用一个次优的波形库；任何波形库只是最优发射波形集的近似）；二是发射自适应，即雷达可以自由地根据需要选择合适的一种或多种发射波形。波形分集研究的兴起，从根本上来讲是受到两方面的驱动。一是雷达使用范围的日趋广泛化、雷达功能的日趋多样化和使用环境的日趋复杂化。雷达不仅可以用于防卫上的预警和侦察，也可以用于自然环境和资源的监测和勘测。不仅可以用于战机作战，也可以用于汽车防撞。雷达功能也不止是目标的检测和测距，还有目标的特征提取、分类、辨识等，以及这些功能从单目标环境向多目标环境的发展。先进的雷达可能要求实现多种功能的一体化。同时，雷达也面临更加复杂的电磁环境。这不仅是因为在非战地环境中商用通信和广播的活跃以及各种射频电子器件的应用，也因为在战地环境中人为电子干扰技术的不断提高。为了满足用户不断提高的要求，仅仅在接收端的复杂处理已经不能达到目的，迫切地需要在发射端上增加自由度来提高雷达的性能。而波形分集是增加发射端自由度的一种有效且经济的途径。二是电子器件技术上的突破使得原先很多技术及成本方面的诸多限制得以解决。例如，直接数字频率合成（Direct Digital Synthesis，DDS）、数字信号处理器（Digital Signal Processor，DSP）、现场可编程门阵列（Field Programmable Gate Array，FPGA）等数字技术在雷达中的广泛应用，以及固态发射机、线性功率放大器性能的提高，大大放宽了对波形的限制，而且成本也能达到一般的商用要求。

通过波形分集，雷达不但在接收端实现最优处理，而且在发射端实现最优处理：雷达可以根据功能要求，产生与场景相匹配的最佳波形以获得最优的预期性能。进一步地，通过发射/接收的联合处理，可以得到一个闭环最优处理机制，进而使雷达成为具有认知功能的传感器。可以说，波形分集和其他新概念一样，是人们努力实现雷达技术新突破的途径之一[18-19]。

参考文献

[1] SKOLNIK M I. Introduction to radar systems (Third edition)[M]. New York: McGraw-Hill, 2001.

[2] 丁鹭飞，耿富录，陈建春. 雷达原理（第四版）[M]. 北京：电子工业出版社, 2009.

[3] 许小剑，黄培康. 雷达系统及其信息处理[M]. 北京：电子工业出版社, 2010.

[4] 林茂庸，柯有安. 雷达信号理论[M]. 北京：国防工业出版社, 1981.

[5] 位寅生. 雷达信号理论与应用（基础篇）[M]. 哈尔滨：哈尔滨工业大学出版社, 2011.

[6] 朱晓华. 雷达信号分析与处理[M]. 北京：国防工业出版社, 2011.

[7] LEVANON N, MOZESON E. Radar signals[M]. New York: John Wiley and Sons, 2004.

[8] RICHARDS M A, SCHEER J A, HOLM W A. Principles of modern radar-basic

principles[M]. New York: SciTech, 2010.

[9] WOODWARD P M. Probability and information theory, with applications to radar[M]. Oxford: Pergamon Press, 1953.

[10] NORTH D O. Analysis of factors which determin signal-to-noise discrimination in radar[R]. Report PTR-6C, RCA Laborratories, Princeton, NJ, 1943.

[11] VAN VLECK J H, MIDDLETON D. A theoretical comparison of the visual, aural or meter reception of pulsed signals in the presence of noise[J]. Journal of Applied Physics, 1946, 17(11): 940-971.

[12] KOTELNIKOV V A. The theory of optimum noise immunity[M]. New York: McGraw-Hill, 1959.

[13] SUSSMAN S M. Least-square synthesis of radar ambiguity functions[J]. IRE Transactions on Information Theory, 1962, 28(3): 246-254.

[14] SPAFFORD L J. Optimum radar signal prcessing in clutter[J]. IEEE Transactions on Information Theory, 1968, 14(5): 734-743.

[15] RIHACZEK A W. Radar waveform selection-a simplified approach[J]. IEEE Transactions on Aerospace and Electronic Systems, 1971, 7(6): 1078-1086.

[16] BLUNT S D, MOKOLE E L. Overview of radar waveform diversity[J]. IEEE Aerospace and Electronic Systems Magazine, 2016, 31(11): 2-42.

[17] PILLAI U, LI K Y, SELESNICK I, et al. Waveform diversity theory and Application [M]. New York: McGraw-Hill, 2001.

[18] GINI F, DE MAIO A, PATTON L. 先进雷达系统波形分集与设计[M]. 位寅生, 于雷, 译. 北京: 国防工业出版社, 2019.

[19] CUI G, DE MAIO A D, FARINA A, et al. Radar waveform design based on optimization theory[M]. New York: SciTech, 2020.

第2章 雷达信号与匹配滤波

本章首先介绍雷达信号的常用数学表示方法，以及一些用于描述波形整体特征的参量。为了将分析用的数学表达式与实际系统中的具体波形相对应，也将对雷达信号产生和接收的具体实现做简要介绍。本章接着讨论作为最佳线性处理的匹配滤波器理论，分别介绍白噪声、色噪声下的匹配滤波器推导。最后本章以线性调频脉冲信号为例，介绍匹配滤波器的具体实现方法。

2.1 引言

与其他电子系统一样，实际雷达电路中的信号都是实信号，这些信号可以用示波器或频谱仪直接进行测量。但在分析时，我们通常将这些信号写为复数形式，即用对应的解析信号表示。在早期系统中，这样做是为了便于数学分析，其之所以分析方便，缘由在于我们进行分析的特征域是频域，采用的变换方法是傅里叶变换（即选择复指数为信号表示的基底）。如果选择其他实数基底的变换方法，则复数表示是没有必要的。随着技术的发展，在很多系统中，复信号其实也并非只是为了分析方便，而是对应于具体的电路实现，复信号的实部称为同相（I）支路，虚部称为正交（Q）支路。由于分析的便利性也就是处理的便利性，对中频的回波信号正交解调得到基带复信号的方法在雷达接收机中很早就得到了应用。发射链路中用 DDS 等器件也可以直接产生基带复信号（I、Q 输出），而部分变换至射频的混频电路，也支持直接输入复信号（I、Q 输入）实现正交混频。在雷达系统，尤其是对采用外差式接收机的系统中，我们比较关心的射频信号、中频信号和基带信号，这实际是对于接收链路而言的。发射链路中的信号则较为复杂，由于其实现方式与接收链路中的信号有大的区别，即没有明确的基带信号、中频信号，因此我们关心的只是射频信号输出的质量（频谱尽可能与基带信号的频谱一样，只位于中心频率处）[1-5]。

对于绝大多数的雷达应用而言，首要任务是在尽可能远的距离处探测目标。按雷达方程，回波功率与距离的四次方成反比关系，因此一般目标的回波是发射能量的极小的一部分，即回波是非常弱的信号，并且叠加了系统的热噪声以及其他各种可能的干扰。如何从噪声和干扰中检测出目标回波并估计其参数，是一个典型的统计信号处理问题。由于接收信号是一个随机过程，因此任何“最佳”的信号检测器与估计器必须以某种统计准则为依据。若再限定处理器的结构，则该问题实际是一个约束优化问题。如果我们以输出信噪比最大为准则，限定处理器的结构为线性滤波器，所得出的最佳处理器就是匹配滤波器，其实现等效于接收信号与待检测信号的相关运算。匹配滤波（或相参积累）可广泛应用于所有微弱信号检测的场合，虽然其理论并不复杂，但它是信号处理中最重要（用途最广）的方法之一。在雷达中，输出信噪比的最大化，也意味着目标检测性能以及时延和多普勒等参数估计性能的最佳化[6-11]。

2.2 雷达信号的表示方法

2.2.1 时域与频域表示

雷达发射链路最终输出的射频信号，一定是对载波振荡信号进行振幅调制和相位调制的结果，可以用式（2-1）所示的实信号形式表示

$$s(t)=a(t)\cos[2\pi f_0 t+\varphi(t)] \tag{2-1}$$

其中，f_0为雷达的中心频率，$\varphi(t)$为雷达信号的相位调制波，$a(t)$为雷达信号的振幅调制波。应注意的是，由于发射机一般工作在饱和放大状态，因此$a(t)$通常并非有意调制，但可用于表征发射链路的非理想特性。

对应于式（2-1）的复数解析信号表示式为

$$\tilde{s}(t)=a(t)\exp\{\mathrm{j}[2\pi f_0 t+\varphi(t)]\}=x(t)\exp(\mathrm{j}2\pi f_0 t) \tag{2-2}$$

其中，$x(t)=a(t)\exp[\mathrm{j}\varphi(t)]$为雷达信号的复调制包络，也就是我们常称的基带信号，$\exp(\mathrm{j}2\pi f_0 t)$为雷达信号的复载波。复信号也可以表示为

$$\begin{aligned}\tilde{s}(t)=a(t)\exp\{\mathrm{j}[2\pi f_0 t+\varphi(t)]\}=&\\ a(t)\cos[2\pi f_0 t+\varphi(t)]+\mathrm{j}a(t)\sin[2\pi f_0 t+\varphi(t)]=&\\ s(t)+\mathrm{j}\hat{s}(t)&\end{aligned} \tag{2-3}$$

其中，$\hat{s}(t)=a(t)\sin[2\pi f_0 t+\varphi(t)]$。显然有

$$s(t)=\mathrm{Re}[\tilde{s}(t)] \tag{2-4}$$

在式（2-3）中，$\hat{s}(t)$ 是实信号 $s(t)$ 的希尔伯特变换（Hilbert Transform），记作 $\hat{s}(t)=\mathrm{HT}[s(t)]$。为了方便讨论问题，下面简要介绍一些有关希尔伯特变换的内容。

若在区间 $t\in(-\infty,+\infty)$ 给定实信号 $s(t)$，则其希尔伯特变换定义为

$$\hat{s}(t)=\mathrm{HT}[s(t)]=-\frac{1}{\pi}\int_{-\infty}^{+\infty}\frac{s(t+\eta)}{\eta}\mathrm{d}\eta \tag{2-5}$$

希尔伯特逆变换定义为

$$s(t)=\mathrm{HT}^{-1}[\hat{s}(t)]=\frac{1}{\pi}\int_{-\infty}^{+\infty}\frac{\hat{s}(t+\eta)}{\eta}\mathrm{d}\eta \tag{2-6}$$

以下是希尔伯特变换的几个常用性质。

① $s(t)$ 的希尔伯特变换 $\hat{s}(t)$ 是 $s(t)$ 与 $\dfrac{1}{\pi t}$ 的线性卷积，即

$$\hat{s}(t)=s(t)*\frac{1}{\pi t}=\frac{1}{\pi}\int_{-\infty}^{+\infty}\frac{s(\eta)}{t-\eta}\mathrm{d}\eta \tag{2-7}$$

② 希尔伯特变换的作用相当于一个 90°的移相器，即

$$\begin{cases}\mathrm{HT}\left[\cos(2\pi f_0 t+\varphi)\right]=\sin(2\pi f_0 t+\varphi)\\ \mathrm{HT}\left[\sin(2\pi f_0 t+\varphi)\right]=-\cos(2\pi f_0 t+\varphi)\end{cases} \tag{2-8}$$

③ $s(t)$ 与它的希尔伯特变换 $\hat{s}(t)$ 在区间 $t\in(-\infty,+\infty)$ 内的功率相等，即

$$\lim_{T\to\infty}\frac{1}{2T}\int_{-T}^{T}s^2(t)\,\mathrm{d}t=\lim_{T\to\infty}\frac{1}{2T}\int_{-T}^{T}\hat{s}^2(t)\,\mathrm{d}t \tag{2-9}$$

④ $s(t)$ 的希尔伯特变换 $\hat{s}(t)$ 的希尔伯特变换为原来信号的负值，即

$$\mathrm{HT}[\hat{s}(t)]=-s(t) \tag{2-10}$$

⑤ 设信号 $a(t)$ 的傅里叶变换 $A(f)$ 具有有限带宽 B，即

$$A(f)=\begin{cases}A(f), & |f|\leqslant B\\ 0, & \text{其他}\end{cases} \tag{2-11}$$

假设满足 $f_0>>B$，即 $a(t)$ 是窄带高频信号，则有

$$\mathrm{HT}[a(t)\cos(2\pi f_0 t+\varphi)]=a(t)\sin(2\pi f_0 t+\varphi) \tag{2-12}$$

和

$$\mathrm{HT}\left[a(t)\sin(2\pi f_0 t+\varphi)\right]=-a(t)\cos(2\pi f_0 t+\varphi) \tag{2-13}$$

我们很容易通过傅里叶变换求出复信号的频谱函数，若基带信号 $x(t)$ 的

频谱为

$$X(f)=\int_{-\infty}^{+\infty}x(t)\exp\left(-\mathrm{j}2\pi ft\right)\mathrm{d}t \tag{2-14}$$

则式（2-2）中复数解析信号 $\tilde{s}(t)$ 的频谱为

$$\begin{aligned}\tilde{S}(f)=&\int_{-\infty}^{+\infty}x(t)\exp(\mathrm{j}2\pi f_0 t)\exp(-\mathrm{j}2\pi ft)\mathrm{d}t=\\&\int_{-\infty}^{+\infty}x(t)\exp\left[-\mathrm{j}2\pi(f-f_0)t\right]\mathrm{d}t=\\&X(f-f_0)\end{aligned} \tag{2-15}$$

即将基带信号频谱 $X(f)$ 平移至 f_0 处的结果。式（2-1）实信号的频谱函数

$$\begin{aligned}S(f)=&\int_{-\infty}^{+\infty}a(t)\cos[2\pi f_0 t+\varphi(t)]\exp(-\mathrm{j}2\pi ft)\mathrm{d}t=\\&\frac{1}{2}\int_{-\infty}^{+\infty}a(t)\exp\left[\mathrm{j}\varphi(t)\right]\exp\left[-\mathrm{j}2\pi(f-f_0)t\right]\mathrm{d}t+\\&\frac{1}{2}\int_{-\infty}^{+\infty}a(t)\exp\left[-\mathrm{j}\varphi(t)\right]\exp\left[-\mathrm{j}2\pi(f_0+f)t\right]\mathrm{d}t=\\&\frac{1}{2}X(f-f_0)+\left\{\frac{1}{2}\int_{-\infty}^{+\infty}a(t)\exp\left[\mathrm{j}\varphi(t)\right]\exp\left[-\mathrm{j}2\pi(-f_0-f)t\right]\mathrm{d}t\right\}^*=\\&\frac{1}{2}X(f-f_0)+\frac{1}{2}X^*(-f_0-f)\end{aligned} \tag{2-16}$$

因此，正常情况下，$\tilde{S}(f)$ 是 $S(f)$ 正频率部分谱的 2 倍。这也可以用希尔伯特变换说明。复信号 $\tilde{s}(t)$ 的频谱也可以写为

$$\tilde{S}(f)=\int_{-\infty}^{+\infty}s(t)\exp(-\mathrm{j}2\pi ft)\mathrm{d}t+\mathrm{j}\int_{-\infty}^{+\infty}\hat{s}(t)\exp(-\mathrm{j}2\pi ft)\mathrm{d}t \tag{2-17}$$

根据希尔伯特变换的性质，$\hat{s}(t)$ 是 $s(t)$ 与 $\dfrac{1}{\pi t}$ 的卷积，对应频谱相乘，即

$$\hat{S}(f)=S(f)\mathrm{FT}\left(\frac{1}{\pi t}\right) \tag{2-18}$$

其中，

$$\mathrm{FT}\left(\frac{1}{t}\right)=-\mathrm{j}\pi\,\mathrm{sgn}(f) \tag{2-19}$$

这里 $\mathrm{sgn}(f)$ 是正负号函数，定义为

$$\mathrm{sgn}(f)=\begin{cases}1, & f>0\\0, & f=0\\-1, & f<0\end{cases} \tag{2-20}$$

所以

$$\hat{S}(f) = -\mathrm{j}S(f)\,\mathrm{sgn}(f) \tag{2-21}$$

这样，复信号的频谱函数为

$$\tilde{S}(f) = S(f) + \mathrm{j}\hat{S}(f) = S(f) + S(f)\,\mathrm{sgn}(f) = \begin{cases} 2S(f), & f > 0 \\ 0, & f < 0 \end{cases} \tag{2-22}$$

式（2-22）表明，复信号的频谱 $\tilde{S}(f)$ 在 $f<0$ 时应该为 0，即只在正半频率轴上有值。但正常推导的式（2-15）并没有此限制，即频率搬移后负频率上允许有值。出现这个矛盾的原因在于一个复信号的实部和虚部之间若具有希尔伯特变换关系，其前提条件是该复信号本身的频谱必须只在正频率上有值，否则其虚部将不是实部的希尔伯特变换。就上述讨论而言，式（2-1）实信号的希尔伯特变换 $\hat{s}(t) = a(t)\sin[2\pi f_0 t + \varphi(t)]$ 成立是有条件的，即基带信号的谱必须满足

$$X(f - f_0) = 0, \ f < 0 \tag{2-23}$$

就实际应用而言，这意味着如果我们用基带信号调制载频，则输出实信号的频谱必须在正频率上包含所有的基带谱，否则无法用调制后的实信号恢复出基带信号。一般的参考书以窄带信号为前提，从而避免了对这个问题的讨论，实际无此必要，宽带信号只要满足式（2-23），也可以由实信号恢复出基带信号。

上述基带信号、复信号与实信号的频谱关系如图 2-1 所示。可以看出，在载频 f_0 确定后，它们所包含的信息内容是相同的，即 3 种频谱函数可以相互导出。因此，就波形的设计而言，我们只需研究基带信号即可。如果将载频 f_0 改为中频 f_I，只要满足式（2-23），上述讨论完全适用，这里不再赘述。

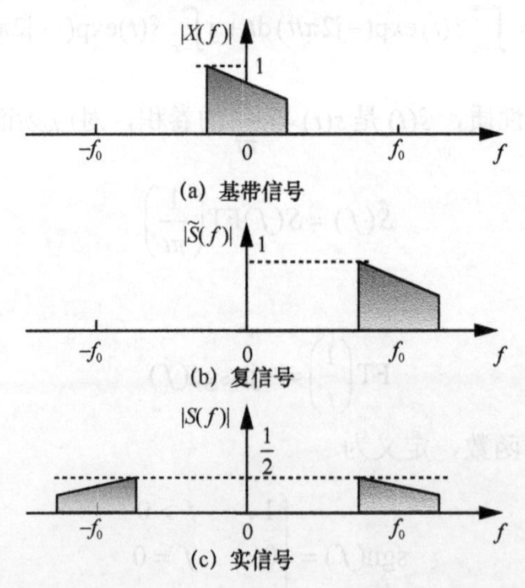

图 2-1　基带信号、复信号与实信号的频谱关系

2.2.2　波形参量与不确定原理

尽管在 f_0 确定后，用基带信号 $x(t)=a(t)\exp[\mathrm{j}\varphi(t)]$ 或对应的频谱 $X(f)$ 可以完全描述雷达信号，但在进行一些波形性能的分析时，我们可能只关心信号的某些特征量，这时引用一些适当选定的波形参量是比较方便的。需说明的是，下述各参数的定义是通用的信号分析方法，对任何信号都是适用的，并非专门针对雷达信号。记信号的能量为

$$E=\int_{-\infty}^{+\infty}|x(t)|^2\mathrm{d}t=\int_{-\infty}^{+\infty}|X(f)|^2\mathrm{d}f \tag{2-24}$$

5 个基本波形参量的定义如下。

$$\overline{t}=\frac{1}{E}\int_{-\infty}^{+\infty}t\,|x(t)|^2\mathrm{d}t \tag{2-25}$$

$$\overline{f}=\frac{1}{E}\int_{-\infty}^{+\infty}f\,|X(f)|^2\mathrm{d}f \tag{2-26}$$

$$\overline{t^2}=\frac{1}{E}\int_{-\infty}^{+\infty}t^2\,|x(t)|^2\mathrm{d}t \tag{2-27}$$

$$\overline{f^2}=\frac{1}{E}\int_{-\infty}^{+\infty}f^2\,|X(f)|^2\mathrm{d}f \tag{2-28}$$

$$\overline{ft}=\frac{1}{E}\int_{-\infty}^{+\infty}f(t)t\,|x(t)|^2\mathrm{d}t \tag{2-29}$$

其中，$f(t)=\dot{\varphi}(t)$ 为信号瞬时频率。上述 5 个定义称为原点矩，其物理概念与力学或数学中原点矩的定义相同。t 和 f 的幂次决定了矩的阶次。在式（2-25）和式（2-27）中，如果视 $|x(t)|^2$ 为质量沿轴的分布密度，则一阶原点矩 $\overline{t}$ 指示了质量中心（重心）的坐标，而二阶原点矩 $\overline{t^2}$ 则指示了该质量分布对原点惯性半径的平方。同样地，在式（2-26）和式（2-28）中，如果视 $|X(f)|^2$ 为质量沿轴的分布密度，则 $\overline{f}$ 指示了重心的坐标，$\overline{f^2}$ 指示了惯性半径的平方。因此，$\overline{t}$ 和 $\overline{f}$ 描述了信号在时域和频域的位置，而 $\overline{t^2}$ 和 $\overline{f^2}$ 则描述了信号在时域和频域偏离于原点的程度。式（2-29）为二阶混合原点矩，是信号在时频面上偏离原点的程度。

二阶原点矩描述的偏离并不是以信号的重心为参考的，原点位置的改变也会改变二阶原点矩的大小，这会给偏离程度（也就是信号的散布程度）的相对度量带来不便。因此定义以下中心矩

$$T_{\mathrm{e}}^2=\frac{1}{E}\int_{-\infty}^{+\infty}(t-\overline{t})^2\,|x(t)|^2\mathrm{d}t \tag{2-30}$$

$$B_{\mathrm{e}}^{2}=\frac{1}{E}\int_{-\infty}^{+\infty}(f-\overline{f})^{2}\,|X(f)|^{2}\mathrm{d}f \tag{2-31}$$

其中，T_{e} 和 B_{e} 分别称为均方根时宽和均方根带宽。T_{e} 和 B_{e} 分别描述了信号在时域和频域偏离重心位置的程度，也就是围绕中心位置的散布程度。常用的等效时宽定义为 $\alpha=2\pi T_{\mathrm{e}}$，等效带宽定义为 $\beta=2\pi B_{\mathrm{e}}$。

下面考虑 α 和 β（也就是 T_{e} 和 B_{e}）应满足的约束，由于这两个量是中心矩，因此假定 $\overline{t}=0$ 和 $\overline{f}=0$ 并不影响结论的一般性，为了书写简单，同时假定信号能量已归一化，即 $E=1$。实信号的不确定性原理表述为

$$\beta\alpha\geqslant\pi \tag{2-32}$$

对于复信号 $x(t)=a(t)\exp[\mathrm{j}\varphi(t)]$，$a(t)=|x(t)|$，更一般的表述为

$$\beta^{2}\alpha^{2}-\kappa^{2}\geqslant\pi^{2} \tag{2-33}$$

其中，κ 常称为线性调频系数，其含义与式（2-29）中的二阶混合矩相同，这里

$$\kappa=2\pi\int_{-\infty}^{+\infty}t\varphi'(t)\,|x(t)|^{2}\mathrm{d}t=2\pi\int_{-\infty}^{+\infty}t\varphi'(t)a^{2}(t)\,\mathrm{d}t \tag{2-34}$$

下面给出证明过程。

根据施瓦茨（Schwarz）不等式的如下形式

$$\left|\int_{-\infty}^{+\infty}f(u)g(u)\,\mathrm{d}u\right|^{2}\leqslant\int_{-\infty}^{+\infty}|f(u)|^{2}\mathrm{d}u\int_{-\infty}^{+\infty}|g(u)|^{2}\mathrm{d}u \tag{2-35}$$

可得

$$\left|\int_{-\infty}^{+\infty}tx^{*}(t)x'(t)\,\mathrm{d}t\right|^{2}\leqslant\int_{-\infty}^{+\infty}t^{2}\,|x(t)|^{2}\mathrm{d}t\int_{-\infty}^{+\infty}|x'(t)|^{2}\mathrm{d}t \tag{2-36}$$

式（2-36）不等号左侧的被积项

$$\begin{aligned}tx^{*}(t)x'(t)&=ta(t)\exp[-\mathrm{j}\varphi(t)]\{a'(t)\exp[\mathrm{j}\varphi(t)]+\mathrm{j}a(t)\exp[\mathrm{j}\varphi(t)]\varphi'(t)\}=\\&ta(t)a'(t)+\mathrm{j}t\varphi'(t)a^{2}(t)\end{aligned} \tag{2-37}$$

因此，式（2-36）不等号左侧项为

$$\left|\int_{-\infty}^{+\infty}tx^{*}(t)x'(t)\,\mathrm{d}t\right|^{2}=\left|\int_{-\infty}^{+\infty}ta(t)a'(t)\,\mathrm{d}t\right|^{2}+\frac{\kappa^{2}}{4\pi^{2}} \tag{2-38}$$

可用分步积分计算

$$\int_{-\infty}^{+\infty}ta(t)a'(t)\,\mathrm{d}t=\int_{-\infty}^{+\infty}t\,\mathrm{d}\frac{a^{2}(t)}{2}=\frac{t}{2}a^{2}(t)\bigg|_{-\infty}^{+\infty}-\frac{1}{2}\int_{-\infty}^{+\infty}a^{2}(t)\,\mathrm{d}t \tag{2-39}$$

$|t| \to +\infty$ 时，$ta^2(t) \to 0$。则式（2-39）中

$$ta^2(t)\Big|_{-\infty}^{+\infty} = 0 \tag{2-40}$$

对于实际波形而言，上述条件是成立的（因为实际波形是有限时域支撑的，即在无穷大时间上信号值为零）。考虑到能量已归一化，故式（2-36）不等号左侧项为

$$\left|\int_{-\infty}^{+\infty} tx^*(t)x'(t)\mathrm{d}t\right|^2 = \frac{1}{4} + \frac{\kappa^2}{4\pi^2} \tag{2-41}$$

根据傅里叶变换的性质 $[x(t)]' \rightleftharpoons \mathrm{j}2\pi fX(f)$ 以及帕塞瓦尔（Parseval）定理可得

$$\int_{-\infty}^{+\infty} |x'(t)|^2\mathrm{d}t = 4\pi^2 \int_{-\infty}^{+\infty} f^2 |X(f)|^2\mathrm{d}f \tag{2-42}$$

将式（2-41）和式（2-42）代入不等式（2-36），可得

$$4\pi^2 \int_{-\infty}^{+\infty} t^2 |x(t)|^2\mathrm{d}t \int_{-\infty}^{+\infty} f^2 |X(f)|^2\mathrm{d}f - \frac{\kappa^2}{4\pi^2} \geqslant \frac{1}{4} \tag{2-43}$$

由 α 和 β 的定义，式（2-43）即

$$4\pi^2 \frac{\alpha^2}{4\pi^2}\frac{\beta^2}{4\pi^2} - \frac{\kappa^2}{4\pi^2} \geqslant \frac{1}{4} \tag{2-44}$$

整理不等式（2-44）可得不等式（2-33）。对于实信号，因 $\varphi(t)=0$，所以 $\kappa=0$，故有

$$\alpha^2\beta^2 \geqslant \pi^2 \tag{2-45}$$

即不等式（2-32）。

根据 Schwarz 不等式中等号成立的条件，若 $x'(t) = ktx^*(t)$，则式（2-32）中的等号成立，可以证明，此时所得信号为高斯函数

$$x(t) = A\exp(-at^2) \tag{2-46}$$

不等式（2-32）由 Gabor 在 1946 年提出，是信号分析中的一个著名关系式，由于信号不确定性关系的概念与量子力学中的测不准原理相似，所以该式也被称为海森伯–加博（Heisenberg-Gabor，H-G）不等式。信号的不确定性关系说明，对于任何信号而言，等效时宽和等效带宽的乘积有一个下限，二者不可能同时很小。谱越窄，波形持续时间越长；而时域波形越窄，谱就会越宽。在信号处理领域，用时频变换分析非平稳信号时，该不等式将是一个非常重要的限制，即我们不可能同时得到很高的时间和频率分辨率。与物理中的测不准原理不同，该不等式显然并没有涉及“测量”问题，因此与雷达的测量精度没有任何关系。相反地，雷达波形对时延和多普勒的测量精度并无限制。在信噪比给定的情况下，越大的等效带宽和（或）等效时宽，可以得到越高的测量精度。需要注意的是，波形对

雷达的测量结果并非没有限制，实际波形对测量的影响是由模糊函数来刻画的，模糊函数的性质表明雷达采用任何波形区分目标的能力都是受限的，但“模糊”与测量的精度并无关系，前者是“认错”目标，后者是“看清”目标。

2.3 雷达信号的产生与接收

为便于读者将分析用的数学表达式与实际系统中的具体波形相对应，本节以一个典型的全相参脉冲雷达为例，对信号的发射和接收链路做简要介绍，更深入的理解可参考雷达系统及有关分机系统方面的专业书籍。

图 2-2 所示为主振放大式发射机原理框图，其主要由频率综合器、波形产生模块、脉冲调制器和射频放大链路组成。

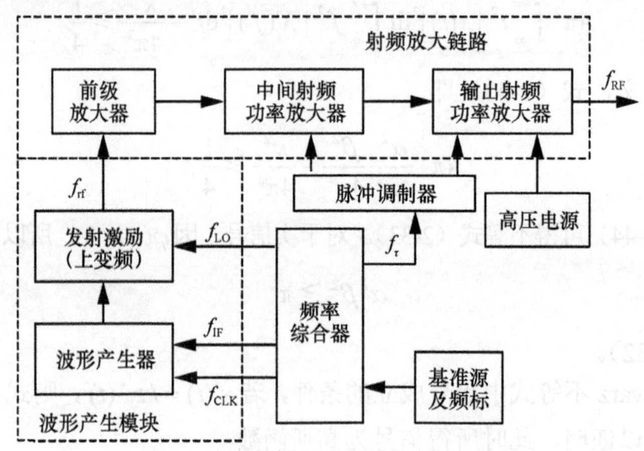

图 2-2　主振放大式发射机原理框图

频率综合器在高稳定基准频率源的基础上，产生本地振荡频率（f_{LO}）、中频频率（f_{IF}）、时钟频率（f_{CLK}）和脉冲重复频率（f_{τ}）等，这些频率的信号之间有确定的相位关系。波形产生模块包含波形产生器和发射激励（上变频），其输出为低电压的射频发射激励信号（f_{rf}）。射频放大链路一般由前级放大器、中间射频功率放大器和输出射频功率放大器组成。脉冲调制器通常有线型（软性开关）调制器、刚性开关调制器和浮动板调制器 3 类。对于脉冲雷达而言，在定时脉冲（即触发脉冲）的作用下，各级功率放大器受到对应的脉冲调制器的控制，将发射激励信号放大，最后输出大功率的射频脉冲信号（f_{RF}）。

主振放大式发射机在现代雷达中得到了广泛使用，主要是由于它有以下特点。

① 具有很高的频率稳定度。与单级放大式发射机相比，主振放大式发射机输

出射频的精度和稳定度由低功率频率源决定，较易采取各种稳频措施，如恒温、防振、稳压及采用晶体滤波等措施。采用高性能的基准源、直接频率合成技术、锁相环（Phase Locked Loop，PLL）频率合成技术以及 DDS 技术，可以得到很高的频率稳定度。

② 发射相位相参信号。在主振放大式发射机中，全相参频率综合器只用一个高稳定的参考基准频率源，其产生的各种频率信号都是由它经过分频、混频和倍频后获得的，因而这些信号之间有确定的相位关系。

③ 能产生复杂的调制波形。在主振放大式发射机中，各种复杂调制可以在低电平的波形产生器中采用数字方法形成，而后面的大功率放大器只要有足够的增益和带宽即可。

④ 适用于频率捷变雷达。频率捷变雷达具有良好的抗干扰能力，其每个射频脉冲的载频可以在一定频带内快速跳变，要求频率综合器具备数字控制能力。

随着高速数字电路技术的发展，特别是高性能DDS、数–模转换器（Digital to Analog Converter，DAC）、FPGA 芯片的普及，人们越来越倾向采用数字方法产生雷达信号波形。尽管用模拟方法产生信号波形有很多优点，但它最大的缺点是不能实现多种参数、多种信号波形的捷变。采用数字方法产生雷达信号波形不但能实现多种波形的捷变，而且能很方便地实现幅度补偿和相位补偿，大大提高了产生波形的性能。除波形捷变外，高精度、可编程（灵活性）、高可靠性也是数字方法的突出优点。

图 2-3 所示为一种基于 DDS 的波形产生器框图。若用 DDS 产生宽带或超宽带信号，首先要用 DDS 产生相对带宽较窄的信号，然后可用两种方法产生宽带或超宽带信号：第一种是 DDS 上变频和倍频扩展频带的方法，第二种是 DDS+PLL 扩展频带的方法。图 2-3 采用第一种方法，这种方法要求上变频的交调失真尽可能小，倍频器应具有良好的线性特性，一般都采用低次倍频器的级联实现。此外，第一种方法还要求放大器和滤波器具有很好的幅度平坦度和较小的非线性失真。

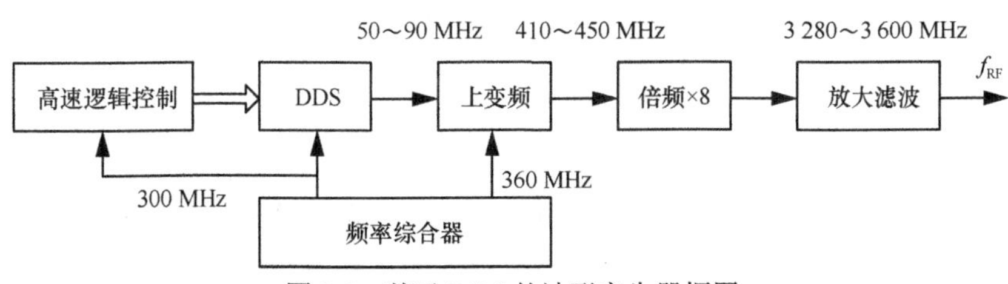

图 2-3 基于 DDS 的波形产生器框图

雷达接收机的主要功能是对雷达天线接收到的微弱信号进行预选、放大、变频、滤波、解调和数字化处理，同时抑制外部的干扰及机内噪声，使回波信号尽可能多地保留目标信息，以便进一步进行信号处理和数据处理。现代雷达系统对接收机的基本要求是低噪声、大动态、高稳定性和较强的抗干扰能力。迄今为止，雷达系统一般都采用超外差式接收机，其原理框图如图 2-4 所示。

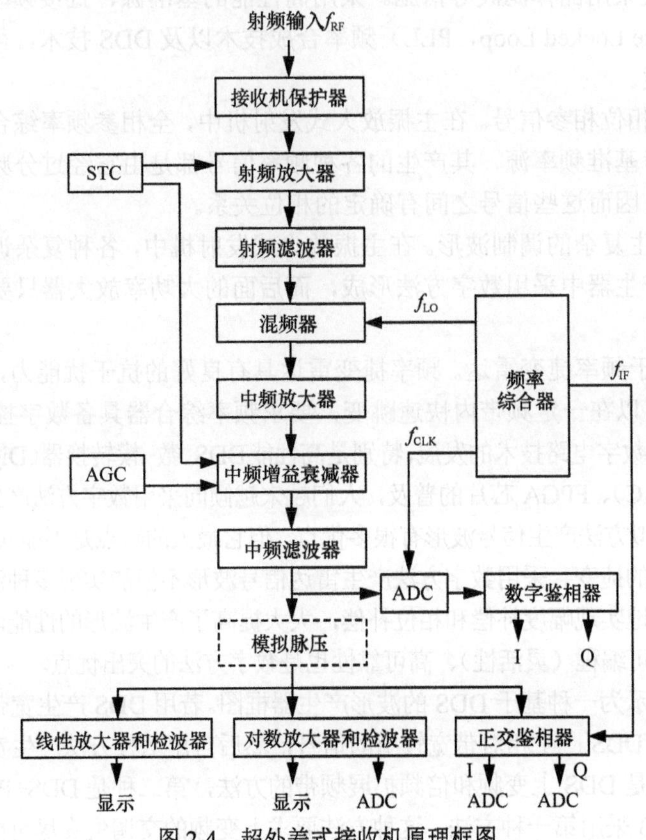

图 2-4　超外差式接收机原理框图

超外差式接收机前端主要包括接收机保护器、射频放大器、射频滤波器和混频器。从天线进入接收机的微弱信号，通过接收机保护器后由射频低噪声放大器（Low Noise Amplifier，LNA）进行放大。射频滤波器的作用是抑制接收机的带外干扰。对于不同波段的雷达接收机，射频滤波器有可能放在射频放大器之前或之后。射频滤波器置于射频放大器之前，对接收机抗干扰和抗过载能力有好处，但是射频滤波器的插入损耗增加了接收机的噪声。射频滤波器在射频放大器之后，对接收机的灵敏度和噪声系数有好处，但是抗干扰能力和抗过载能力将变差。

灵敏度时间控制（Sensitivity Time Control，STC）和自动增益控制（Automatic Gain Control，AGC）是雷达接收机抗过载、扩展动态范围和保持接收机增益稳定的重要措施。STC 也称为近程增益控制，其基本原理是将接收机的增益作为时间（或对应的距离 R）的函数来实现控制。当雷达发射信号后，按照大约 R^{-4} 的规律使接收机的增益随时间增加而增加，或者说使增益衰减器的衰减随时间增加而减小。STC 的副作用是降低了接收机在近距离的灵敏度，从而降低了在近距离检测小信号目标的能力。STC 可以在射频或中频实现。AGC 是一种增益反馈技术，用来调整接收机的增益，使输出信号功率保持在适当范围内，以保证接收机在宽温度和宽频带范围中稳定工作。

混频器将射频信号变换成中频信号，中频放大器的成本比射频放大器低，特点是增益高、稳定性好。中频信号通常需要经过几级中频放大器来放大。在中频放大器中，还需要插入中频增益控制电路（中频增益衰减器）和中频滤波器。对于 P、L、S、C 和 X 波段的雷达接收机，典型的中频频率范围为 30～1 000 MHz，从器件成本、增益、动态范围、稳定性、失真度和选择性等因素考虑，选择低一些的中频更为有利。

中频信号放大之后，根据使用要求，可采用如图 2-4 所示的几种方法来处理中频信号。对于非相参检测和显示，可采用线性放大器和检波器为显示器或检测电路提供视频信号。在要求大的瞬时动态范围时，需要采用对数放大器和检波器。对于大时宽大带宽的线性、非线性调频信号，可以用模拟脉冲压缩器件来实现匹配滤波，简称模拟脉压。对于相参处理，一种方法是中频信号通过一个正交鉴相器来产生同相和正交基带信号，另一种方法是中频直接采样，经过数字鉴相器进行 I/Q 分离后直接输出同相和正交数字基带信号，这种中频直接采样和数字鉴相器称为数字下变频。

2.4　匹配滤波理论

考虑基本的信号检测问题。假定发射信号 $f(t)$ 通过冲击响应为 $q(t)$ 的信道。信道的输出信号 $s(t)$ 受到噪声 $n(t)$ 的进一步破坏，观测信号为

$$r(t)=s(t)+n(t) \tag{2-47}$$

其中

$$s(t)=f(t)*q(t)\triangleq\int_{-\infty}^{+\infty}f(\tau)q(t-\tau)\mathrm{d}\tau \tag{2-48}$$

在雷达和声纳中，同样的模型可以表示目标的回波信号，其中 $s(t)$ 表示目标信号（如果有的话），$q(t)$ 表示目标冲击响应，$*$ 表示卷积运算。

为了提取目标信息，将 $r(t)$ 通过传递函数为 $H(\omega)$ 的接收机以使噪声的影响最小。我们的问题是如何设计一个好的接收机。为此，令 $y(t)$ 表示接收机的输出，即

$$y(t) = \widehat{s}(t) + w(t) \tag{2-49}$$

其中，$\widehat{s}(t)$ 表示输出的目标信号，$w(t)$ 表示输出噪声。显然有

$$\widehat{s}(t) = s(t) * h(t) \tag{2-50}$$

且

$$w(t) = n(t) * h(t) \tag{2-51}$$

其中，

$$h(t) \leftrightarrow H(\omega) \tag{2-52}$$

表示所设计接收机的响应特性，$\leftrightarrow$ 表示傅里叶变换对关系，这里实际限定了接收机为线性时不变（Linear Time Invariant，LTI）系统。尽管“好”的标准有不同的定义，但显然输出的目标信号最大且输出噪声最小对目标信息提取是非常有利的，即我们选择最大化输出信噪比（Signal Noise Ratio，SNR）准则。

2.4.1 白噪声下的匹配滤波器

考虑这样一个检测问题：必须用接收机的输出来判定数据中是否有目标信号的存在。为此，我们可以根据某个特定时刻 $t = t_0$ 的输出信噪比来选择最佳接收机，能够在 $t = t_0$ 时刻得到最大输出信噪比的接收机即最佳接收机。$t = t_0$ 时刻的输出信噪比是由此时刻的瞬时信号功率除以平均噪声功率得到的，即

$$\mathrm{SNR}\big|_{t=t_0} \triangleq \frac{\left|\widehat{s}(t_0)\right|^2}{E\left[\left|w(t)\right|^2\right]} \tag{2-53}$$

由于

$$\widehat{s}(t) \leftrightarrow \widehat{S}(\omega) = S(\omega)H(\omega) \tag{2-54}$$

因此由

$$\widehat{s}(t) = \frac{1}{2\pi}\int_{-\infty}^{+\infty} \widehat{S}(\omega)\exp(\mathrm{j}\omega t)\mathrm{d}\omega \tag{2-55}$$

可以得到

$$\widehat{s}(t_0) = \frac{1}{2\pi}\int_{-\infty}^{+\infty} S(\omega)H(\omega)\exp(\mathrm{j}\omega t_0)\mathrm{d}\omega \tag{2-56}$$

令 $G_n(\omega)$ 和 $G_w(\omega)$ 分别表示 $n(t)$ 和 $w(t)$ 的噪声功率谱密度。因此

$$E\{|w(t)|^2\}=\frac{1}{2\pi}\int_{-\infty}^{+\infty}G_w(\omega)\mathrm{d}\omega \tag{2-57}$$

根据式（2-51），有

$$G_w(\omega)=G_n(\omega)\left|H(\omega)\right|^2 \tag{2-58}$$

因此

$$E\left\{|w(t)|^2\right\}=\frac{1}{2\pi}\int_{-\infty}^{+\infty}G_n(\omega)\left|H(\omega)\right|^2\mathrm{d}\omega \tag{2-59}$$

若假定 $G_n(\omega)$ 为白噪声，谱高为 σ^2，即

$$G_n(\omega)=\sigma^2 \tag{2-60}$$

将式（2-60）代入式（2-59），可得

$$E\left\{|w(t)|^2\right\}=\frac{\sigma^2}{2\pi}\int_{-\infty}^{+\infty}\left|H(\omega)\right|^2\mathrm{d}\omega \tag{2-61}$$

将式（2-56）和式（2-61）代入式（2-53），我们可以得到 $t=t_0$ 时刻的输出信噪比为

$$\mathrm{SNR}_0=\frac{\left|\int_{-\infty}^{+\infty}S(\omega)H(\omega)\exp(\mathrm{j}\omega t_0)\mathrm{d}\omega\right|^2}{2\pi\sigma^2\int_{-\infty}^{+\infty}\left|H(\omega)\right|^2\mathrm{d}\omega} \tag{2-62}$$

可以用 Schwarz 不等式求出式（2-62）最大值的问题。Schwarz 不等式可表示为

$$\left|\int A(\omega)B(\omega)\mathrm{d}\omega\right|^2\leqslant\int\left|A(\omega)\right|^2\mathrm{d}\omega\int\left|B(\omega)\right|^2\mathrm{d}\omega \tag{2-63}$$

当且仅当式（2-64）成立的时候式（2-63）取等号

$$B(\omega)=\mu A^*(\omega) \tag{2-64}$$

其中，μ 是常数。针对我们的问题，令

$$A(\omega)=S(\omega)\exp(\mathrm{j}\omega t_0) \tag{2-65}$$

以及

$$B(\omega)=H(\omega) \tag{2-66}$$

可以令常数 μ 等于 1，这样可将其从式（2-62）的分子和分母中消去。对式（2-62）中的分子项应用 Schwarz 不等式，可以得到

$$\left|\int_{-\infty}^{+\infty}S(\omega)H(\omega)\exp(\mathrm{j}\omega t_0)\mathrm{d}\omega\right|^2 \leqslant \int_{-\infty}^{+\infty}|S(\omega)|^2\mathrm{d}\omega\int_{-\infty}^{+\infty}|H(\omega)|^2\mathrm{d}\omega \qquad (2\text{-}67)$$

进而得到

$$\mathrm{SNR}_0 \leqslant \frac{1}{2\pi\sigma^2}\int_{-\infty}^{+\infty}|S(\omega)|^2\mathrm{d}\omega \qquad (2\text{-}68)$$

因此，输出信噪比的最大值由式（2-69）给出

$$\mathrm{SNR}_{\max} = \frac{\frac{1}{2\pi}\int_{-\infty}^{+\infty}|S(\omega)|^2\mathrm{d}\omega}{\sigma^2} = \frac{\int_{-\infty}^{+\infty}|s(t)|^2\mathrm{d}t}{\sigma^2} = \frac{E}{\sigma^2} \qquad (2\text{-}69)$$

其独立于 $H(\omega)$。并且由式（2-64）可知，只有在

$$H(\omega) = A^*(\omega) = \left[S(\omega)\exp(\mathrm{j}\omega t_0)\right]^* = S^*(\omega)\exp(-\mathrm{j}\omega t_0) \qquad (2\text{-}70)$$

时才能达到这个最大值。

在时域可以得到

$$h(t) = s^*(t_0 - t) \qquad (2\text{-}71)$$

如果 $s(t)$ 是实函数，则匹配滤波器可简化为经典形式

$$h(t) = s(t_0 - t) \qquad (2\text{-}72)$$

由 $s(t)$ 在时间轴上经反转和平移得到。因此，在加性白噪声情况下，式（2-70）和式（2-71）给出了使得 $t = t_0$ 时刻输出信噪比达到最大的最佳接收机形式。我们注意到 $h(t)$ 只依赖于接收机的输入信号波形 $s(t)$，或者说，接收机和输入信号 $s(t)$ 是匹配的，故称该最佳接收机形式为匹配滤波器。

时标 t_0 表示输出信噪比最大的时刻，当其取不同值时，式（2-71）中的最优滤波器并不一定是一个因果解。不过当 $s(t)$ 为有限持续时间信号时，适当选择 t_0，可使接收机的 $h(t)$ 为因果的。

根据式（2-48），由傅里叶变换性质可得

$$S(\omega) = F(\omega)Q(\omega) \qquad (2\text{-}73)$$

$F(\omega)$ 与 $Q(\omega)$ 分别为 $f(t)$ 与 $q(t)$ 的傅里叶变换。因此，最佳接收机

$$H(\omega) = S^*(\omega)\exp(-\mathrm{j}\omega t_0) = F^*(\omega)Q^*(\omega)\exp(-\mathrm{j}\omega t_0) \qquad (2\text{-}74)$$

可知最佳滤波器和输入信号及信道特性是匹配的。根据式（2-69），输出信噪比的

最大值可由式（2-75）给出

$$\mathrm{SNR}_{\max}=\frac{\int_{-\infty}^{+\infty}|s(t)|^2\mathrm{d}t}{\sigma^2}=\frac{\frac{1}{2\pi}\int_{-\infty}^{+\infty}|S(\omega)|^2\mathrm{d}\omega}{\sigma^2}=\frac{\frac{1}{2\pi}\int_{-\infty}^{+\infty}|F(\omega)Q(\omega)|^2\mathrm{d}\omega}{\sigma^2} \tag{2-75}$$

用时域分析法也能得出相同的结论。由于 t 时刻的输出信噪比为

$$\mathrm{SNR}_t=\frac{\left|\int_{-\infty}^{+\infty}h(\tau)s(t-\tau)\mathrm{d}\tau\right|^2}{E\left\{\left|\int_{-\infty}^{+\infty}h(\tau)n(t-\tau)\mathrm{d}\tau\right|^2\right\}}=\frac{\left|\int_{-\infty}^{+\infty}h(\tau)s(t-\tau)\mathrm{d}\tau\right|^2}{\int_{-\infty}^{+\infty}\int_{-\infty}^{+\infty}h(\tau_1)h^*(\tau_2)E\left\{n(t-\tau_1)n^*(t-\tau_2)\right\}\mathrm{d}\tau_1\mathrm{d}\tau_2} \tag{2-76}$$

如果假定 $n(t)$ 为白噪声，则

$$E\left\{n(t-\tau_1)n^*(t-\tau_2)\right\}=R_{nn}(\tau_1-\tau_2)=\sigma^2\delta(\tau_1-\tau_2) \tag{2-77}$$

式（2-76）变为

$$\mathrm{SNR}_{t=t_0}=\frac{\left|\int_{-\infty}^{+\infty}h(\tau)s(t_0-\tau)\mathrm{d}\tau\right|^2}{\int_{-\infty}^{+\infty}\int_{-\infty}^{+\infty}h(\tau_1)h^*(\tau_2)\sigma^2\delta(\tau_1-\tau_2)\mathrm{d}\tau_1\mathrm{d}\tau_2}=\frac{\left|\int_{-\infty}^{+\infty}h(\tau)s(t_0-\tau)\mathrm{d}\tau\right|^2}{\sigma^2\int_{-\infty}^{+\infty}|h(\tau)|^2\mathrm{d}\tau} \tag{2-78}$$

再次使用 Schwarz 不等式，式（2-78）的分子满足

$$\left|\int_{-\infty}^{+\infty}h(\tau)s(t_0-\tau)\mathrm{d}\tau\right|^2\leqslant\int_{-\infty}^{+\infty}|h(\tau)|^2\mathrm{d}\tau\int_{-\infty}^{+\infty}|s(t_0-\tau)|^2\mathrm{d}\tau \tag{2-79}$$

式（2-78）简化为

$$\mathrm{SNR}_{\max|t=t_0}\leqslant\frac{1}{\sigma^2}\int_{-\infty}^{+\infty}|s(t_0-\tau)|^2\mathrm{d}\tau=\frac{1}{\sigma^2}\int_{-\infty}^{+\infty}|s(t)|^2\mathrm{d}t=\frac{E}{\sigma^2} \tag{2-80}$$

当且仅当

$$h(t)=s^*(t_0-t) \tag{2-81}$$

时等号成立。这和式（2-71）是一致的。

例 2.1　如图 2-5 所示的三角脉冲 $f(t)$ 通过具有如下传输函数的理想信道

$$Q(\omega)=\exp(-\mathrm{j}\omega t_c) \tag{2-82}$$

如果输入信号受到白噪声的干扰，求解最佳接收机。

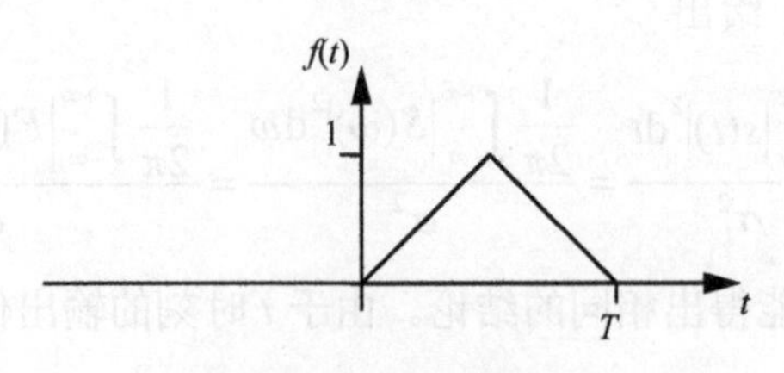

图 2-5　三角脉冲

解：因为

$$r(t)=s(t)+n(t) \tag{2-83}$$

其中，$n(t)$ 为白噪声，最佳接收机就是由式（2-71）给出的匹配滤波器，也就是

$$h(t)=s(t_0-t) \tag{2-84}$$

由

$$S(\omega)=F(\omega)Q(\omega) \tag{2-85}$$

可知

$$s(t)=f(t-t_c) \tag{2-86}$$

若 $t_0=t_c$，则 $h_c(t)=s(t_c-t)$，如图 2-6（a）所示。若 $t_0=t_c+T$，则可得到如图 2-6（b）所示的 $h(t)$。图 2-6（a）中的 $h(t)$ 是非因果的，而图 2-6（b）所示的 $h(t)$ 是一个因果滤波器。

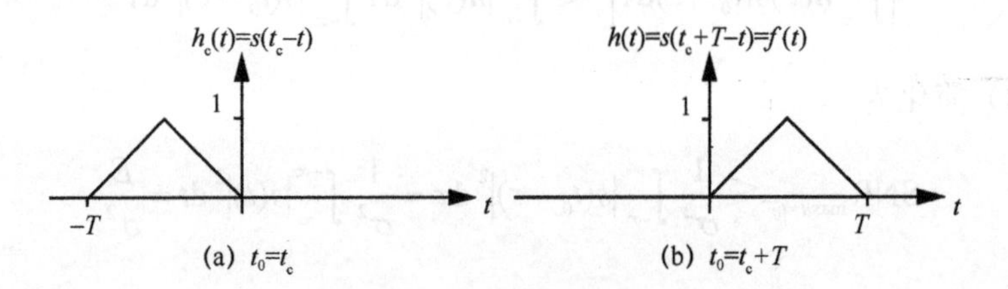

图 2-6　匹配滤波器

最大输出信噪比由式（2-87）给出

$$\mathrm{SNR}_{\max}\leqslant\frac{\int_{-\infty}^{+\infty}|s(t)|^2\,\mathrm{d}t}{\sigma^2}=\frac{2\int_0^{\frac{T}{2}}\left(\frac{2t}{T}\right)^2\mathrm{d}t}{\sigma^2}=\frac{8}{3T^2\sigma^2}\left(\frac{T}{2}\right)^3=\frac{T}{3\sigma^2} \tag{2-87}$$

对于实信号，假设在时间间隔 $(0,t)$ 上接收的数据 $r(t)$ 可用。在这种情况下使用式（2-72），且鉴于 $h(t-\tau)=s[t_0-(t-\tau)]=s(t_0-t+\tau)$，匹配滤波器的输出为

$$\hat{r}(t)=r(t)*h(t)=\int_0^t r(\tau)h(t-\tau)\mathrm{d}\tau=\int_0^t r(\tau)s(t_0-t+\tau)\mathrm{d}\tau \tag{2-88}$$

匹配滤波器使得 $t=t_0$ 时刻的输出信噪比达到最大，因此必须在 $t=t_0$ 时刻利用输出 $\hat{r}(t)$ 进行进一步的判决。如此，根据式（2-88），有

$$\hat{r}(t_0)=\int_0^{t_0} r(\tau)s(\tau)\mathrm{d}\tau=\int_0^{t_0} r(t)s(t)\mathrm{d}t \tag{2-89}$$

该式正是相关接收机的形式。因此，在加性白噪声的情况下，匹配滤波和相关接收机是等效的。

2.4.2　色噪声下的匹配滤波器

这里讨论接收机噪声不具有白噪声特性时的最佳因果滤波器设计问题。此时，仅仅增大 t_0 是无法使最优解具有因果性的。为了解释这一点，令 $G_n(\omega)$ 表示输入噪声谱，则接收机的输出噪声功率通过式（2-90）给出

$$E\left[w^2(t)\right]=\frac{1}{2\pi}\int_{-\infty}^{+\infty}G_n(\omega)\left|H(\omega)\right|^2\mathrm{d}\omega \tag{2-90}$$

根据谱分解理论，每一个非负且满足佩利–维纳（Paley-Wiener）条件

$$\int_{-\infty}^{+\infty}\frac{\left|\ln G(\omega)\right|}{1+\omega^2}\mathrm{d}\omega<+\infty \tag{2-91}$$

的谱函数 $G(\omega)$ 都可以用其维纳（Wiener）因子 $L(s)$ 分解成如下形式

$$G(\omega)=L(\mathrm{j}\omega)L^*(\mathrm{j}\omega) \tag{2-92}$$

其中，$L(s)$ 和它的逆 $L^{-1}(s)$ 在复平面 $s=\sigma+\mathrm{j}\omega$ 的左半平面都是解析的（最小相位系统）。令 $L_n(s)$ 表示对应于 $G_n(\omega)$ 的 Wiener 因子，则

$$G_n(\omega)=\left|L_n(\mathrm{j}\omega)\right|^2 \tag{2-93}$$

且

$$\mathrm{SNR}\big|_{t=t_0}=\frac{\left|\dfrac{1}{2\pi}\displaystyle\int_{-\infty}^{+\infty}H(\omega)S(\omega)\exp(\mathrm{j}\omega t_0)\mathrm{d}\omega\right|^2}{\dfrac{1}{2\pi}\displaystyle\int_{-\infty}^{+\infty}G_n(\omega)\left|H(\omega)\right|^2\mathrm{d}\omega}=\frac{\left|\dfrac{1}{2\pi}\displaystyle\int_{-\infty}^{+\infty}H(\omega)S(\omega)\exp\left(\mathrm{j}\omega t_0\right)\mathrm{d}\omega\right|^2}{\dfrac{1}{2\pi}\displaystyle\int_{-\infty}^{+\infty}\left|L_n(\omega)H(\omega)\right|^2\mathrm{d}\omega} \tag{2-94}$$

将式（2-94）分子中的$H(\omega)S(\omega)$改写成

$$[L_n(\mathrm{j}\omega)H(\omega)][L_n^{-1}(\mathrm{j}\omega)S(\omega)] \tag{2-95}$$

将其代入式（2-94）并直接应用 Schwarz 不等式，得到

$$\rho(t_0) \leqslant \frac{1}{2\pi}\int_{-\infty}^{+\infty}\left|L_n^{-1}(\mathrm{j}\omega)S(\omega)\right|^2 \mathrm{d}\omega = \frac{1}{2\pi}\int_{-\infty}^{+\infty}\frac{|S(\omega)|^2}{G_n(\omega)}\mathrm{d}\omega \tag{2-96}$$

当且仅当

$$L_n(\mathrm{j}\omega)H(\omega) = \left[L_n^{-1}(\mathrm{j}\omega)\right]^* S^*(\omega)\exp(-\mathrm{j}\omega t_0) \tag{2-97}$$

或

$$H(\omega) = \frac{S^*(\omega)\exp(-\mathrm{j}\omega t_0)}{G_n(\omega)} \tag{2-98}$$

时，式（2-96 的）等号才成立。因此在时域中，如果

$$l_{\mathrm{inv}}(t) \leftrightarrow L_n^{-1}(\mathrm{j}\omega) \tag{2-99}$$

那么最优接收机的脉冲响应为

$$h(t) = l_{\mathrm{inv}}(t) * l_{\mathrm{inv}}^*(-t) * s(t_0 - t) \tag{2-100}$$

无疑，式（2-100）表示的是非因果波形，并且仅通过简单的有限时移t_0（无论多大）来获得接收机的因果特性都是不太可能的。

为了获得最佳因果接收机，必须换一种思路。令

$$v(t) \leftrightarrow H(\omega)L_n(\mathrm{j}\omega) \tag{2-101}$$

且$g(t)$表示$L_n^{-1}(\mathrm{j}\omega)S(\omega)$的逆变换

$$g(t) \leftrightarrow L_n^{-1}(\mathrm{j}\omega)S(\omega) = L_n^{-1}(\mathrm{j}\omega)Q(\omega)F(\omega) \tag{2-102}$$

则$g(t)$为因果的，且

$$g^*(-t) \leftrightarrow \left[L_n^{-1}(\mathrm{j}\omega)S(\omega)\right]^* \tag{2-103}$$

可得

$$g^*(t_0 - t) \leftrightarrow \left[L_n^{-1}(\mathrm{j}\omega)\right]^* S^*(\omega)\exp(-\mathrm{j}\omega t_0) \tag{2-104}$$

因为$L_n(s)$和$L_n^{-1}(s)$在$\mathrm{Re}\{s\} < 0$时都是解析的，所以$v(t)$和$g(t)$都是因果波形，且

利用帕塞瓦尔（Parseval）定理可得

$$\int_{-\infty}^{+\infty} v(t)g(t_0-t)\mathrm{d}t = \int_{-\infty}^{+\infty} v(t)\left\{g^*(t_0-t)\right\}^*\mathrm{d}t =$$
$$\frac{1}{2\pi}\int_{-\infty}^{+\infty}\left\{H(\omega)L_n(\mathrm{j}\omega)\right\}\left\{L_n^{-1}(\mathrm{j}\omega)S(\omega)\exp(\mathrm{j}\omega t_0)\right\}\mathrm{d}\omega = \tag{2-105}$$
$$\frac{1}{2\pi}\int_{-\infty}^{+\infty} H(\omega)S(\omega)\exp(\mathrm{j}\omega t_0)\mathrm{d}\omega \triangleq \zeta$$

这和式（2-94）分子的因式是相同的。但由于$v(t)$是因果的，根据式（2-105），有

$$\zeta = \int_{-\infty}^{+\infty} v(t)g(t_0-t)\mathrm{d}t = \int_{0}^{+\infty} v(t)g(t_0-t)\mathrm{d}t \tag{2-106}$$

不过，利用单位阶跃函数$u(t)$，我们可以将式（2-106）的后一项积分式改写为

$$\zeta = \int_{0}^{+\infty} v(t)g(t_0-t)\,\mathrm{d}t = \int_{-\infty}^{+\infty} v(t)g(t_0-t)\,u(t)\mathrm{d}t \tag{2-107}$$

令$K(\omega)$表示因果脉冲$g^*(t_0-t)u(t)$的变换，即

$$g^*(t_0-t)u(t) \leftrightarrow K(\omega) \tag{2-108}$$

再次对式（2-107）使用 Parseval 定理，有

$$\zeta = \int_{-\infty}^{+\infty}[v(t)][g^*(t_0-t)u(t)]^*\mathrm{d}t = \frac{1}{2\pi}\int_{-\infty}^{+\infty}[H(\omega)L_n(\mathrm{j}\omega)][K^*(\omega)]\mathrm{d}\omega \tag{2-109}$$

将式（2-109）用在式（2-94）中，可得

$$\rho(t_0) \triangleq \mathrm{SNR}\big|_{t=t_0} = \frac{\left|\dfrac{1}{2\pi}\displaystyle\int_{-\infty}^{+\infty} H(\omega)L_n(\mathrm{j}\omega)K^*(\omega)\mathrm{d}\omega\right|^2}{\dfrac{1}{2\pi}\displaystyle\int_{-\infty}^{+\infty}\left|L_n(\omega)H(\omega)\right|^2\mathrm{d}\omega} \leqslant \frac{1}{2\pi}\int_{-\infty}^{+\infty}\left|K(\omega)\right|^2\mathrm{d}\omega \tag{2-110}$$

当且仅当

$$H(\omega)L_n(\mathrm{j}\omega) = K(\omega) \tag{2-111}$$

或

$$H(\omega) = L_n^{-1}(\mathrm{j}\omega)K(\omega) \leftrightarrow l_{\mathrm{inv}}(t) * g^*(t_0-t)u(t) \tag{2-112}$$

满足时，式（2-110）的等号成立。因果的时域匹配滤波器脉冲响应为

$$h_{\mathrm{c}}(t) = l_{\mathrm{inv}}(t) * g^*(t_0-t)u(t) \tag{2-113}$$

此外，利用式（2-108）和式（2-110），可得

$$\rho_{\max}(t_0)=\frac{1}{2\pi}\int_{-\infty}^{+\infty}\left|K(\omega)\right|^2\mathrm{d}\omega=\int_0^{t_0}\left|g(t)\right|^2\mathrm{d}t \tag{2-114}$$

式（2-111）和式（2-114）表示了最佳因果接收机的解，其中，$K(\omega)$ 和 $g(t)$ 分别由式（2-108）和式（2-102）定义。

需要注意的是，式（2-112）中的因果解既不是通过式（2-100）中的非因果解在时间上简单平移得到的，也不是由式（2-100）直接得来的。利用式（2-98）、式（2-99）和式（2-104），我们可以将式（2-100）改写为

$$h_{nc}(t)=l_{\mathrm{inv}}(t)*g^*(t_0-t) \tag{2-115}$$

通过比较式（2-115）和式（2-112），可知式（2-112）和式（2-113）中的因果解在 $g^*(t_0-t)$ 和 $l_{\mathrm{inv}}(t)$ 的卷积之前就舍弃了 $g^*(t_0-t)$ 的非因果部分。

对于色噪声情况下的因果匹配滤波器，可从"白化"的角度进行解释。首先利用滤波器 $L_n^{-1}(\mathrm{j}\omega)$ 对输入噪声 $n(t)$ 进行白化以产生白噪声 $w(t)$。在变换过程中，输入信号 $s(t)$ 变成了由式（2-102）给出的 $g(t)$。由于 $g(t)$ 包含在白噪声中，根据式（2-71），对于输入信号 $g(t)+w(t)$，$g^*(t_0-t)$ 表示最佳非因果匹配滤波器接收机。而根据式（2-112）和式（2-113），输入为 $g(t)+w(t)$ 时的因果匹配滤波器则通过 $g^*(t_0-t)u(t)\leftrightarrow K(\omega)$ 给出。因此综合考虑整个接收机，它具有式（2-112）的形式：其输入首先经过白化，接着通过匹配滤波器来产生所需要的输出。

对于 $G_n(\omega)=\sigma^2$ 的白噪声情况，根据式（2-102），$g(t)=\dfrac{s(t)}{\sigma}$ 并将其代入式（2-114），可得

$$\mathrm{SNR}_{\max}=\rho(t_0)=\frac{1}{\sigma^2}\int_0^{t_0}\left|s(t)\right|^2\mathrm{d}t \tag{2-116}$$

因此，白噪声情况下的因果匹配滤波器为

$$h_{\mathrm{c}}(t)=s^*(t_0-t)u(t) \tag{2-117}$$

根据式（2-114）和式（2-117），对于因果匹配滤波器，$t=t_0$ 时刻匹配滤波器输出端的信噪比是和输入信号从开始到当前时刻的能量成比例的。这种关系不像式（2-80）那样，信噪比和总能量成比例关系。因此在一个因果接收机的例子中，最大输出信噪比是观测时刻 t_0 的单调非递减函数。

由于匹配滤波器可以产生具有高峰值的输出，因此其具有产生时域压缩波形的潜力，可用于实现精确的目标距离估计。后续章节将讨论这种可能性，并且说明大时宽带宽积的相位编码波形（如线性调频波形）确实具备我们想要得到的时间（或距离）压缩特性。由于这种压缩是通过匹配滤波器实现的，因此对雷达回波在快时间向的匹配滤波处理也常称为脉冲压缩或距离压缩处理。

2.5　匹配滤波器的实现

本节以常用的 LFM 信号为例，说明匹配滤波器的实现方法。为了满足提高探测距离和距离分辨率的双重要求，雷达系统需要采用大时宽带宽积的信号，首先提出并得到应用的大时宽带宽积的信号形式是 LFM 脉冲及其匹配处理–脉冲压缩。为了获得 LFM 脉冲的大带宽所对应的高距离分辨能力，必须对接收到的 LFM 宽脉冲回波进行匹配滤波（压缩）处理，使其变成窄脉冲，过程如图 2-7 所示。图 2-7（a）所示为宽脉冲的包络，图 2-7（b）所示为带宽为 $B = f_2 - f_1$ 的频率调制（本例中的是上调频 LFM 信号），图 2-7（c）所示为匹配滤波器的时延特性，图 2-7（d）所示为压缩后的脉冲包络，图 2-7（e）所示为匹配滤波器的输入/输出波形[12]。

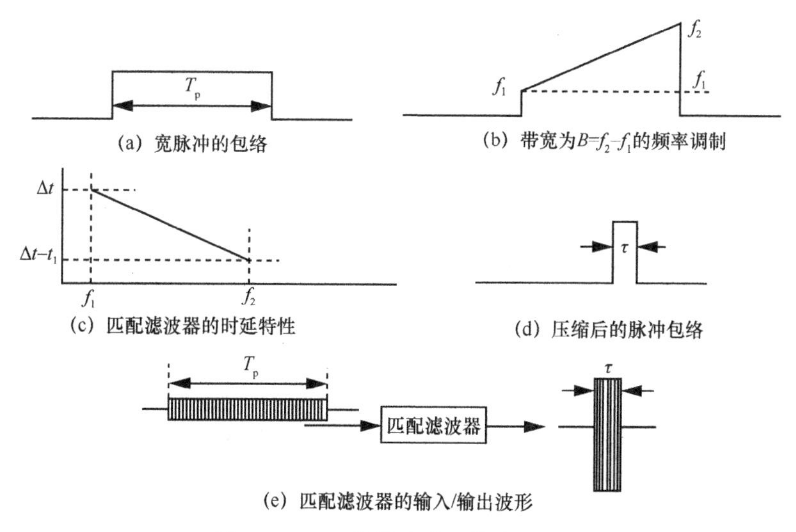

图 2-7　LFM 信号脉冲压缩过程示意

雷达发射的 LFM 脉冲信号可表示为

$$s_{\mathrm{RF}}(t) = \mathrm{rect}\left(\frac{t}{T_{\mathrm{p}}}\right)\cos(2\pi f_0 t + \pi K t^2) \tag{2-118}$$

其中，T_{p} 为脉冲宽度，f_0 为中心载频，$K = \dfrac{B}{T_{\mathrm{p}}}$ 为调频率，B 为带宽，矩形函数为

$$\mathrm{rect}(x) = \begin{cases} 1, & |x| \leqslant \dfrac{1}{2} \\ 0, & \text{其他} \end{cases} \tag{2-119}$$

LFM 脉冲的复包络信号为

$$s(t)=\mathrm{rect}\left(\frac{t}{T_{\mathrm{p}}}\right)\exp(\mathrm{j}\pi Kt^{2}) \tag{2-120}$$

对于$T_{\mathrm{p}}B>>1$的大时宽带宽积 LFM 信号，可应用驻定相位原理（基于菲涅耳积分近似）计算出其频谱

$$S(f)\approx\frac{1}{\sqrt{K}}\mathrm{rect}\left(\frac{f}{B}\right)\exp\left(-\mathrm{j}\pi\frac{f^{2}}{K}+\mathrm{j}\frac{\pi}{4}\right) \tag{2-121}$$

假定目标初始距离R_0对应的时延为$t_0=\dfrac{2R_0}{c}$，目标的径向速度为v。若不考虑幅度的衰减，则接收信号及其相对于发射信号的时延分别为

$$s_{\mathrm{R}}(t)=s_{\mathrm{RF}}[t-\Delta(t)] \tag{2-122}$$

$$\Delta(t)=t_0-\frac{2v}{c}(t-t_0) \tag{2-123}$$

因此

$$s_{\mathrm{R}}(t)=s_{\mathrm{RF}}[\gamma(t-t_0)] \tag{2-124}$$

其中，$\gamma=1+\dfrac{2v}{c}$。

接收信号经过正交混频、滤波后，得到的基带复信号为

$$\begin{aligned}s_{\mathrm{r}}(t)&=\mathrm{rect}\left(\frac{\gamma(t-t_0)}{T_{\mathrm{p}}}\right)\exp[\mathrm{j}2\pi\gamma f_0(t-t_0)]\exp\left[\mathrm{j}\pi K\gamma^{2}(t-t_0)^{2}\right]\exp(-\mathrm{j}2\pi f_0 t)=\\&\mathrm{rect}\left[\frac{\gamma(t-t_0)}{T_{\mathrm{p}}}\right]\exp[\mathrm{j}2\pi(\gamma-1)f_0(t-t_0)]\exp\left[\mathrm{j}\pi K\gamma^{2}(t-t_0)^{2}\right]\exp(-\mathrm{j}2\pi f_0 t_0)\end{aligned} \tag{2-125}$$

由于$v<<c$，$\gamma\approx1$，目标的多普勒频率$f_{\mathrm{d}}=\dfrac{2v}{c}f_0=(\gamma-1)f_0$，因此式（2-125）可近似为

$$s_{\mathrm{r}}(t)\approx\exp(-\mathrm{j}2\pi f_0 t_0)\exp\left[\mathrm{j}2\pi f_{\mathrm{d}}(t-t_0)\right]s(t-t_0) \tag{2-126}$$

其频谱可近似为

$$S_{\mathrm{r}}(f)\approx\frac{1}{\sqrt{K}}\mathrm{rect}\left(\frac{f-f_{\mathrm{d}}}{B}\right)\exp\left[-\mathrm{j}\pi\frac{(f-f_{\mathrm{d}})^{2}}{K}+\mathrm{j}\frac{\pi}{4}-\mathrm{j}2\pi ft_0\right]\exp(-\mathrm{j}2\pi f_0 t_0) \tag{2-127}$$

令匹配滤波器的冲击响应$h(t)=s^{*}(-t)$，对应$H(f)=S^{*}(f)$。则匹配滤波器的输出为

$$s_o(t)=s_r(t)*h(t)=\int_{-\infty}^{+\infty}S_r(f)H(f)\exp(j2\pi ft)\mathrm{d}f \tag{2-128}$$

其中，∗表示卷积运算，代入式（2-121）和式（2-127），可近似得到

$$s_o(t)\approx T_p\frac{\sin\left\{\pi B\left[t-\left(t_0-\frac{f_d}{K}\right)\right]\right\}}{\pi B\left[t-\left(t_0-\frac{f_d}{K}\right)\right]}\exp(-j2\pi f_0t_0) \tag{2-129}$$

可见，输出信号在$\left(t_0-\frac{f_d}{K}\right)$处取得最大值。

匹配滤波输出信号的脉冲宽度约为$\frac{1}{B}$，因此将输入脉冲和输出脉冲的宽度比T_pB称为压缩比。输出压缩脉冲的包络近似为sinc(x)形状，其中最大的第一对旁瓣低于主瓣电平 13.2 dB，其他旁瓣随其离主瓣的间隔 x 按$\frac{1}{x}$的规律衰减，旁瓣零点间隔为$\frac{1}{B}$。在多目标环境中，强目标回波的旁瓣会埋没附近较小目标的主瓣，导致目标漏检。为了提高雷达分辨多目标的能力，必须采用旁瓣抑制或加窗处理。尽管加窗可在射频、中频或视频级中进行，但为了使发射机工作在最佳功率状态，一般不在发射端进行加窗，目前应用最广的是在接收端进行脉冲压缩的过程中实现。

早期雷达常用声表面波（Surface Acoustic Wave，SAW）色散线产生和处理 LFM 信号。一般是利用一个窄脉冲去激励 SAW 器件实现的色散延迟线，输出展宽的载频由低到高线性变化的脉冲信号，经过整形和上变频，从而得到 LFM 信号。接收时，回波信号经射频放大并下变频，用一个频率特性和脉冲扩展滤波器的时延–频率特性正相反的滤波器进行脉冲压缩。

现代雷达的脉冲压缩处理均采用数字信号处理的方式[13-15]。实现方法有两种：当要求较小的脉压比时，可采用时域相关的处理方式；当要求较大的脉压比时，通常利用快速傅里叶变换（Fast Fourier Transform，FFT）在频域实现。图 2-8 所示为频域实现 LFM 信号数字脉冲压缩框图。频域匹配滤波函数为

$$H(f)=\left\{\mathrm{FFT}\left[s(n)w(n)\right]\right\}^* \tag{2-130}$$

其中，$w(n)$为窗函数，可以根据需要选取合适的窗函数。$H(f)$可预先计算并存储于系数表中以节省计算量。需要注意的是，FFT/快速傅里叶逆变换（Inverse FFT，IFFT）的点数不是任意选取的。假设输入信号点数为 N，滤波器长度为 L，那么经过滤波后的输出信号点数应为$(N+L-1)$，则对应 FFT 点数的选择必须保证其大于或等于$(N+L-1)$，通常取 2 的整数幂对应的数值大于或等于$(N+L-1)$。因此，在对滤波器系数及输入信号进行 FFT 之前，要先对序列进行补零处理。

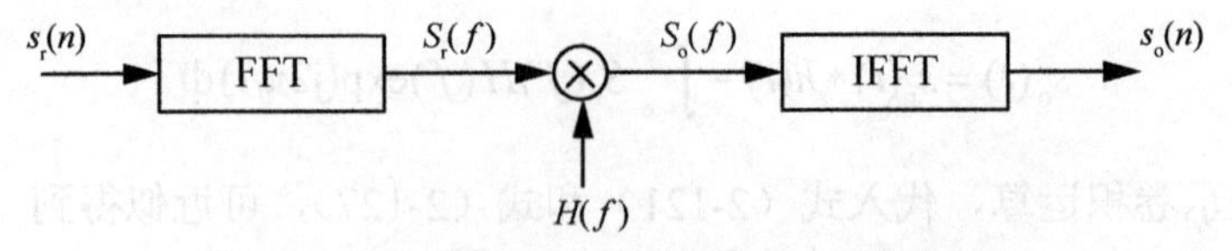

图 2-8　频域实现 LFM 信号数字脉冲压缩框图

下面举例说明，设 LFM 信号的中心频率 $f_0 = 3$ GHz、脉宽 $T_p = 10$ μs、带宽 $B = 30$ MHz，目标初始距离 $R_0 = 55$ km、径向速度 $v = 310$ m/s，回波的起始采样距离（即第 1 个采样对应的距离）为 $R_s = 50$ km，采样频率为 $F_s = 50$ MHz，采样点数为 N=3 000。回波信噪比为 0 dB。雷达回波及匹配滤波处理的 MATLAB 仿真代码如下。

```
% 设置参数
c=3e+8;
f0=3e+9;    Tp=10e-6;   B=30e+6;
Fs=50e+6;   Rs=50e+3;   N=3000;
R0=55e+3;   v=310;
SNR=0;   Nfft=4096;
% 产生 LFM 信号
K=B/Tp;
L=round(Fs*Tp);
tr1=([0:L-1]-L/2)/Fs;
s=exp(j*pi*K*tr1.^2);
figure; plot(tr1/1e-6, real(s));
xlabel('时间 (us)'); ylabel('幅度');
%窗函数
w=kaiser(L, 2.5).';
%仿真回波
A=sqrt(2*10^(SNR/10));
ts=2*Rs/c;
t0=2*R0/c;
fd=2*v*f0/c;
tr2=ts+[0:N-1]/Fs-t0;
rr=(ts+[0:N-1]/Fs)*c/2;
sr=A*exp(j*2*pi*fd*tr2+j*pi*K*tr2.^2-j*2*pi*f0*t0);
sr(find(tr2<-Tp/2 | tr2>Tp/2))=0;
figure; plot(rr/1e+3, real(sr));
xlabel('距离 (km)'); ylabel('幅度');
```

```
sr=sr+randn(1, N)+j*randn(1,N);
figure; plot(rr/1e+3, real(sr));
xlabel('距离 (km)'); ylabel('幅度');
%匹配滤波处理
Sr=fft(sr, Nfft);
s1=zeros(1, Nfft);
s1(1:L)=s.*w;
s1=circshift(s1,-L/2, 2);
Smf=conj(fft(s1, Nfft));
sout=ifft(Sr.*Smf);
%输出结果
figure; plot(rr/1e+3, abs(sout(1:N)));
xlabel('距离 (km)'); ylabel('幅度');
```

由于回波的采样点数为 3 000，匹配滤波器长度（即 LFM 脉冲的采样点数）为 500，故设置 FFT/IFFT 的点数为 4 096。在计算频域匹配滤波器时，使用 circshift 函数，这是由于离散频域的相乘实际对应的是离散时域的循环卷积。如果不进行循环移位，则输出结果的距离下标要加上 $\frac{T_p}{2}$ 所对应的距离。MATLAB 代码如下。

```
Smf=conj(fft(s.*w, Nfft));
sout=ifft(Sr.*Smf);
rr=(ts+[0:N-1]/Fs+Tp/2)*c/2;
figure; plot(rr/1e+3, abs(sout(1:N)));
xlabel('距离 (km)'); ylabel('幅度');
```

仿真生成的 LFM 波形的实部如图 2-9 所示。图 2-10（a）为理想的目标回波，图 2-10（b）为按 0 dB 信噪比生成的雷达回波信号，图 2-10（c）为匹配滤波器输出结果。目标峰值出现在正确的距离位置。由于目标多普勒频率远小于带宽，因此其对距离位置的影响可以忽略。

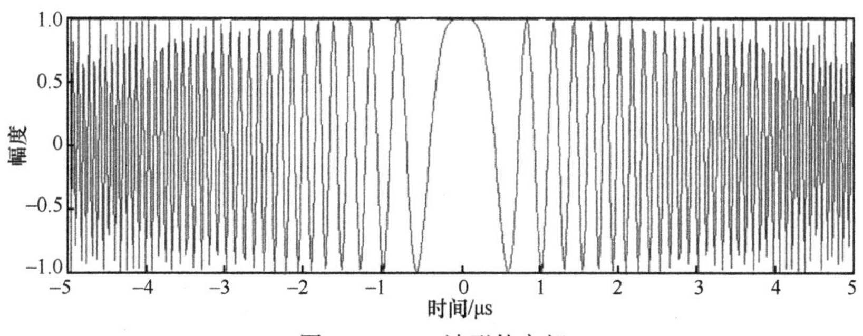

图 2-9　LFM 波形的实部

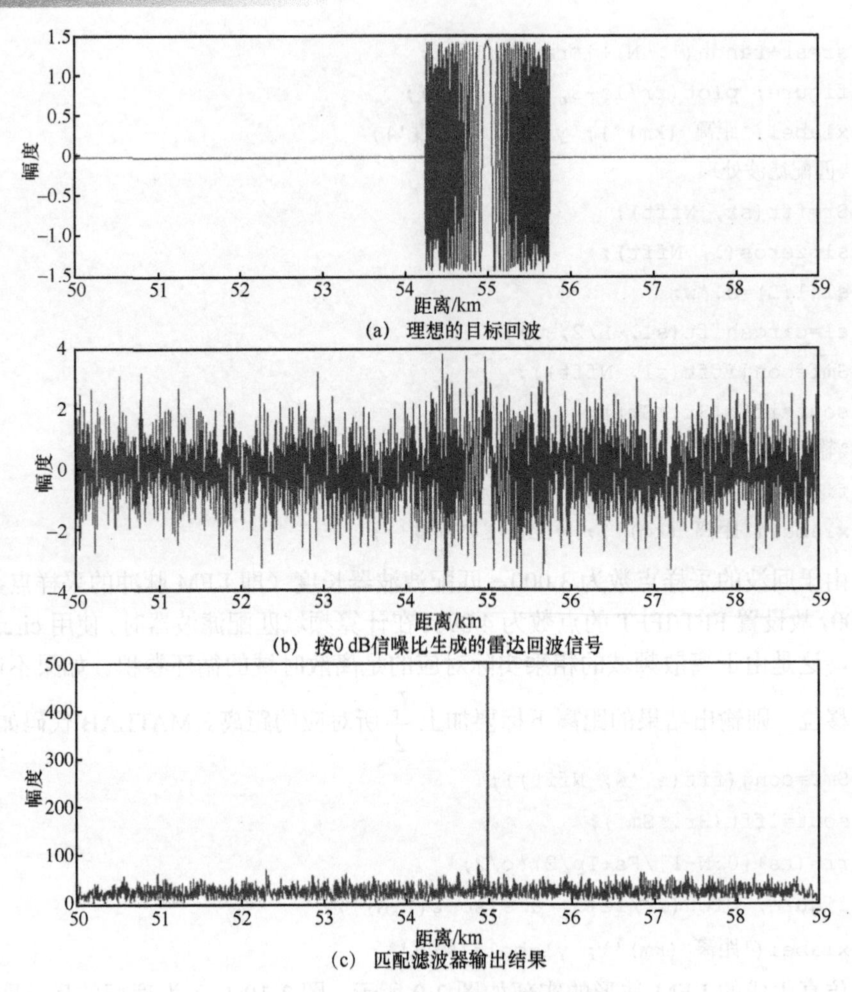

(a) 理想的目标回波

(b) 按0 dB信噪比生成的雷达回波信号

(c) 匹配滤波器输出结果

图 2-10 LFM 信号的匹配滤波仿真结果

参考文献

[1] 林茂庸, 柯有安. 雷达信号理论[M]. 北京: 国防工业出版社, 1981.

[2] 位寅生. 雷达信号理论与应用（基础篇）[M]. 哈尔滨: 哈尔滨工业大学出版社, 2011.

[3] 朱晓华. 雷达信号分析与处理[M]. 北京: 国防工业出版社, 2011.

[4] LEVANON N, MOZESON E. Radar signals[M]. New York: John Wiley and Sons, 2004.

[5] 丁鹭飞, 耿富录, 陈建春. 雷达原理（第四版）[M]. 北京: 电子工业出版社, 2009.

[6] SKOLNIK M I. Introduction to radar systems (third edition) [M]. New York: McGraw-Hill, 2001.

[7] 许小剑, 黄培康. 雷达系统及其信息处理[M]. 北京: 电子工业出版社, 2010.

[8] 甘俊英, 孙进平, 余义斌. 信号检测与估计[M]. 北京: 科学出版社, 2016.

[9] VAN TREES H L, BELL K L, TIAN Z. 检测、估计和调制理论——卷 I：检测、估计与滤波理论[M]. 孙进平, 王俊, 高飞, 等, 译. 北京：电子工业出版社, 2015.
[10] RICHARDS M A. Fundamentals of radar signal processing[M]. New York: McGraw-Hill, 2005.
[11] PILLAI U, LI K Y, SELESNICK I, et al. Waveform diversity theory and application[M]. New York: McGraw-Hill, 2001.
[12] MAHAFZA B R, ELSHERBENI A Z. MATLAB simulations for radar systems design[M]. New York: Chapman and Hall/CRC, 2004.
[13] 陈伯孝. 现代雷达系统分析与设计[M]. 西安：西安电子科技大学出版社, 2012.
[14] 刘涛, 卢建斌, 毛玲, 等. 雷达探测与应用[M]. 西安：西安电子科技大学出版社, 2019.
[15] 胡广书. 数字信号处理——理论、算法与实现（第二版）[M]. 北京：清华大学出版社, 2003.

第3章 模糊函数及雷达分辨理论

本章首先从目标分辨的角度引出模糊函数的定义，介绍模糊函数的常用性质，这些性质便于雷达波形分析；然后分析模糊函数与雷达目标分辨之间的关系，讨论距离分辨、速度分辨以及距离-速度联合分辨；最后以简单脉冲信号为例，展示通过计算模糊函数分析雷达系统分辨性能的具体过程。

3.1 模糊函数的定义

匹配滤波理论表明雷达灵敏度（在白色加性噪声的情况下）只取决于接收信号的能量，而与特定波形的形状无关。如果雷达灵敏度与波形无关，那么选择什么样的发射波形更合适呢？这个答案取决于很多因素，其中最重要的莫过于波形的距离和速度分辨率特征。

Woodward 将模糊函数应用到雷达分辨理论中[1]，目的是通过这一函数定量描述当系统工作于多目标环境下，发射一种波形并采用最优滤波器时，系统对不同距离、不同速度目标的分辨能力。

在雷达中，分辨率是指系统将两个邻近目标区分开的能力[2]，换句话说，就是邻近目标（“干扰目标”）与观测目标之间存在距离和速度差别时，邻近目标对观测目标的干扰程度。讨论分辨时，两个目标输出响应的影响因素除信号形式外，还包括许多因素，如目标信号强度、信噪比和处理方法。信号处理假设采用最优处理，即采用匹配滤波器，考虑到不同强度目标的分辨能力过于复杂以及对检测到的目标讨论分辨才有意义，此处假设两个等强度目标在大信噪比条件下观测。在此假设下，理论分析时不考虑噪声的影响，雷达系统的距离和多普勒的分辨率仅取决于信号形式，即固有分辨率[3]。

本节从分辨两个不同的目标出发，如图 3-1 所示，雷达波束扫描到两个理想的“点目标”，以最小均方误差为最佳分辨准则，推导模糊函数的定义式。

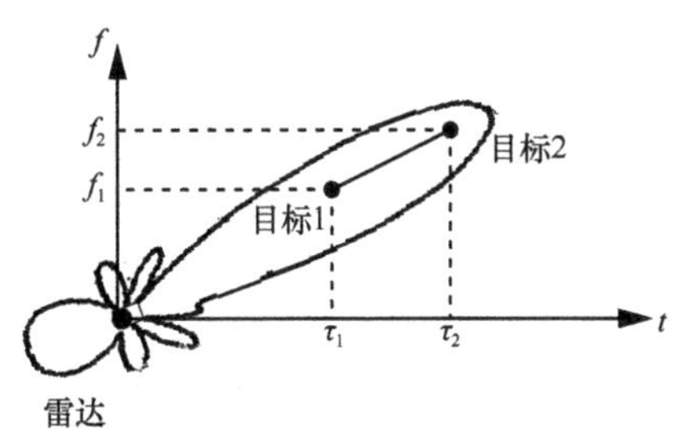

图 3-1　两个目标的雷达观测示意

雷达的发射信号通常为窄带信号，用复信号可表示为

$$s(t)=u(t)\exp(\mathrm{j}2\pi f_{\mathrm{c}}t) \tag{3-1}$$

其中，$u(t)$ 为基带信号（复包络），f_{c} 为中心频率。假设目标 1 和目标 2 与雷达的距离分别为 R_1 和 R_2，对应的时延分别为 τ_1 和 τ_2，多普勒频移分别为 f_1 和 f_2，则时延差为 $\tau=\tau_2-\tau_1$，多普勒频移差为 $f_{\mathrm{d}}=f_2-f_1$，且功率相同。两个目标的回波可表示为

$$\begin{cases}s_{\mathrm{r1}}(t)=u(t-\tau_1)\exp\left[\mathrm{j}2\pi(f_{\mathrm{c}}+f_1)(t-\tau_1)\right]\\ s_{\mathrm{r2}}(t)=u(t-\tau_2)\exp\left[\mathrm{j}2\pi(f_{\mathrm{c}}+f_2)(t-\tau_2)\right]\end{cases} \tag{3-2}$$

不失一般性，令 $\tau_2=0$，$f_1=0$，式（3-2）改写为

$$\begin{cases}s_{\mathrm{r1}}(t)=u(t+\tau)\exp\left[\mathrm{j}2\pi f_{\mathrm{c}}(t+\tau)\right]\\ s_{\mathrm{r2}}(t)=u(t)\exp\left[\mathrm{j}2\pi(f_{\mathrm{c}}+f_{\mathrm{d}})t\right]\end{cases} \tag{3-3}$$

为了衡量两个目标之间的距离，计算二者回波之差的模的平方积分，它的几何意义为信号在 2 范数意义下的距离的平方，记为 ε^2，由此可得

$$\varepsilon^2=\int_{-\infty}^{+\infty}\left|s_{\mathrm{r1}}(t)-s_{\mathrm{r2}}(t)\right|^2\mathrm{d}t \tag{3-4}$$

将式（3-3）代入式（3-4），得到

$$\varepsilon^2=2\int_{-\infty}^{+\infty}\left|u(t)\right|^2\mathrm{d}t-2\mathrm{Re}\left[\exp(-\mathrm{j}2\pi f_{\mathrm{c}}\tau)\int_{-\infty}^{+\infty}u(t)u^*(t+\tau)\exp(\mathrm{j}2\pi f_{\mathrm{d}}t)\mathrm{d}t\right] \tag{3-5}$$

式（3-5）等号右边的第一项与信号能量有关，假设其为常数，$\int_{-\infty}^{+\infty}\left|u(t)\right|^2\mathrm{d}t$ 用 2E 表示。第二项是时延差 τ 的函数，将式（3-5）最右边的积分项定义为模糊函数，即

$$\chi(\tau,f_{\mathrm{d}})=\int_{-\infty}^{+\infty}u(t)u^*(t+\tau)\exp(\mathrm{j}2\pi f_{\mathrm{d}}t)\mathrm{d}t \tag{3-6}$$

于是，式（3-5）改写为

$$\varepsilon^2 = 2\{2\mathrm{E} - \mathrm{Re}[\exp(-\mathrm{j}2\pi f_c \tau)\chi(\tau, f_d)]\} \geqslant 2[2\mathrm{E} - |\chi(\tau, f_d)|] \tag{3-7}$$

考虑到分辨目标一般是在检波之后，式（3-7）表明目标在距离–多普勒平面上的分辨能力由$|\chi(\tau, f_d)|$决定，显然，它越大，ε^2越小，两个目标越难以分辨。$|\chi(\tau, f_d)|$为两个相邻目标回波信号的均方差提供了一个保守的估计。

需要说明的是，式（3-6）并不是模糊函数的唯一形式，另外两种形式是

$$\chi(\tau, f_d) = \int_{-\infty}^{+\infty} u(t)u^*(t-\tau)\exp(\mathrm{j}2\pi f_d t)\mathrm{d}t \tag{3-8}$$

$$\chi(\tau, f_d) = \int_{-\infty}^{+\infty} u(t)u^*(t+\tau)\exp(-\mathrm{j}2\pi f_d t)\mathrm{d}t \tag{3-9}$$

按照国际统一建议[4-5]，把式（3-6）称为正型模糊函数，把式（3-8）和式（3-9）称为负型模糊函数，它们在时延和多普勒频移两个方向上的一个坐标符号与正型模糊函数相反。无论是正型模糊函数还是负型模糊函数，其物理本质是相同的，只是时延和多普勒频移的取号不同（如图 3-2 所示）。

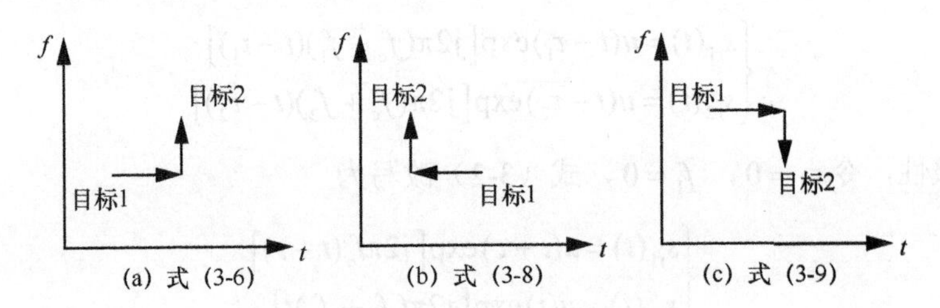

图 3-2　模糊函数 3 种表示法的目标坐标

本书后文提及的模糊函数均采用正型模糊函数定义，正τ意味着一个目标相对于参考位置更远，正f_d意味着一个目标朝向雷达运动。本书把$\chi(\tau, f_d)$、$|\chi(\tau, f_d)|$和$|\chi(\tau, f_d)|^2$都混称为模糊函数，其含义在具体场合还是可以明确的。利用 Parseval 定理和傅里叶变换性质，$u(t) \longleftrightarrow U(f)$是傅里叶变换对，式（3-6）还可以改写成另外一种形式

$$\chi(\tau, f_d) = \int_{-\infty}^{+\infty} U(f - f_d)U^*(f)\exp(-\mathrm{j}2\pi f\tau)\mathrm{d}f \tag{3-10}$$

3.2　模糊函数的性质

模糊函数有许多重要的性质[6]，这些性质对研究雷达信号是很有用的，可以

用来分析一些复杂的信号，本节给出后文分析所需要的性质以及相应证明。

性质 1 模糊函数的最大值出现在原点

$$|\chi(\tau,f_{\mathrm{d}})| \leqslant |\chi(0,0)| = 2\mathrm{E} \tag{3-11}$$

这个性质说明模糊函数的任何位置都不可能比原点更高。根据式（3-7）可见，模糊函数的最大点就是两个相邻目标回波信号的均方差的最小点，即最难分辨点，显然，当 $\tau=0$ 、$f_{\mathrm{d}}=0$ 时，$\varepsilon^2=0$，也就是两个目标在距离和速度上均无差别时，两个目标无法被分辨。

证明：应用 Schwarz 不等式，可得

$$|\chi(\tau,f_{\mathrm{d}})|^2 = \left|\int_{-\infty}^{+\infty} u(t)u^*(t+\tau)\exp(\mathrm{j}2\pi f_{\mathrm{d}}t)\mathrm{d}t\right|^2 \leqslant$$
$$\int_{-\infty}^{+\infty}|u(t)|^2\,\mathrm{d}t\int_{-\infty}^{+\infty}|u^*(t+\tau)\exp(\mathrm{j}2\pi f_{\mathrm{d}}t)|^2\,\mathrm{d}t$$

当且仅当 $u(t)=\left[u^*(t+\tau)\exp(\mathrm{j}2\pi f_{\mathrm{d}}t)\right]^*$，即 $\tau=0$ 、$f_{\mathrm{d}}=0$ 时成立，有

$$|\chi(\tau,f_{\mathrm{d}})|^2 \leqslant |\chi(0,0)|^2 = (2\mathrm{E})^2$$

性质 2 体积不变性

$$\int_{-\infty}^{+\infty}\int_{-\infty}^{+\infty}|\chi(\tau,f_{\mathrm{d}})|^2\,\mathrm{d}\tau\mathrm{d}f_{\mathrm{d}} = (2\mathrm{E})^2 \tag{3-12}$$

这个性质说明在模糊函数曲面下的总体积只取决于信号能量，与信号波形无关。虽然总的体积不变，但是信号形式影响能量分布，可以根据需要设计适当的形式，改变模糊曲面的形状，使之与雷达目标的环境相匹配。

证明：改写模糊函数，令 $f_{\mathrm{d}}=-f$

$$\chi(\tau,-f) = \int_{-\infty}^{+\infty}\left[u(t)u^*(t+\tau)\right]\exp(-\mathrm{j}2\pi ft)\mathrm{d}t$$

可以得到傅里叶变换对

$$u(t)u^*(t+\tau) \leftrightarrow \chi(\tau,-f)$$

根据 Parseval 定理，得

$$\int_{-\infty}^{+\infty}|u(t)u^*(t+\tau)|^2\,\mathrm{d}t = \int_{-\infty}^{+\infty}|\chi(\tau,-f)|^2\,\mathrm{d}f = \int_{-\infty}^{+\infty}|\chi(\tau,f_{\mathrm{d}})|^2\,\mathrm{d}f_{\mathrm{d}}$$

$$\int_{-\infty}^{+\infty}\int_{-\infty}^{+\infty}|u(t)u^*(t+\tau)|^2\,\mathrm{d}t\mathrm{d}\tau = \int_{-\infty}^{+\infty}\int_{-\infty}^{+\infty}|\chi(\tau,-f)|^2\,\mathrm{d}f\mathrm{d}\tau = \int_{-\infty}^{+\infty}\int_{-\infty}^{+\infty}|\chi(\tau,f_{\mathrm{d}})|^2\,\mathrm{d}f_{\mathrm{d}}\mathrm{d}\tau = V$$

令 $t=t_1$、$t+\tau=t_2$，得

$$\int_{-\infty}^{+\infty}\int_{-\infty}^{+\infty}\left|u(t)u^*(t+\tau)\right|^2 \mathrm{d}t\mathrm{d}\tau=\int_{-\infty}^{+\infty}\int_{-\infty}^{+\infty}\left|u(t_1)u^*(t_2)\right|^2 \left|J\right|\mathrm{d}t_1\mathrm{d}t_2$$

$$J=\begin{vmatrix}\dfrac{\partial t_1}{\partial t} & \dfrac{\partial t_1}{\partial \tau}\\ \dfrac{\partial t_2}{\partial t} & \dfrac{\partial t_2}{\partial \tau}\end{vmatrix}=\begin{vmatrix}1 & 0\\ 1 & 1\end{vmatrix}=1$$

于是

$$V=\int_{-\infty}^{+\infty}\int_{-\infty}^{+\infty}\left|u(t_1)u^*(t_2)\right|^2 \mathrm{d}t_1\mathrm{d}t_2=\int_{-\infty}^{+\infty}\left|u(t_1)\right|^2\mathrm{d}t_1\int_{-\infty}^{+\infty}\left|u^*(t_2)\right|^2\mathrm{d}t_2=(2\mathrm{E})^2$$

性质 3　原点对称性

$$\left|\chi(\tau,f_\mathrm{d})\right|=\left|\chi(-\tau,-f_\mathrm{d})\right| \tag{3-13}$$

这个性质表明，研究和绘制模糊函数的两个相邻的象限就足够了，剩下两个象限的图像可以根据对称关系推断出来。即第一、三象限对称，第二、四象限对称。

证明：将 $-\tau$ 和 $-f_\mathrm{d}$ 代入式（3-6）得到

$$\chi(-\tau,-f_\mathrm{d})=\int_{-\infty}^{+\infty}u(t)u^*(t-\tau)\exp(-\mathrm{j}2\pi f_\mathrm{d}t)\mathrm{d}t$$

令 $t_1=t-\tau$，则

$$\begin{aligned}\chi(-\tau,-f_\mathrm{d})=&\int_{-\infty}^{+\infty}u(t_1+\tau)u^*(t_1)\exp\left[-\mathrm{j}2\pi f_\mathrm{d}(t_1+\tau)\right]\mathrm{d}t_1=\\&\exp(-\mathrm{j}2\pi f_\mathrm{d}\tau)\int_{-\infty}^{+\infty}u(t_1+\tau)u^*(t_1)\exp(-\mathrm{j}2\pi f_\mathrm{d}t_1)\mathrm{d}t_1=\\&\exp(-\mathrm{j}2\pi f_\mathrm{d}\tau)\chi^*(\tau,f_\mathrm{d})\end{aligned}$$

取模值可得

$$\left|\chi(-\tau,-f_\mathrm{d})\right|=\left|\exp(-\mathrm{j}2\pi f_\mathrm{d}\tau)\chi^*(\tau,f_\mathrm{d})\right|=\left|\chi(\tau,f_\mathrm{d})\right|$$

性质 4　LFM 影响，即对一个给定的复包络增加 LFM，也就是二次相位调制，$u_1(t)=u(t)\exp(\mathrm{j}\pi kt^2)$，则有

$$\left|\chi_1(\tau,f_\mathrm{d})\right|=\left|\chi(\tau,f_\mathrm{d}-k\tau)\right| \tag{3-14}$$

这个性质表明附加 LFM 调制的作用是对模糊函数进行剪切（Shearing），剪切是重要的脉冲压缩技术的基础。

证明：

$$\chi_1(\tau,f_d)=\int_{-\infty}^{+\infty}u_1(t)u_1^*(t+\tau)\exp(j2\pi f_d t)dt=$$
$$\int_{-\infty}^{+\infty}u(t)\exp(j\pi kt^2)u^*(t+\tau)\exp\left[-j\pi k(t+\tau)^2\right]\exp(j2\pi f_d t)dt=$$
$$\int_{-\infty}^{+\infty}u(t)u^*(t+\tau)\exp(-j\pi k\tau^2)\exp(-j2\pi k\tau t)\exp(j2\pi f_d t)dt=$$
$$\exp(-j\pi k\tau^2)\int_{-\infty}^{+\infty}u(t)u^*(t+\tau)\exp\left[j2\pi(f_d-k\tau)t\right]dt$$

取模值可得

$$\left|\chi_1(\tau,f_d)\right|=\left|\exp(-j\pi k\tau^2)\chi(\tau,f_d-k\tau)\right|=\left|\chi(\tau,f_d-k\tau)\right|$$

性质 5　时间和频率偏移的影响，即对一个给定的复包络增加时延 τ_0 和多普勒频移 f_0，$u_1(t)=u(t-\tau_0)\exp\left[j2\pi f_0(t-\tau_0)\right]$，则有

$$\left|\chi_1(\tau,f_d)\right|=\left|\chi(\tau,f_d)\right| \tag{3-15}$$

这个性质表明时延和多普勒频移波形的模糊函数与原波形模糊函数的形状是一样的。

证明：

$$\chi_1(\tau,f_d)=\int_{-\infty}^{+\infty}u_1(t)u_1^*(t+\tau)\exp(j2\pi f_d t)dt=$$
$$\int_{-\infty}^{+\infty}u(t-\tau_0)\exp\left[j2\pi f_0(t-\tau_0)\right]u^*(t-\tau_0+\tau)\exp\left[-j2\pi f_0(t-\tau_0+\tau)\right]\exp(j2\pi f_d t)dt$$

令 $t_1=t-\tau_0$，则

$$\chi_1(\tau,f_d)=\int_{-\infty}^{+\infty}u(t_1)u^*(t_1+\tau)\exp(-j2\pi f_0\tau)\exp(j2\pi f_d t_1)\exp(j2\pi f_d\tau_0)dt_1=$$
$$\exp\left[j2\pi(f_d\tau_0-f_0\tau)\right]\int_{-\infty}^{+\infty}u(t_1)u^*(t_1+\tau)\exp(j2\pi f_d t_1)dt_1=$$
$$\exp\left[j2\pi(f_d\tau_0-f_0\tau)\right]\chi(\tau,f_d)$$

取模值可得

$$\left|\chi_1(\tau,f_d)\right|=\left|\exp\left[j2\pi(f_d\tau_0-f_0\tau)\right]\chi(\tau,f_d)\right|=\left|\chi(\tau,f_d)\right|$$

性质 6　周期重复的影响，对一个给定的脉冲信号 $u(t)$ 重复 N 个周期得到的信号为

$$u_1(t)=\sum_{i=0}^{N-1}c_i u(t-iT)$$

其中，c_i 表示复加权系数，T 为脉冲重复周期，则 $u_1(t)$ 的模糊函数为

$$\chi_1(\tau,f_{\rm d})=\sum_{m=1}^{N-1}\chi(\tau+mT,f_{\rm d})\exp({\rm j}2\pi f_{\rm d}mT)\sum_{i=0}^{N-1-m}c_i^*c_{i+m}\exp({\rm j}2\pi f_{\rm d}iT)+\sum_{m=0}^{N-1}\chi(\tau-mT,f_{\rm d})\sum_{i=0}^{N-1-m}c_ic_{i+m}^*\exp({\rm j}2\pi f_{\rm d}iT) \tag{3-16}$$

证明：

$$u_1(t)=\sum_{i=0}^{N-1}c_iu(t-iT)=c_0u(t)+c_1u(t-T)+\cdots+c_{N-1}u\left[t-(N-1)T\right]$$

$$u_1^*(t+\tau)=c_0^*u^*(t+\tau)+c_1^*u^*(t+\tau-T)+\cdots+c_{N-1}^*u^*\left[t+\tau-(N-1)T\right]$$

于是

$$u_1(t)u_1^*(t+\tau)=c_0c_0^*u(t)u^*(t+\tau)+\cdots+c_{N-1}c_0^*u\left[t-(N-1)T\right]u^*(t+\tau)+\cdots+$$
$$c_0c_{N-1}^*u(t)u^*\left[t+\tau-(N-1)T\right]+\cdots+c_{N-1}c_{N-1}^*u\left[t-(N-1)T\right]u^*\left[t+\tau-(N-1)T\right]$$

考虑到下列关系式

$$\int_{-\infty}^{+\infty}u(t+x)u^*(t+y)\exp({\rm j}2\pi f_{\rm d}t){\rm d}t=\int_{-\infty}^{+\infty}u(t)u^*(t+y-x)\exp\left[{\rm j}2\pi f_{\rm d}(t-x)\right]{\rm d}t=$$
$$\exp(-{\rm j}2\pi f_{\rm d}x)\chi(y-x,f_{\rm d})$$

可得

$$\chi_1(\tau,f_{\rm d})=\int_{-\infty}^{+\infty}u_1(t)u_1^*(t+\tau)\exp({\rm j}2\pi f_{\rm d}t){\rm d}t=$$
$$c_0c_0^*\chi(\tau,f_{\rm d})+\cdots+\exp\left[{\rm j}2\pi f_{\rm d}(N-1)T\right]c_{N-1}c_0^*\chi\left(\tau+(N-1)T,f_{\rm d}\right)+\cdots+$$
$$c_0c_{N-1}^*\chi\left(\tau-(N-1)T,f_{\rm d}\right)+\cdots+\exp\left[{\rm j}2\pi f_{\rm d}(N-1)T\right]c_{N-1}c_{N-1}^*\chi(\tau,f_{\rm d})$$

进一步整理即可得证。

性质 7 组合性质，若复包络 $c(t)=a(t)+b(t)$，则有

$$\chi_c(\tau,f_{\rm d})=\chi_a(\tau,f_{\rm d})+\chi_b(\tau,f_{\rm d})+\chi_{ab}(\tau,f_{\rm d})+\exp(-{\rm j}2\pi f_{\rm d}\tau)\chi_{ab}^*(-\tau,-f_{\rm d}) \tag{3-17}$$

这个性质表明了两个信号相加的合成信号的模糊函数除包括两个信号本身的模糊函数外，还包括这两个信号的互模糊函数分量。

证明：

$$\chi_c(\tau,f_{\rm d})=\int_{-\infty}^{+\infty}c(t)c^*(t+\tau)\exp({\rm j}2\pi f_{\rm d}t){\rm d}t=$$
$$\int_{-\infty}^{+\infty}\left[a(t)+b(t)\right]\left[a(t+\tau)+b(t+\tau)\right]^*\exp({\rm j}2\pi f_{\rm d}t){\rm d}t=$$
$$\chi_a(\tau,f_{\rm d})+\chi_b(\tau,f_{\rm d})+\chi_{ab}(\tau,f_{\rm d})+\chi_{ba}(\tau,f_{\rm d})$$

其中，

$$\chi_a(\tau,f_\mathrm{d})=\int_{-\infty}^{+\infty}a(t)a^*(t+\tau)\exp(\mathrm{j}2\pi f_\mathrm{d}t)\mathrm{d}t$$

$$\chi_b(\tau,f_\mathrm{d})=\int_{-\infty}^{+\infty}b(t)b^*(t+\tau)\exp(\mathrm{j}2\pi f_\mathrm{d}t)\mathrm{d}t$$

$$\chi_{ab}(\tau,f_\mathrm{d})=\int_{-\infty}^{+\infty}a(t)b^*(t+\tau)\exp(\mathrm{j}2\pi f_\mathrm{d}t)\mathrm{d}t$$

$$\chi_{ba}(\tau,f_\mathrm{d})=\int_{-\infty}^{+\infty}b(t)a^*(t+\tau)\exp(\mathrm{j}2\pi f_\mathrm{d}t)\mathrm{d}t$$

令 $t_1=t+\tau$，则

$$\begin{aligned}\chi_{ba}(\tau,f_\mathrm{d})=&\int_{-\infty}^{+\infty}b(t)a^*(t+\tau)\exp(\mathrm{j}2\pi f_\mathrm{d}t)\mathrm{d}t=\\&\int_{-\infty}^{+\infty}b(t_1-\tau)a^*(t_1)\exp\left[\mathrm{j}2\pi f_\mathrm{d}(t_1-\tau)\right]\mathrm{d}t_1=\\&\exp(-\mathrm{j}2\pi f_\mathrm{d}\tau)\int_{-\infty}^{+\infty}a^*(t_1)b(t_1-\tau)\exp(\mathrm{j}2\pi f_\mathrm{d}t_1)\mathrm{d}t_1=\\&\exp(-\mathrm{j}2\pi f_\mathrm{d}\tau)\left[\int_{-\infty}^{+\infty}a(t_1)b^*(t_1-\tau)\exp(-\mathrm{j}2\pi f_\mathrm{d}t_1)\mathrm{d}t_1\right]^*=\\&\exp(-\mathrm{j}2\pi f_\mathrm{d}\tau)\chi_{ab}^*(-\tau,-f_\mathrm{d})\end{aligned}$$

性质 8　卷积性质，若复包络 $c(t)=a(t)*b(t)$，则有

$$\chi_c(\tau,f_\mathrm{d})=\chi_a(\tau,f_\mathrm{d})\overset{\tau}{*}\chi_b(\tau,f_\mathrm{d})\tag{3-18}$$

这个性质表明了两个信号时域卷积而得的合成信号的模糊函数是其模糊函数在时延方向上的卷积。

证明：

$$\begin{aligned}\chi_c(\tau,f_\mathrm{d})=&\int_{-\infty}^{+\infty}c(t)c^*(t+\tau)\exp(\mathrm{j}2\pi f_\mathrm{d}t)\mathrm{d}t=\\&\int_{-\infty}^{+\infty}\left[a(t)*b(t)\right]\left[a(t+\tau)*b(t+\tau)\right]^*\exp(\mathrm{j}2\pi f_\mathrm{d}t)\mathrm{d}t=\\&\int_{-\infty}^{+\infty}\int_{-\infty}^{+\infty}\int_{-\infty}^{+\infty}a(x)b(t-x)a^*(y)b^*(t+\tau-y)\exp(\mathrm{j}2\pi f_\mathrm{d}t)\mathrm{d}t\mathrm{d}x\mathrm{d}y\end{aligned}$$

令 $t-x=t_1$，$y=x+p$，则

$$\begin{aligned}\chi_c(\tau,f_\mathrm{d})=&\int_{-\infty}^{+\infty}\int_{-\infty}^{+\infty}\int_{-\infty}^{+\infty}a(x)a^*(x+p)b(t_1)b^*(t_1+\tau-p)\exp\left[\mathrm{j}2\pi f_\mathrm{d}(t_1+x)\right]\mathrm{d}t_1\mathrm{d}x\mathrm{d}p=\\&\int_{-\infty}^{+\infty}\int_{-\infty}^{+\infty}a(x)a^*(x+p)\exp(\mathrm{j}2\pi f_\mathrm{d}x)\mathrm{d}x\int_{-\infty}^{+\infty}b(t_1)b^*(t_1+\tau-p)\exp(\mathrm{j}2\pi f_\mathrm{d}t_1)\mathrm{d}t_1\mathrm{d}p=\\&\int_{-\infty}^{+\infty}\chi_a(p,f_\mathrm{d})\chi_b(\tau-p,f_\mathrm{d})\mathrm{d}p=\\&\chi_a(\tau,f_\mathrm{d})\overset{\tau}{*}\chi_b(\tau,f_\mathrm{d})\end{aligned}$$

3.3 模糊函数与目标分辨

本节研究模糊函数与雷达分辨理论的关系，分析距离分辨率和速度分辨率与波形参数的关系。

3.3.1 距离分辨

首先讨论在距离维上的目标分辨，距离分辨率是指将两个邻近目标在距离上区分开的能力。由于距离和时延的对应关系，距离分辨率 ΔR 和时延分辨率 $\Delta\tau$ 成正比例关系，即 $\Delta R = c\Delta\tau / 2$。

根据性质 5 可知，信号的多普勒频移不影响模糊函数形状，因此假设两个目标的多普勒频移相等且等于 0，目标 2 与目标 1 的时延差为 τ（如图 3-3 所示），那么根据式（3-7）可得

$$
\begin{aligned}
\varepsilon_{\mathrm{R}}^2 = 2\left\{2\mathrm{E} - \mathrm{Re}\left[\exp(-\mathrm{j}2\pi f_{\mathrm{c}}\tau)\chi(\tau,0)\right]\right\} \geqslant \\
2\left(2\mathrm{E} - \left|\chi(\tau,0)\right|\right) = 2\left(2\mathrm{E} - \left|\chi_{\mathrm{R}}(\tau)\right|\right)
\end{aligned}
\tag{3-19}
$$

其中，

$$
\chi_{\mathrm{R}}(\tau) = \int_{-\infty}^{+\infty} u(t)u^*(t+\tau)\mathrm{d}t \tag{3-20}
$$

定义为距离模糊函数。式（3-19）表明目标在距离上的分辨能力由 $\left|\chi_{\mathrm{R}}(\tau)\right|$ 决定。$\tau = 0$ 时，$\left|\chi_{\mathrm{R}}(\tau)\right|$ 最大。对于某些非零的 τ 值，如果 $\left|\chi_{\mathrm{R}}(\tau)\right| = \chi_{\mathrm{R}}(0)$，那么这两个目标是不可区分的；如果 $\left|\chi_{\mathrm{R}}(\tau)\right| \neq \chi_{\mathrm{R}}(0)$，那么这两个目标是可区分的。因此，最理想的情况是 $\chi_{\mathrm{R}}(\tau)$ 在中心 $(\tau = 0)$ 有着尖锐的峰值，并且随着远离中心，峰值急剧下降。

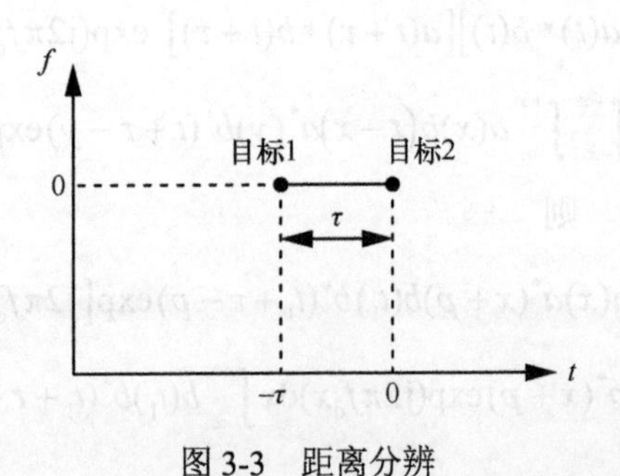

图 3-3　距离分辨

将式（3-20）改写得到 $\chi_{\mathrm{R}}(\tau) = \int_{-\infty}^{+\infty} u(t)u^*(t+\tau)\mathrm{d}t = u(\tau) * u^*(-\tau)$，与第 2 章对比

可见，距离模糊函数可以看作无噪声条件下，一个速度为零的目标经过匹配滤波器（或者相关积分器）的输出，根据式（3-10）可得距离模糊函数的另一种表达

$$\chi_{\mathrm{R}}(\tau)=\int_{-\infty}^{+\infty}\left|U(f)\right|^{2}\exp(-\mathrm{j}2\pi f\tau)\mathrm{d}f \tag{3-21}$$

式（3-21）的本质是相关函数与功率（能量）谱之间是傅里叶变换对的关系，这表明距离模糊函数由波形的幅度谱的平方的傅里叶变换决定，与相位谱无关。可以通过改变幅度谱的形式来改变距离模糊函数。显然，理想的距离模糊函数是时域冲激函数，然而无法实现。在实际中，距离模糊函数可能具有如图 3-4 所示的 3 种典型形式。

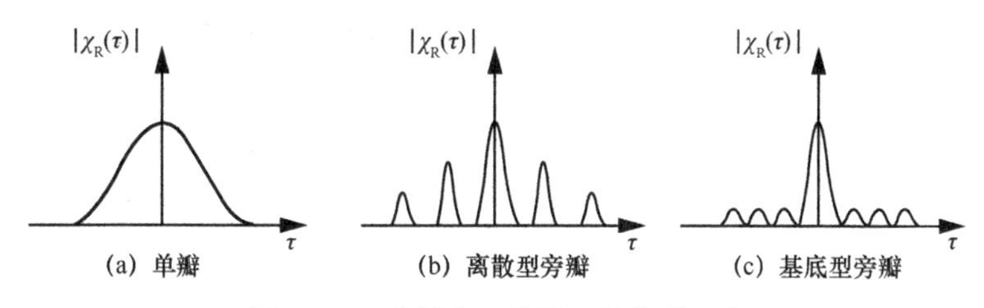

图 3-4　距离模糊函数的 3 种典型形式

图 3-4（a）所示为单瓣响应，只有一个主瓣，主瓣的宽度决定了分辨能力。图 3-4（b）所示为离散型旁瓣响应，其主瓣较窄，对邻近目标的分辨能力较好，然而存在等间距间断的离散型旁瓣，当两个目标间隔为旁瓣间距的整数倍时无法分辨，这种情况通常被称为“模糊”。图 3-4（c）所示为基底型旁瓣响应，其主瓣也较窄，但是存在类似噪声的基底型旁瓣，这种响应对目标的分辨也是好的，但是强目标的基底可能掩盖弱目标的响应。

通常用距离模糊函数的主瓣的 3 dB（半功率宽度）来定义信号的名义时延分辨率 $\Delta\tau_{\mathrm{nr}}$（如图 3-5（a）所示）。在很多情况下，求解距离模糊函数半功率点主瓣宽度需要解方程或者求数值解，这给估计名义时延分辨率带来不便。可以根据麦克劳林级数展开，并忽略二次以上的项，得到一个距离模糊函数的近似计算式[2]

$$\left|\chi_{\mathrm{R}}(\tau)\right|^{2}\approx 1-4\pi^{2}B_{\mathrm{e}}^{2}\tau^{2} \tag{3-22}$$

其中，B_{e} 为信号 $u(t)$ 的均方根带宽，其数学表达式为

$$B_{\mathrm{e}}^{2}=\frac{\int_{-\infty}^{+\infty}(f-\overline{f})^{2}\left|U(f)\right|^{2}\mathrm{d}f}{\int_{-\infty}^{+\infty}\left|U(f)\right|^{2}\mathrm{d}f},\quad \overline{f}=\frac{\int_{-\infty}^{+\infty}f\left|U(f)\right|^{2}\mathrm{d}f}{\int_{-\infty}^{+\infty}\left|U(f)\right|^{2}\mathrm{d}f} \tag{3-23}$$

由此可以得到，3 dB 主瓣宽度定义的名义时延分辨率为

$$\Delta\tau_{\mathrm{nr}}=\frac{1}{2\pi}\frac{\sqrt{2}}{B_{\mathrm{e}}}\approx 0.225\frac{1}{B_{\mathrm{e}}} \tag{3-24}$$

需要说明一点，我们有时会采用 4 dB 或者 6 dB 的主瓣宽度作为分辨率，目的是更适合某种形式的模糊函数（4 dB 适合辛格函数型，6 dB 适合等边三角形）。无论 dB 值大小，名义分辨率（Nominal Resolution）都只表示主瓣内邻近目标的分辨能力，而没有考虑旁瓣干扰对目标分辨的影响。另一个反映距离分辨特性的参数是时延分辨常数（Time Resolution Constant，TRC），用 $\Delta\tau_{\mathrm{trc}}$ 表示（如图 3-5（b）所示），其表达式为

$$\Delta\tau_{\mathrm{trc}}=\frac{\int_{-\infty}^{+\infty}\left|\chi_{\mathrm{R}}(\tau)\right|^{2}\mathrm{d}\tau}{\left|\chi_{\mathrm{R}}(0)\right|^{2}} \tag{3-25}$$

它采用等效的概念定义，也就是把整个模糊函数的能量等效成一个矩形面积的能量，这个矩形的高度是模糊函数的峰值，而宽度表征分辨能力。TRC 同时考虑了主瓣和旁瓣对分辨能力的影响，不过，它并不直接反映不可分辨是属于多值性模糊，还是属于主瓣分辨力问题。图 3-5 对比展示了描述时延分辨能力的两个参数在计算上的差异。

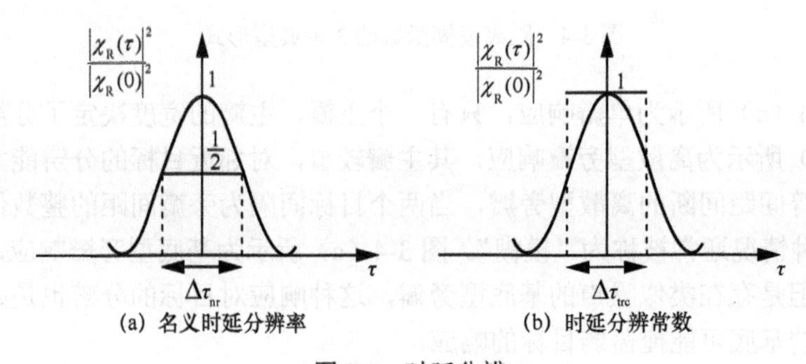

图 3-5　时延分辨

利用帕塞瓦尔定理，即将式（3-21）中的傅里叶变换对 $\chi_{\mathrm{R}}(\tau)\leftrightarrow\left|U(f)\right|^{2}$ 所涉及的能量守恒代入式（3-25），并且考虑信号的频谱持续宽度（Frequency Span，FSP），或者称为有效相关带宽 B_{c}，其表达式为

$$B_{\mathrm{c}}=\frac{\left[\int_{-\infty}^{+\infty}\left|U(f)\right|^{2}\mathrm{d}f\right]^{2}}{\int_{-\infty}^{+\infty}\left|U(f)\right|^{4}\mathrm{d}f} \tag{3-26}$$

于是，可以得到

$$\Delta\tau_{\mathrm{trc}}=\frac{\int_{-\infty}^{+\infty}\left|U(f)\right|^{4}\mathrm{d}f}{\left[\int_{-\infty}^{+\infty}\left|U(f)\right|^{2}\mathrm{d}f\right]^{2}}=\frac{1}{B_{\mathrm{c}}} \tag{3-27}$$

不难看出，总体而言距离分辨能力取决于信号的带宽，信号具有大的带宽就能获得高的距离分辨率，而不必具有很窄的脉冲宽度（窄脉冲限制辐射能量）。

3.3.2　速度分辨

本节类似地讨论在速度维上的目标分辨，由于多普勒频率和径向速度的对应关系，速度分辨率 Δv 和多普勒分辨率 Δf 成正比关系，即 $\Delta v = \Delta f \lambda / 2$。多普勒分辨率是指将两个邻近目标在多普勒频率上区分开的能力。

根据性质 5 可知，信号的时延不影响模糊函数形状，因此假设两个目标的时延相等且等于 0（如图 3-6 所示），那么根据式（3-7）可得

$$\begin{aligned}\varepsilon_{\mathrm{f}}^2 &= 2\left\{2\mathrm{E} - \mathrm{Re}\left[\int_{-\infty}^{+\infty} u(t)u^*(t)\exp(\mathrm{j}2\pi f_{\mathrm{d}}t)\mathrm{d}t\right]\right\} \geqslant \\ &2\left[2\mathrm{E} - \left|\chi(0, f_{\mathrm{d}})\right|\right] = 2\left[2\mathrm{E} - \left|\chi_{\mathrm{v}}(f_{\mathrm{d}})\right|\right]\end{aligned} \tag{3-28}$$

其中，

$$\chi_{\mathrm{v}}(f_{\mathrm{d}}) = \int_{-\infty}^{+\infty} \left|u(t)\right|^2 \exp(\mathrm{j}2\pi f_{\mathrm{d}}t)\mathrm{d}t \tag{3-29}$$

定义为速度模糊函数。根据式（3-10）可得速度模糊函数的另一种表达

$$\chi_{\mathrm{v}}(f_{\mathrm{d}}) = \int_{-\infty}^{+\infty} U(f - f_{\mathrm{d}})U^*(f)\mathrm{d}f = \int_{-\infty}^{+\infty} U(f)U^*(f + f_{\mathrm{d}})\mathrm{d}f \tag{3-30}$$

式（3-28）表明目标在速度上的分辨能力由 $\left|\chi_{\mathrm{v}}(f_{\mathrm{d}})\right|$ 决定。速度模糊函数由波形的时域包络的平方的傅里叶变换决定（如式（3-29）所示），与相位调制函数无关。可以通过改变时域包络的形式来改变速度模糊函数。显然，理想的速度模糊函数是频域冲激函数，然而无法实现。在实际中，速度模糊函数可能具有与距离模糊函数类似的 3 种典型形式。

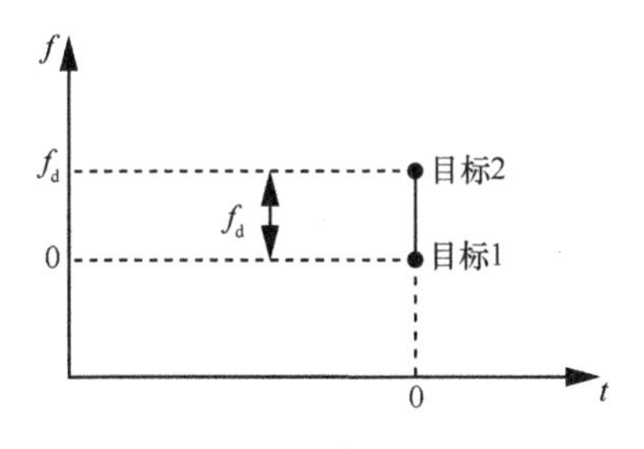

图 3-6　多普勒分辨

多普勒分辨率与时延分辨率类似，通常有两种表示分辨能力的参数，一个是由主瓣宽度定义的名义多普勒分辨率 Δf_{nr}。根据麦克劳林级数展开，并忽略二次

以上的项，得到速度模糊函数的近似计算式，其 3 dB 主瓣宽度定义的名义多普勒分辨率为

$$\Delta f_{\mathrm{nr}}=\frac{1}{2\pi}\frac{\sqrt{2}}{T_{\mathrm{e}}}\approx 0.225\frac{1}{T_{\mathrm{e}}} \tag{3-31}$$

其中 T_{e} 为信号 $u(t)$ 的均方根时宽，其数学表达式为

$$T_{\mathrm{e}}^2=\frac{\int_{-\infty}^{+\infty}(t-\overline{t})^2|u(t)|^2\mathrm{d}t}{\int_{-\infty}^{+\infty}|u(t)|^2\mathrm{d}t},\quad \overline{t}=\frac{\int_{-\infty}^{+\infty}t|u(t)|^2\mathrm{d}t}{\int_{-\infty}^{+\infty}|u(t)|^2\mathrm{d}t} \tag{3-32}$$

另一个是由等效概念而来的多普勒分辨常数（Frequency Resolution Constant，FRC），用 Δf_{frc} 表示，其表达式为

$$\Delta f_{\mathrm{frc}}=\frac{\int_{-\infty}^{+\infty}|\chi_{\mathrm{v}}(f_{\mathrm{d}})|^2\mathrm{d}f_{\mathrm{d}}}{|\chi_{\mathrm{v}}(0)|^2} \tag{3-33}$$

利用帕塞瓦尔定理，即将式（3-29）中的傅里叶变换对 $\chi_{\mathrm{v}}(f_{\mathrm{d}})\leftrightarrow|u(t)|^2$ 所涉及的能量守恒代入式（3-33），并且考虑信号的时间持续宽度，或者称为有效相关时宽 T_{c}，其表达式为

$$T_{\mathrm{c}}=\frac{\left[\int_{-\infty}^{+\infty}|u(t)|^2\mathrm{d}t\right]^2}{\int_{-\infty}^{+\infty}|u(t)|^4\mathrm{d}t} \tag{3-34}$$

于是，可以得到

$$\Delta f_{\mathrm{frc}}=\frac{\int_{-\infty}^{+\infty}|u(t)|^4\mathrm{d}t}{\left[\int_{-\infty}^{+\infty}|u(t)|^2\mathrm{d}t\right]^2}=\frac{1}{T_{\mathrm{c}}} \tag{3-35}$$

总体而言，速度分辨能力取决于信号的时宽，信号具有大的时宽就能获得高的速度分辨率。

3.3.3 距离–速度联合分辨

如前所述，速度相同而距离不同的目标分辨用信号的距离模糊函数描述，距离相同而速度不同的目标分辨用信号的速度模糊函数描述，那么，速度和距离都不同的目标分辨就是用如式（3-7）所示的模糊函数来描绘。类似地，可以

用时延–多普勒分辨常数（距离–速度分辨常数）来表示距离–速度联合分辨能力。用 ΔA 表示，其表达式为

$$\Delta A = \frac{\int_{-\infty}^{+\infty}\int_{-\infty}^{+\infty}\left|\chi(\tau, f_{\mathrm{d}})\right|^2 \mathrm{d}\tau \mathrm{d}f_{\mathrm{d}}}{\left|\chi(0,0)\right|^2} \tag{3-36}$$

由模糊函数的性质 1 和性质 2 可得 $\Delta A = 1$，这意味着时延–多普勒分辨常数恒等，与信号复包络的形式无关。也就是说时延与多普勒联合分辨是受限制的，这被称为“雷达模糊原理”。在信号能量不变的条件下，如果沿着时延或者多普勒轴对中心峰进行“挤压”，使得一个方向上的分辨率变高，那么挤压出来的体积必然沿着另一个方向扩散，所以一维分辨率的提高是以另外一维分辨率下降为代价的。需要指出的是，其中一维的主瓣被挤压变窄，并不意味着另外一维的主瓣一定变宽，如果另外一维主瓣不变宽，则引起旁瓣的抬高或者模糊瓣。总之，无论如何挤压，模糊函数下的体积恒定。

3.4　模糊函数的例子

单载频脉冲信号是最基本的雷达信号，本节以单载频矩形脉冲信号为例进行模糊函数推导和分析。

3.4.1　矩形脉冲的模糊函数

单频脉冲的复包络如图 3-7 所示，表达式为

$$u(t) = \frac{1}{\sqrt{T}}\mathrm{rect}\left(\frac{t}{T}\right) \tag{3-37}$$

其中，T 为脉冲宽度。

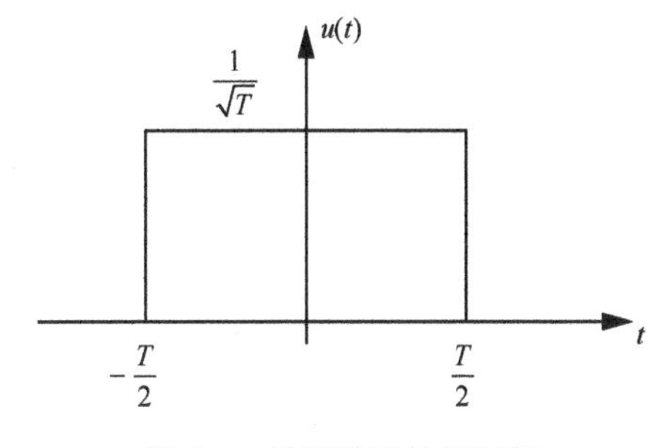

图 3-7　单频脉冲的复包络

根据模糊函数的定义得到

$$\chi(\tau,f_d)=\int_{-\infty}^{+\infty}u(t)u^*(t+\tau)\exp(j2\pi f_d t)dt=\frac{1}{T}\int_a^b\exp(j2\pi f_d t)dt \tag{3-38}$$

对式（3-38）进行分段积分计算。

① 当$0\leqslant\tau<T$，积分限$a=-\frac{T}{2},b=\frac{T}{2}-\tau$，则

$$\chi(\tau,f_d)=\frac{1}{T}\int_{-\frac{T}{2}}^{\frac{T}{2}-\tau}\exp(j2\pi f_d t)dt=\exp(-j\pi f_d\tau)\frac{\sin[\pi f_d(T-\tau)]}{\pi f_d(T-\tau)}\frac{T-\tau}{T}$$

② 当$-T<\tau<0$，积分限$a=-\frac{T}{2}-\tau,b=\frac{T}{2}$，则

$$\chi(\tau,f_d)=\frac{1}{T}\int_{-\frac{T}{2}-\tau}^{\frac{T}{2}}\exp(j2\pi f_d t)dt=\exp(-j\pi f_d\tau)\frac{\sin[\pi f_d(T+\tau)]}{\pi f_d(T+\tau)}\frac{T+\tau}{T}$$

③ 当$|\tau|>T$，积分区间大小为0，则$\chi(\tau,f_d)=0$

综上可得

$$\chi(\tau,f_d)=\exp(-j\pi f_d\tau)\frac{\sin[\pi f_d(T-|\tau|)]}{\pi f_d(T-|\tau|)}\left(1-\frac{|\tau|}{T}\right),|\tau|\leqslant T \tag{3-39}$$

于是

$$|\chi(\tau,f_d)|=\left|\frac{\sin[\pi f_d(T-|\tau|)]}{\pi f_d(T-|\tau|)}\left(1-\frac{|\tau|}{T}\right)\right|,|\tau|\leqslant T \tag{3-40}$$

矩形脉冲信号的模糊函数示意如图 3-8（a）所示（脉宽$T=2s$），其重要特征是模糊体积集中于与轴线重合的“山脊”上。窄脉冲具有良好的距离分辨率，而宽脉冲具有良好的速度分辨率。按模的平方定义的模糊函数如图 3-8（c）所示，能量分布与图 3-8（a）类似，更具“刀刃”型的表现。

3.4.2 矩形脉冲的分辨性能

根据式（3-40），令$f_d=0$，得到距离模糊函数

$$|\chi_R(\tau)|=|\chi(\tau,0)|=1-\frac{|\tau|}{T},\ |\tau|\leqslant T \tag{3-41}$$

若令$\tau=0$，则得到速度模糊函数

$$|\chi_v(f_d)|=|\chi(0,f_d)|=\left|\frac{\sin(\pi f_d T)}{\pi f_d T}\right| \tag{3-42}$$

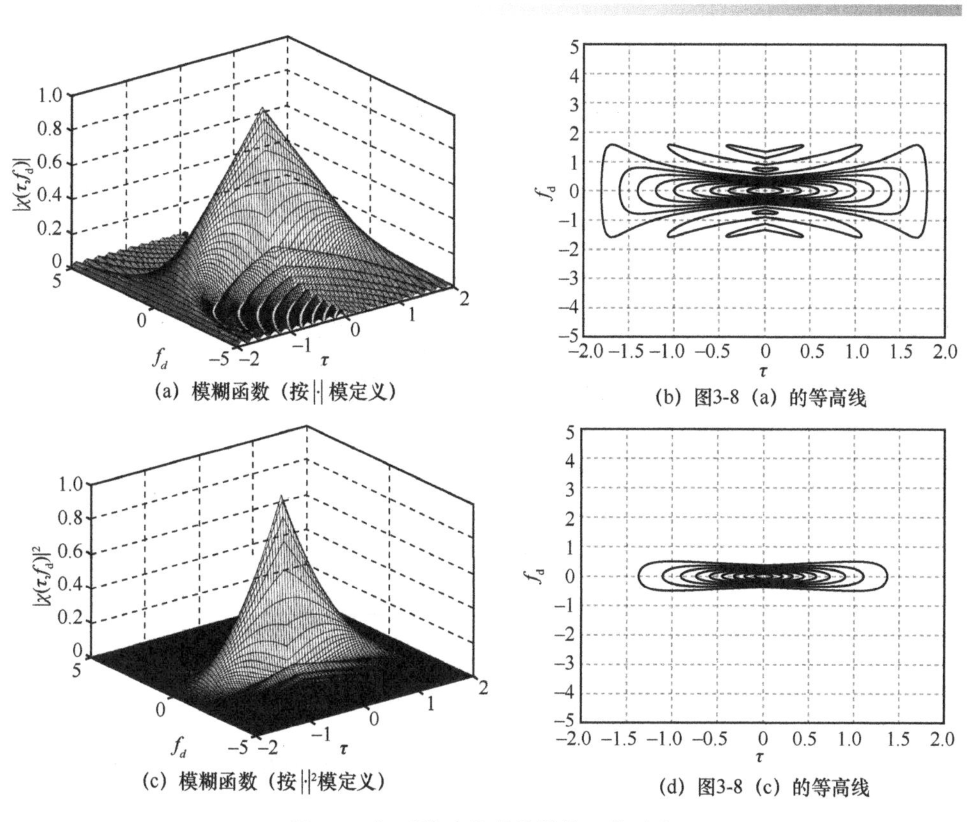

图 3-8 矩形脉冲信号的模糊函数示意

图 3-9 所示为矩形脉冲信号的距离和速度模糊函数，下面分别讨论距离分辨和速度分辨。

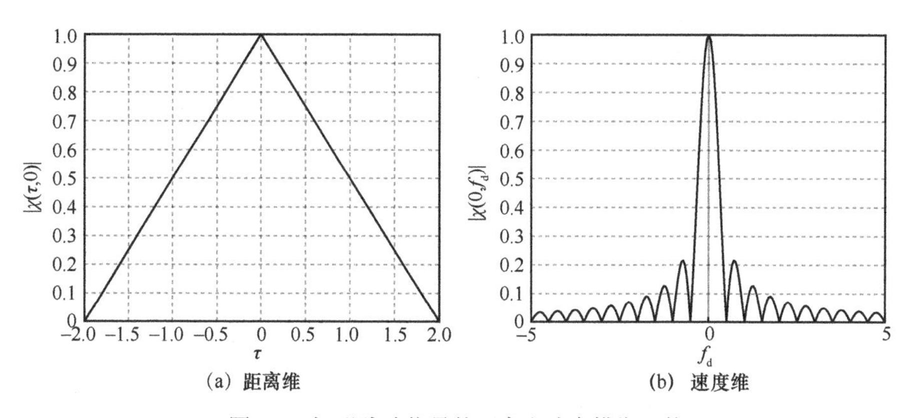

图 3-9 矩形脉冲信号的距离和速度模糊函数

将时延以脉冲宽度进行归一化，得到距离模糊函数是底为 2 高为 1 的等腰三

角形（如图 3-10 所示），我们可以直观地看到，矩形脉冲的 3 dB 和 6 dB 主瓣宽度分别为

$$\begin{cases}\Delta\tau_{\mathrm{nr\_3\,dB}}=0.586T\\ \Delta\tau_{\mathrm{nr\_6\,dB}}=T\end{cases} \tag{3-43}$$

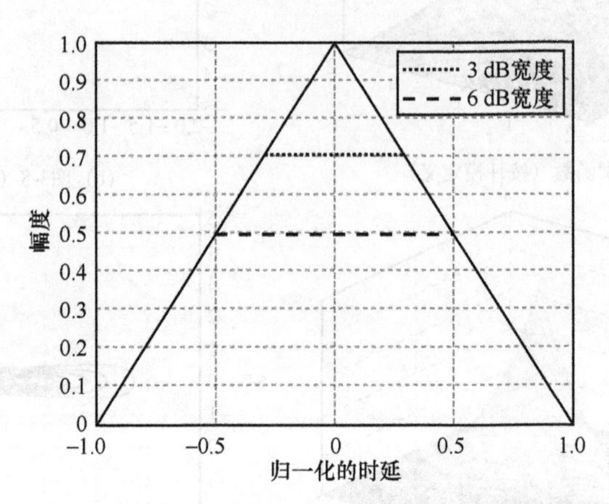

图 3-10　矩形脉冲信号的时延归一化距离模糊函数

将式（3-41）代入式（3-25），计算矩形脉冲的时延分辨常数，得

$$\Delta\tau_{\mathrm{trc}}=\int_{-T}^{T}\left|1-\frac{|\tau|}{T}\right|^{2}\mathrm{d}\tau=\frac{2}{3}T \tag{3-44}$$

上述结果表明，单载频矩形脉冲信号的距离分辨能力与脉冲宽度 T 成反比：脉冲宽度越大，$\Delta\tau$ 越大，距离分辨率越差；脉冲宽度越小，$\Delta\tau$ 越小，距离分辨率越好。

矩形脉冲的速度模糊函数是辛格函数，多普勒频率以脉冲宽度倒数进行归一化，如图 3-11 所示。利用 sinc(0.442)=0.707、sinc(0.5)=0.637 和 sinc(0.603)=0.5，矩形脉冲的 3 dB、4 dB 和 6 dB 主瓣宽度分别为

$$\begin{cases}\Delta f_{\mathrm{nr\_3\,dB}}=0.884/T\\ \Delta f_{\mathrm{nr\_4\,dB}}=1/T\\ \Delta f_{\mathrm{nr\_6\,dB}}=1.206/T\end{cases} \tag{3-45}$$

将式（3-42）代入式（3-33），计算矩形脉冲的多普勒分辨常数。

$$\Delta f_{\mathrm{frc}}=\int_{-\infty}^{+\infty}\left|\frac{\sin(\pi f_{\mathrm{d}}T)}{\pi f_{\mathrm{d}}T}\right|\mathrm{d}f_{\mathrm{d}}=\frac{1}{T} \tag{3-46}$$

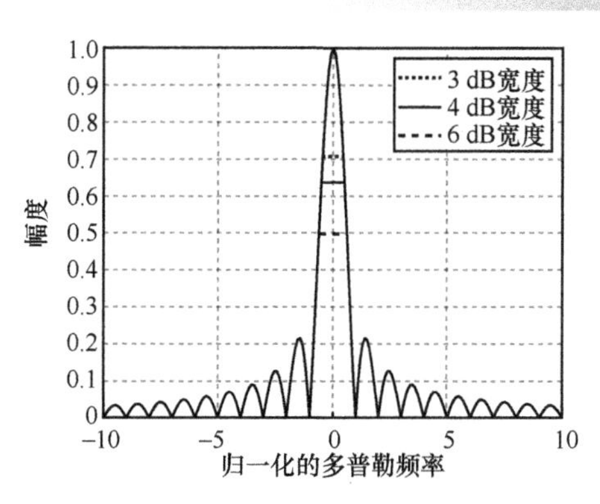

图 3-11　矩形脉冲信号的多普勒频率归一化速度模糊函数

上述结果表明，单载频矩形脉冲信号的速度分辨能力与脉冲宽度 T 成正比：脉冲宽度越大，Δf 越小，速度分辨率越好；脉冲宽度越小，Δf 越大，速度分辨率越差。

可以得出结论，单个脉冲距离分辨率和速度分辨率受脉冲宽度限制，不能同时提供距离和速度的高分辨率。此外，很短脉冲需要很大的工作带宽，这可能将雷达平均发射功率限制为不切实际的值[7]。由于单脉冲信号的产生和处理都比较简单，因此对目标测量精度以及对多目标分辨率要求不高且作用距离不太远的雷达，可采用此类信号。

简单矩形脉冲模糊函数的 MATLAB 仿真代码如下。

```
%设置参数
T=2;
ktau=1.0;
kfd=10;
dtau=0.05;
dfd=0.05;
% 时延-多普勒分辨常数的取值范围
taumax=ktau*T;
taumin=-taumax;
taux=taumin:dtau:taumax;
n_tau=length(taux);
fdmax=kfd/T;
fdmin=-fdmax;
fdy=fdmin:dfd:fdmax;
n_fd=length(fdy);
% 计算简单脉冲的模糊函数
```

```
i=0;
for tau=taux
    i=i+1;
    j=0;
    for fd=fdy
        j=j+1;
        val1=1.0-abs(tau)/T;
        val2=pi*T*(1.0-abs(tau)/T)*fd;
        x(j,i)=val1*sin(val2+eps)/(val2+eps);
    end
end
% 绘制简单脉冲的模糊函数（按模计算）
figure;
mesh(taux,fdy,abs(x));
xlabel('$\tau$','interpreter','latex')
ylabel('$f_d$','interpreter','latex')
zlabel('$\left| {\chi \left( {\tau ,{f_d}} \right)} \right|$',
'interpreter','latex')
colormap([.5 .5 .5])
colormap(gray)
figure;
contour(taux,fdy,abs(x));
xlabel('$\tau$','interpreter','latex')
ylabel('$f_d$','interpreter','latex')
colormap([.5 .5 .5])
colormap(gray)
grid
% 绘制简单脉冲的模糊函数（按模方计算）
figure;
mesh(taux,fdy,abs(x).^2);
xlabel('$\tau$','interpreter','latex')
ylabel('$f_d$','interpreter','latex')
zlabel('$\left| {\chi \left( {\tau ,{f_d}} \right)} \right|^2$',
'interpreter','latex')
colormap([.5 .5 .5])
```

```
colormap(gray)
figure;
contour(taux,fdy,abs(x).^2);
xlabel('$\tau$','interpreter','latex')
ylabel('$f_d$','interpreter','latex')
colormap([.5 .5 .5])
colormap(gray)
grid
% 绘制距离模糊函数
x_R = x((n_fd+1)/2,:);
figure;
plot(taux,abs(x_R),'k')
xlabel('$\tau$','interpreter','latex')
ylabel('$\left| {\chi \left( {\tau ,0} \right)} \right|$',
'interpreter','latex')
grid
% 绘制多普勒模糊函数
x_fd = x(:,(n_tau+1)/2);
figure;
plot(fdy,abs(x_fd),'k')
xlabel('$f_d$','interpreter','latex')
ylabel('$\left| {\chi \left( {0 ,{f_d}} \right)} \right|$',
'interpreter','latex')
grid
```

参考文献

[1] WOODWARD P M. Probability and information theory with applications to radar[M]. London: Pergamon Press, 1953.

[2] 位寅生. 雷达信号理论与应用（基础篇）[M]. 哈尔滨: 哈尔滨工业大学出版社, 2011.

[3] 朱晓华. 雷达信号分析与处理[M]. 北京: 国防工业出版社, 2011.

[4] SINSKY A I, WANG C P. Standardization of the definition of the radar ambiguity function[J]. IEEE Transactions on Aerospace and Electronic Systems, 1974, 10(4): 532-533.

[5] 张直中. 雷达信号的选择与处理[M]. 北京: 国防工业出版社, 1979.

[6] LEVANON N, MOZESON E. Radar signals[M]. New York: John Wiley and Sons, 2004.

[7] MAHAFZA B R. 雷达系统分析与设计（MATLAB 版）（第二版）[M]. 陈志杰, 罗群, 沈齐, 译. 北京: 电子工业出版社, 2008.

第 4 章 常用雷达波形

本章介绍雷达信号的分类，按照模糊函数表现形式的不同将信号分成正刀刃型、斜刀刃型、钉板型和图钉形 4 种雷达信号，以不同类型的典型信号为例，包括线性调频脉冲信号、单载频相参脉冲串信号、步进频率信号和二相编码信号，分析常用雷达波形的信号频谱、模糊函数及相应的信号处理方法。

4.1 雷达信号的分类

雷达的功能是多种多样的，不同用途和功能的雷达往往需要不同的雷达信号形式，多用途的雷达可以有多种可用的信号波形，根据需要予以切换，达到最佳工作性能。图钉形模糊函数通常是雷达波形设计的目标，其特征是具有单一的中心峰值，其他的能量则均匀分布于时延-多普勒平面。很窄的主瓣意味着雷达信号具有很高的距离和多普勒分辨率。不存在任何第二峰值说明雷达信号没有距离或多普勒模糊。均匀的平坦区域说明雷达信号具有低且均匀的旁瓣，从而可以使遮挡效应最小化。对于需要距离和多普勒高分辨率的成像系统来说，以上所有特征都是有益的。然而，如果雷达的功能是进行目标搜索，那么采用的波形需要有多普勒失配容限能力，未知速度目标的多普勒频移不会造成匹配滤波器输出响应过于微弱，否则将影响雷达对目标的检测，因此波形的模糊函数是否“理想”取决于雷达的功能。

为了便于描述雷达信号的某种特性，可以把性质相似的雷达信号归为一类，也就是对雷达信号加以分类。按照不同的分类原则有不同的分类方法，如按照雷达体制、调制方式、模糊函数等进行分类[1]。

按照雷达体制分类，雷达信号分为脉冲信号和连续波信号，与之对应的雷达分别称为脉冲雷达和连续波雷达。它们可以是非调制的简单波形，也可以是经过调制的复杂波形。按照调制方式分类，雷达信号可以分为频率编码信号（如线性调频脉冲信号、非线性调频脉冲信号）、相位编码信号（如二相编码信号、多相编码信号）、幅度调制信号（相参脉冲串信号）。按照模糊函数分类，雷达信号有 4 种类型：正刀刃型、斜刀刃型、钉板型和图钉形，如图 4-1 所示，表 4-1 将雷达信号按照模糊函数分类进行简要对比。

表 4-1　雷达信号按模糊函数分类

模糊函数	典型波形	信号特点
正刀刃型	矩形脉冲信号	不能同时提供距离和速度两个参量的高分辨率，不能同时保证大的信号能量和良好的距离分辨率
斜刀刃型	线性调频脉冲信号	多普勒失配不大于信号带宽时，滤波器依然实现脉冲压缩，但是输出时延正比于多普勒频移，发生距离多普勒耦合
钉板型	相参脉冲串信号	在主峰周围有中心模糊带，出现了严重的测量模糊
图钉形	二相编码信号	能够同时提供较高的距离和速度分辨率，多普勒失配时，输出响应严重下降

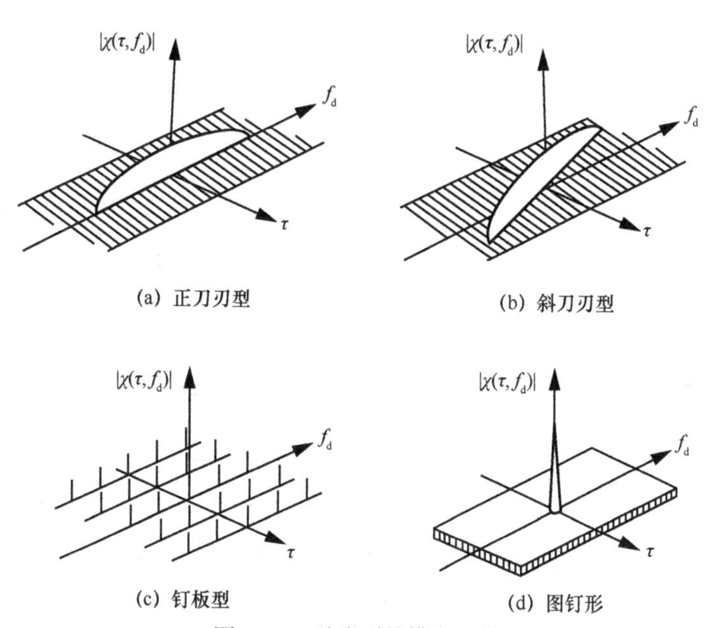

图 4-1　4 种类型的模糊函数

正刀刃型信号的特点是三维模糊函数形状是刀刃状，刀刃与轴线重合，由于模糊体积是一定的，这种信号的特征是全部体积集中在主峰，因此主峰必然是“粗”的，如果在一个维度上窄，那么在另一个维度上必然宽。具有正刀刃型模糊函数的典型波形是第 3 章中分析的单载频矩形脉冲信号，这种信号是早期常规雷达广泛采用的信号形式。

斜刀刃型信号的特点是刀刃型剪切而来，刀刃经过旋转不再与轴线重合，速度分辨率与相同时宽的单载频矩形脉冲信号相同，而距离分辨率得到改善。钉板型信号的特点是模糊函数有比较窄的主峰，因此具有较高的距离和速度分辨率，但是出现了很多的模糊瓣。图钉形信号的模糊函数是一个针状尖细的主峰位于平坦基台上的中心，在某些环境下是非常理想的信号。本章后文对几种常用的雷达波形进行分析，分别对应不同类型的模糊函数，更为详细地讨论其优缺点。

4.2 线性调频脉冲信号

线性调频脉冲信号是一种脉内频率调制信号，其基本的想法是在脉冲持续期间 T 内线性扫过一个带宽为 B 的频带。一个线性调频矩形脉冲信号的表达式可以写为

$$s(t)=u(t)\exp(\mathrm{j}2\pi f_{\mathrm{c}}t) \tag{4-1}$$

其中，f_{c} 是中心频率，复包络 $u(t)$ 的表达式为

$$u(t)=\frac{1}{\sqrt{T}}\mathrm{rect}\left(\frac{t}{T}\right)\exp(\mathrm{j}\pi kt^2) \tag{4-2}$$

其中，$k=B/T$，图 4-2 所示为线性调频脉冲信号（基带）的波形，从中可见信号的变化快慢随时间发生变化。

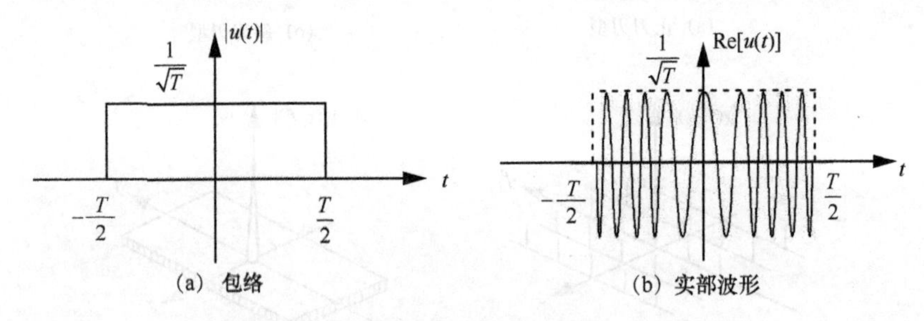

图 4-2　线性调频脉冲信号（基带）的波形

瞬时频率 $f(t)$ 对相位求导可得

$$f(t)=\frac{1}{2\pi}\frac{\mathrm{d}(\pi kt^2)}{\mathrm{d}t}=kt \tag{4-3}$$

瞬时频率是时间的线性函数，k 的单位是 Hz/s，它表示调频斜率。瞬时频率随时间变化趋势如图 4-3 所示。k 是正值表示正调频，频率由低变高；k 是负值表示负调频，频率由高变低。

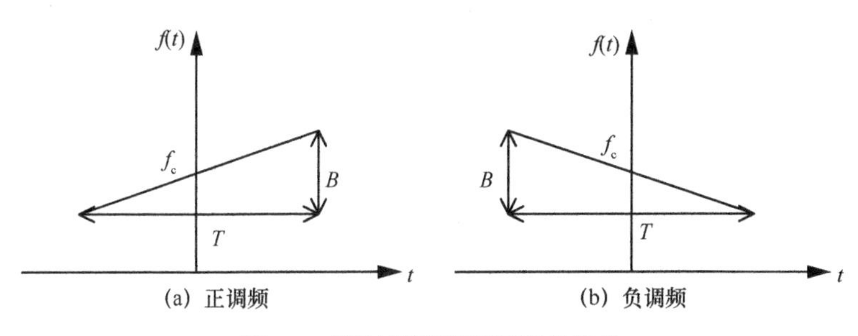

图 4-3　瞬时频率随时间变化趋势

4.2.1　线性调频脉冲信号的频谱特性

线性调频脉冲信号的频谱由信号的复包络决定，Rihaczek[2]对式（4-2）作傅里叶变换推导得到一个包含 Fresnel 积分的复杂结果，而采用相位驻留原理（Principle of Stationary Phase，PSP）可以得到非常有用且更为简便的近似表达[3]。

当被积函数振荡较快时，利用 PSP 可以有效地对积分结果进行近似分析。具体而言，设待分析的复信号为

$$x(t)=a(t)\exp\left[\mathrm{j}\theta(t)\right] \tag{4-4}$$

其傅里叶变换表示为

$$X(f)=\int_{-\infty}^{+\infty}a(t)\exp\left[\mathrm{j}\theta(t)\right]\exp(-\mathrm{j}2\pi ft)\mathrm{d}t=\int_{-\infty}^{+\infty}a(t)\exp\left[\mathrm{j}\phi(t,f)\right]\mathrm{d}t \tag{4-5}$$

其中，$\phi(t,f)=\theta(t)-2\pi ft$ 是关于时间和频率的函数。当 $\phi(t,f)$ 满足非线性、函数连续且随时间振荡较快这些性质时，积分过程中函数频率快变部分的正负值相互抵消，于是积分大小由频率零点附近的区域决定。驻留点定义在 $t=t_0$ 时刻，满足积分相位函数的一阶微分等于零，即 $\phi'(t_0,f)=0$，于是信号频谱近似为

$$X(f)\approx\sqrt{\frac{-2\pi}{\phi''(t_0,f)}}\exp\left(-\mathrm{j}\frac{\pi}{4}\right)a(t_0)\exp\left[\mathrm{j}\phi(t_0,f)\right] \tag{4-6}$$

其中，$\phi''(t_0,f)$ 是 $\phi(t,f)$ 在 $t=t_0$ 时刻的二阶微分值。下面给出根据 PSP 来求解线性调频脉冲信号频谱的过程。

$$\begin{aligned}U(f)=&\int_{-\infty}^{+\infty}u(t)\exp(-\mathrm{j}2\pi ft)\mathrm{d}t=\\&\int_{-\infty}^{+\infty}\frac{1}{\sqrt{T}}\mathrm{rect}\left(\frac{t}{T}\right)\exp\left(\mathrm{j}\pi kt^2\right)\exp(-\mathrm{j}2\pi ft)\mathrm{d}t=\\&\int_{-\infty}^{+\infty}a(t)\exp\left[\mathrm{j}\phi(t,f)\right]\mathrm{d}t\end{aligned} \tag{4-7}$$

其中，$a(t)=\frac{1}{\sqrt{T}}\mathrm{rect}\left(\frac{t}{T}\right)$，$\phi(t,f)=\pi kt^2-2\pi ft$，相位函数的一阶和二阶微分为

$$\begin{cases}\phi'(t,f)=2\pi kt-2\pi f\\ \phi''(t,f)=2\pi k\end{cases} \tag{4-8}$$

令$\phi'(t_0,f)=0$，得到驻留点为

$$t_0=\frac{f}{k} \tag{4-9}$$

根据式（4-6）得到

$$\begin{aligned}U(f)&\approx\sqrt{\frac{-2\pi}{2k\pi}}\exp\left(-\mathrm{j}\frac{\pi}{4}\right)\frac{1}{\sqrt{T}}\mathrm{rect}\left(\frac{f}{kT}\right)\exp\left(-\mathrm{j}\frac{\pi f^2}{k}\right)=\\&\sqrt{\frac{1}{k}}\mathrm{rect}\left(\frac{f}{B}\right)\exp\left[\mathrm{j}\left(-\frac{\pi f^2}{k}+\frac{\pi}{4}\right)\right]\end{aligned} \tag{4-10}$$

当线性调频脉冲信号满足大时宽带宽积的条件（$KT^2=BT>>1$）时，可以使用式（4-10）估计近似谱，随着时宽带宽积的增大，近似谱更趋近于精确谱，幅度谱接近宽度为B的矩形，相位谱是平方形式（线性调频脉冲信号的频谱如图4-4所示）。从图4-4可知，线性调频脉冲信号的频谱宽度B与脉冲的时间宽度T可以独立选取，这就是这种信号能够同时实现大时宽和大带宽的原因。

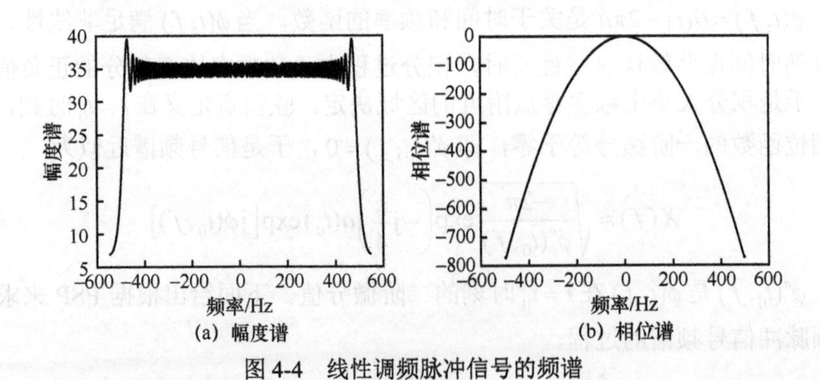

(a) 幅度谱　　(b) 相位谱

图4-4　线性调频脉冲信号的频谱

4.2.2　线性调频脉冲信号的模糊函数

线性调频脉冲的模糊函数可以通过对一个无调制脉冲的模糊函数应用模糊函数的线性调频影响性质（式（3-14））得到，即将式（3-40）中的f_{d}用$f_{\mathrm{d}}-k\tau$替代，得

$$\left|\chi(\tau,f_{\mathrm{d}})\right|=\left|\frac{\sin\left[\pi(f_{\mathrm{d}}-k\tau)(T-|\tau|)\right]}{\pi(f_{\mathrm{d}}-k\tau)(T-|\tau|)}\left(1-\frac{|\tau|}{T}\right)\right|,\ |\tau|\leqslant T \tag{4-11}$$

图 4-5 所示为线性调频脉冲信号的模糊函数示意（$T=2\ \mathrm{s}$，$B=2\ \mathrm{Hz}$）。从图 4-5（a）可见线性调频脉冲模糊函数具有斜刀刃形状，它是由同宽度单载频矩形脉冲模糊函数图（图 3-8（a））剪切而得[4]。

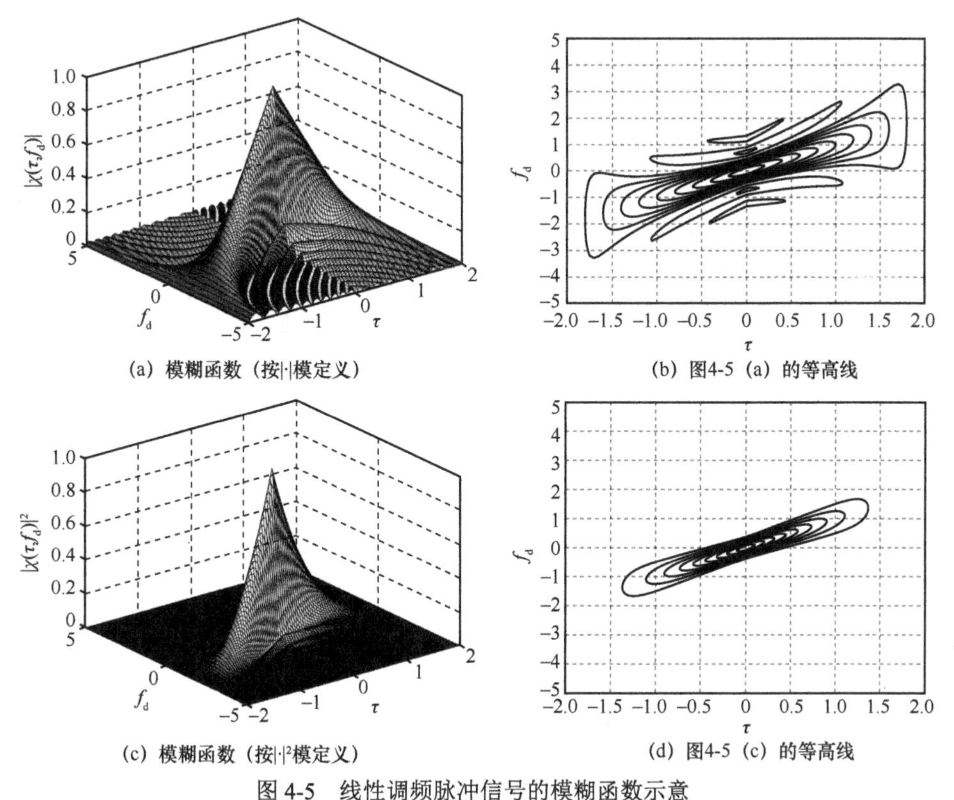

（a）模糊函数（按|·|模定义）　（b）图4-5（a）的等高线

（c）模糊函数（按|·|²模定义）　（d）图4-5（c）的等高线

图 4-5　线性调频脉冲信号的模糊函数示意

剪切效应使原本时延方向的“山脊”偏离时延轴一个角度θ，角度θ由调频率决定，即

$$\tan\theta=|k|=\frac{B}{T} \tag{4-12}$$

旋转角度的方向由调频率k的符号决定，当$k>0$时，角度θ是逆时针旋转的；当$k<0$时，角度θ是顺时针旋转的。线性调频对模糊函数的剪切效应的具体表现如图 4-6 所示，我们可以直观地看出同脉宽的线性调频脉冲和矩形脉冲相比，二者的多普勒分辨率相等，但是前者由于频率调制获得了大带宽，进而提高了距离分辨率。

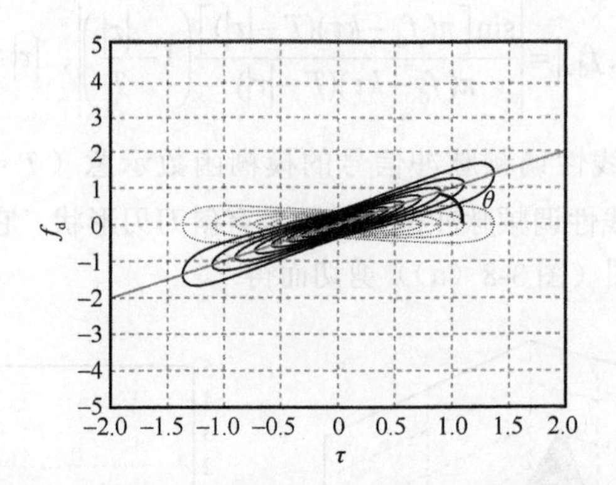

图 4-6　线性调频对模糊函数的剪切效应的具体表现

根据式（4-11），若令 $f_d = 0$，得到线性调频脉冲信号的距离模糊函数

$$\left|\chi_R(\tau)\right| = \left|\chi(\tau,0)\right| = \left|\frac{\sin\left[\pi k\tau(T-|\tau|)\right]}{\pi k\tau(T-|\tau|)}\left(1-\frac{|\tau|}{T}\right)\right|,\ |\tau| \leqslant T \tag{4-13}$$

图 4-7 所示为线性调频脉冲信号的距离模糊函数，它与辛格函数相似，对于大时间带宽积情况，第一零点在

$$\tau_{1'\text{stnull}} \approx \frac{1}{|k|T} = \frac{1}{B} \tag{4-14}$$

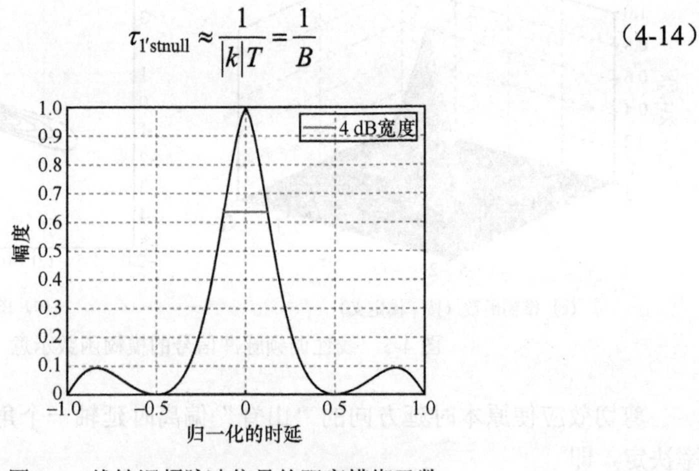

图 4-7　线性调频脉冲信号的距离模糊函数

将 $\tau_{1'\text{stnull}}/2$ 代入式（4-13），可得

$$\left|\chi_R\left(\frac{1}{2B}\right)\right| = \left|\chi\left(\frac{1}{2B},0\right)\right| = \left|\frac{\sin\left[\pi\left(1-\frac{1}{2BT}\right)\right]}{\pi\left(1-\frac{1}{2BT}\right)}\left(1-\frac{1}{2BT}\right)\right| \approx \frac{2}{\pi} \tag{4-15}$$

于是，名义时延分辨率（4 dB）为

$$\Delta\tau_{\mathrm{nr\_4\,dB}}=\frac{1}{B} \tag{4-16}$$

可见，只要调频带宽 B 很大，信号就可以有较高的时延分辨率。

若令 $\tau=0$，得到速度模糊函数

$$\left|\chi_{\mathrm{v}}(f_{\mathrm{d}})\right|=\left|\chi(0,f_{\mathrm{d}})\right|=\left|\frac{\sin(\pi f_{\mathrm{d}}T)}{\pi f_{\mathrm{d}}T}\right| \tag{4-17}$$

图 4-8 所示为线性调频脉冲信号速度模糊函数，式（4-13）与简单脉冲的速度模糊函数一样，具有同样的分辨率，线性调频脉冲的多普勒分辨常数和名义多普勒分辨率（4 dB）均为

$$\Delta f_{\mathrm{nr\_4\,dB}}=\Delta f_{\mathrm{frc}}=\frac{1}{T} \tag{4-18}$$

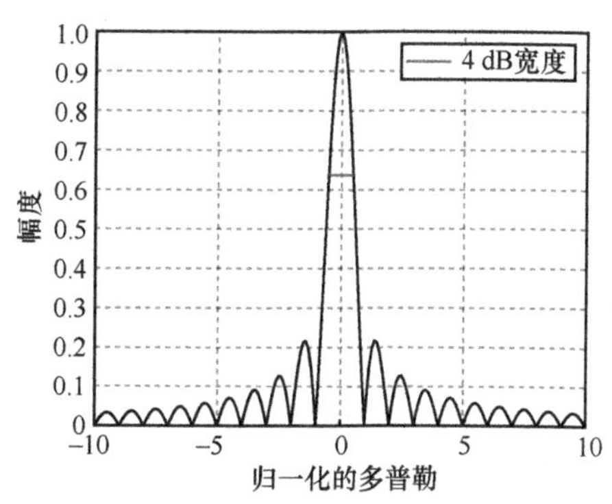

图 4-8　线性调频脉冲信号速度模糊函数

距离分辨率和速度分辨率与上述的时延和多普勒分辨率成比例关系，即

$$\Delta R=\frac{c}{2B} \tag{4-19}$$

$$\Delta v=\frac{\lambda}{2T} \tag{4-20}$$

线性调频脉冲信号的模糊函数是单载频矩形脉冲信号的模糊函数旋转了一个角度，可以同时实现高的距离和速度分辨率。然而，它存在时延多普勒耦合问题。根据（4-11）可以发现，对于小的多普勒频移 f_{d}，峰值响应的时延位置偏移为

$$\tau_{\mathrm{shift}}=\frac{f_{\mathrm{d}}}{k} \tag{4-21}$$

在很多应用中，造成的距离误差是可以接受的。对于偏移的峰值响应，时延发生

误差的同时，峰值高度小有下降。峰值高度的下降可以表示为

$$\left|\chi(\tau_{\text{peak}}, f_{\text{d}})\right| = 1 - \left|\frac{f_{\text{d}}}{kT}\right| = 1 - \left|\frac{f_{\text{d}}}{B}\right| \tag{4-22}$$

由于典型的多普勒频移 f_{d} 通常远小于信号带宽 B，峰值高度轻度下降，这就是线性调频脉冲信号对多普勒的适应性。

4.2.3 线性调频脉冲信号的处理方法

雷达发射时对长脉冲进行 LFM 调制，在接收时采用的 LFM 脉冲压缩技术有两种[5]，一种是匹配滤波（Matched Filter），或称为“相关处理”；另一种是拉伸（Stretch），或称为“去斜处理”“有源相关”。通过长脉冲和宽带 LFM 调制，可以实现大的压缩比，本节采用匹配滤波进行分析。

匹配滤波是根据已知波形进行滤波器设计，通过时域相关或者利用 FFT 在频域实现，第 2 章中的匹配滤波举例正是以线性调频信号为例进行展示的，信号处理的方式是不受限于波形的一般性的方法。此处我们根据对线性调频脉冲信号的频谱分析进行针对性的设计。由前文分析可知，线性调频脉冲信号在大时宽带宽积时，其幅度谱为近似矩形谱，相位谱近似为平方相位与固定剩余相位之和，在这种情况下可以采用近似的匹配滤波。根据匹配滤波理论，在实现匹配处理时，固定的剩余相位可以不考虑，根据式（4-10）得到线性调频脉冲信号的近似匹配滤波器的频率特性

$$H(f) = U^*(f)\exp(-\text{j}2\pi f t_0) = \sqrt{\frac{1}{B}}\text{rect}\left(\frac{f}{B}\right)\exp\left(\text{j}\frac{\pi f^2}{k}\right)\exp(-\text{j}2\pi f t_0) \tag{4-23}$$

于是，信号 $x(t) = \frac{1}{\sqrt{T}}\text{rect}\left(\frac{t}{T}\right)\exp(\text{j}\pi k t^2)$ 经过匹配滤波器，输出的频域和时域表达式分别为

$$Y(f) = X(f)H(f) = \frac{1}{B}\text{rect}\left(\frac{f}{B}\right)\exp(-\text{j}2\pi f t_0) \tag{4-24}$$

$$y(t) = \frac{\sin\left[\pi B(t - t_0)\right]}{\pi B(t - t_0)} \tag{4-25}$$

可见线性调频脉冲信号的近似匹配滤波输出为辛格函数，输出信号的脉宽 T' 为

$$T' = \frac{1}{B} \tag{4-26}$$

那么，脉冲压缩比 D 可以表示为

$$D = \frac{T}{T'} = TB \tag{4-27}$$

线性调频脉冲经过匹配滤波后，由一个宽脉冲变成了辛格函数形式（宽带 LFM 脉冲信号的矩形谱所对应的傅里叶变换，即距离模糊函数）的窄脉冲，距离分辨率提高，压缩比由时宽带宽积决定。

脉冲压缩处理的输出响应的旁瓣较强，可以通过改变谱的形状来降低旁瓣，也就是加权方法，可以在时域加权或者在频域加权，此处讨论在时域进行幅度加权。利用瞬时频率与时间之间的线形关系，通过幅度加权实现谱变形。如果某个时刻信号的幅度更高，相应频率的功率谱密度也更高，于是可以用期望的加权窗来改变脉冲的幅度形状。两种加窗方案对比如图 4-9 所示[4]。第一种方案为了实现匹配滤波，发射端和接收端都需要加权，于是幅度应该使用窗的开方根来成形，效率不高；另一种方案是在接收端执行完全的加权窗，匹配滤波会发生失配。除了失配损失，两种方案的性能类似：降低旁瓣的同时带来了主瓣展宽。

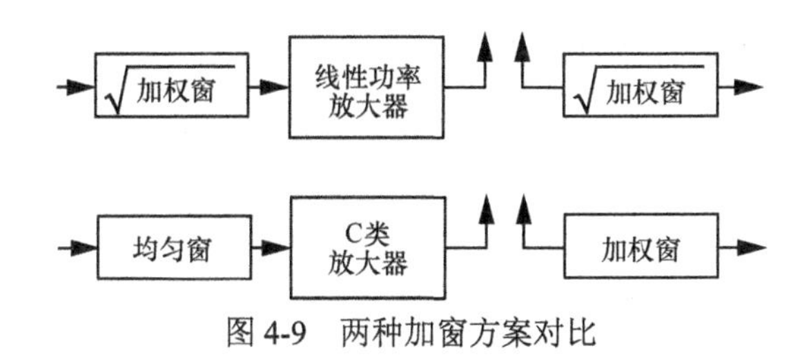

图 4-9　两种加窗方案对比

4.3　单载频相参脉冲串信号

在雷达中很少应用单个脉冲来进行目标探测，通常雷达要发射一系列的脉冲来照射目标以获得能量的积累，这一系列的脉冲称为脉冲串，成为被广泛应用的雷达信号之一。单载频相参脉冲串信号是最简单的脉冲串信号，是分析和处理复杂脉冲串信号的基础。图 4-10 所示为均匀脉冲串信号的波形。

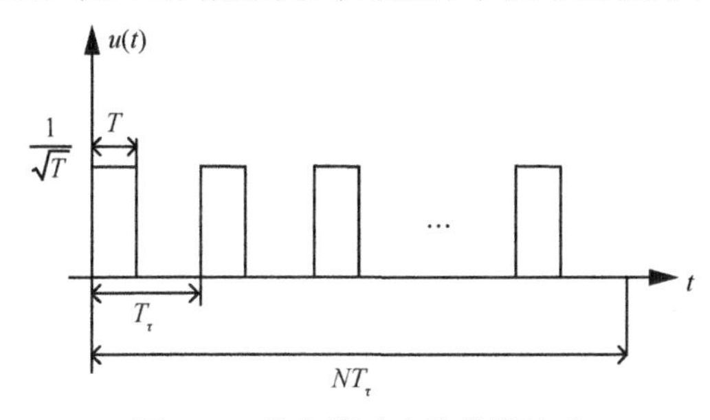

图 4-10　均匀脉冲串信号的波形

一个单载频等幅均匀相参脉冲串信号的表达式可写为

$$s(t)=u(t)\exp(\mathrm{j}2\pi f_0 t) \tag{4-28}$$

其中，f_0 是中心频率，复包络 $u(t)$ 的表达式为

$$u(t)=\frac{1}{\sqrt{N}}\sum_{n=0}^{N-1}u_s(t-nT_\tau) \tag{4-29}$$

其中，N 为脉冲个数，T_τ 为子脉冲重复间隔，$u_s(t)$ 为子脉冲的复包络

$$u_s(t)=\frac{1}{\sqrt{T}}\mathrm{rect}\left(\frac{t}{T}\right) \tag{4-30}$$

其中，T 为子脉冲宽度，且有 $T_\tau>2T$。

4.3.1 均匀脉冲串信号的频谱特性

均匀脉冲串信号的频谱由信号的复包络决定，对式（4-29）作傅里叶变换，利用傅里叶变换的线性叠加性质以及时移性质得到

$$\begin{aligned}U(f)=&\frac{1}{\sqrt{N}}\sum_{n=0}^{N-1}U_s(f)\exp(-\mathrm{j}2\pi fnT_\tau)=\\&\frac{1}{\sqrt{N}}U_s(f)\sum_{n=0}^{N-1}\exp(-\mathrm{j}2\pi fnT_\tau)=\\&\frac{1}{\sqrt{N}}U_s(f)\frac{1-\exp(-\mathrm{j}N2\pi fT_\tau)}{1-\exp(-\mathrm{j}2\pi fT_\tau)}=\\&\frac{1}{\sqrt{N}}U_s(f)\frac{\exp(\mathrm{j}N\pi fT_\tau)-\exp(-\mathrm{j}N\pi fT_\tau)}{\exp(\mathrm{j}\pi fT_\tau)-\exp(-\mathrm{j}\pi fT_\tau)}\frac{\exp(-\mathrm{j}N\pi fT_\tau)}{\exp(-\mathrm{j}\pi fT_\tau)}=\\&\frac{1}{\sqrt{N}}U_s(f)\frac{\sin(N\pi fT_\tau)}{\sin(\pi fT_\tau)}\exp\left[-\mathrm{j}(N-1)\pi fT_\tau\right]\end{aligned} \tag{4-31}$$

其中，

$$U_s(f)=\sqrt{T}\frac{\sin(\pi fT)}{\pi fT} \tag{4-32}$$

于是

$$U(f)=\sqrt{\frac{T}{N}}\frac{\sin(\pi fT)}{\pi fT}\frac{\sin(N\pi fT_\tau)}{\sin(\pi fT_\tau)}\exp\left[-\mathrm{j}(N-1)\pi fT_\tau\right] \tag{4-33}$$

下面给出另一种推导方法，稍显烦琐但有助于更好地理解物理本质[6]。将

式（4-29）改写为

$$
\begin{aligned}
u(t) &= \frac{1}{\sqrt{N}} u_s(t) * \sum_{n=0}^{N-1} \delta(t - nT_\tau) = \\
&\frac{1}{\sqrt{N}} \left[u_s(t) * \sum_{n=-\infty}^{\infty} \delta(t - nT_\tau) \right] \mathrm{rect}\left[\frac{t-(N-1)T_\tau/2}{NT_\tau} \right] = \\
&\frac{1}{\sqrt{N}} \left[u_s(t) * u_1(t) \right] u_2(t)
\end{aligned}
\tag{4-34}
$$

其中，

$$
u_1(t) = \sum_{n=-\infty}^{+\infty} \delta(t - nT_\tau) \tag{4-35}
$$

$$
u_2(t)=\mathrm{rect}\left[\frac{t-(N-1)T_\tau/2}{NT_\tau} \right] \tag{4-36}
$$

根据傅里叶变换的性质，可得

$$
U(f)=\frac{1}{\sqrt{N}} \left[U_s(f) U_1(f) \right] * U_2(f) \tag{4-37}
$$

其中，

$$
U_1(f) = \frac{1}{T_\tau} \sum_{n=-\infty}^{+\infty} \delta\left(f - \frac{n}{T_\tau} \right) \tag{4-38}
$$

$$
U_2(f) = NT_\tau \frac{\sin(\pi f N T_\tau)}{\pi f N T_\tau} \exp\left[-\mathrm{j}(N-1)\pi f T_\tau \right] \tag{4-39}
$$

可见，均匀脉冲串信号的频谱可以理解为对子脉冲频谱以脉冲重复频率进行采样，而后与脉冲串持续时间大小的矩形窗对应的辛格函数谱进行卷积，它所具有的特征由子函数 $U_s(f)$、$U_1(f)$ 和 $U_2(f)$ 共同决定（均匀脉冲串信号频谱如图 4-11 所示）。$U_s(f)$ 是子脉冲的频谱，它决定了脉冲串频谱的包络，矩形简单子脉冲对应的频谱形状是辛格函数，其宽度由子脉冲宽度的倒数（$1/T$）决定；$U_1(f)$ 是子脉冲重复间隔决定的采样谱，梳状齿的间隔为子脉冲重复频率 $1/T_\tau$；$U_2(f)$ 决定了齿的形状，在峰值附近与辛格函数接近，其宽度由出脉冲串信号持续时间宽度的倒数（$1/(NT_\tau)$）决定。

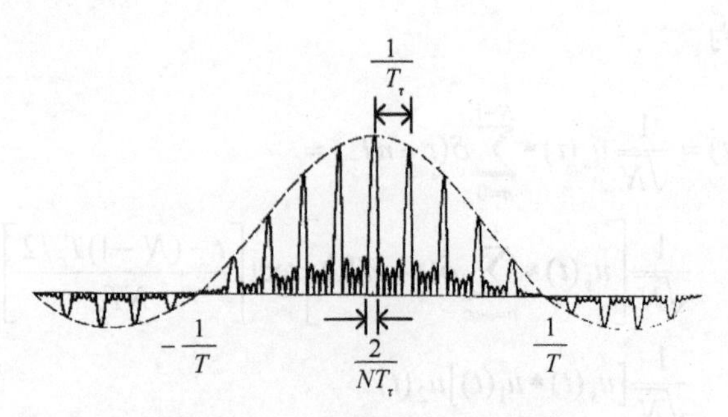

图 4-11　均匀脉冲串信号频谱

4.3.2　均匀脉冲串信号的模糊函数

均匀脉冲串信号的模糊函数可以对一个矩形子脉冲的模糊函数应用模糊函数的周期重复影响性质（式（3-16）所示）得到，即当复加权系数 $c_i = 1/\sqrt{N}$，周期记为 T_τ，脉冲串与子脉冲的模糊函数的关系为

$$\chi(\tau, f_{\mathrm{d}}) = \frac{1}{N}\sum_{m=1}^{N-1}\chi_s(\tau + mT_\tau, f_{\mathrm{d}})\exp(\mathrm{j}2\pi f_{\mathrm{d}} mT_\tau)\sum_{i=0}^{N-1-m}\exp(\mathrm{j}2\pi f_{\mathrm{d}} iT_\tau) + \frac{1}{N}\sum_{m=0}^{N-1}\chi_s(\tau - mT_\tau, f_{\mathrm{d}})\sum_{i=0}^{N-1-m}\exp(\mathrm{j}2\pi f_{\mathrm{d}} iT_\tau) \tag{4-40}$$

其中，

$$\chi_s(\tau, f_{\mathrm{d}}) = \exp(-\mathrm{j}\pi f_{\mathrm{d}}\tau)\frac{\sin\left[\pi f_{\mathrm{d}}(T - |\tau|)\right]}{\pi f_{\mathrm{d}}(T - |\tau|)}\left(1 - \frac{|\tau|}{T}\right),\ |\tau| \leqslant T \tag{4-41}$$

$$\sum_{i=0}^{N-1-m}\exp(\mathrm{j}2\pi f_{\mathrm{d}} iT_\tau) = \frac{\sin\left[(N-m)\pi f_{\mathrm{d}} T_\tau\right]}{\sin(\pi f_{\mathrm{d}} T_\tau)}\exp\left[-\mathrm{j}(N-1-m)\pi f_{\mathrm{d}} T_\tau\right] \tag{4-42}$$

于是

$$\begin{aligned}\chi(\tau, f_{\mathrm{d}}) &= \frac{1}{N}\sum_{m=1}^{N-1}\exp\left[-\mathrm{j}(N-1+m)\pi f_{\mathrm{d}} T_\tau\right]\frac{\sin\left[(N-m)\pi f_{\mathrm{d}} T_\tau\right]}{\sin(\pi f_{\mathrm{d}} T_\tau)}\chi_s(\tau + mT_\tau, f_{\mathrm{d}}) + \\ &\quad \frac{1}{N}\sum_{m=0}^{N-1}\exp\left[-\mathrm{j}(N-1-m)\pi f_{\mathrm{d}} T_\tau\right]\frac{\sin\left[(N-m)\pi f_{\mathrm{d}} T_\tau\right]}{\sin(\pi f_{\mathrm{d}} T_\tau)}\chi_s(\tau - mT_\tau, f_{\mathrm{d}}) = \\ &\quad \frac{1}{N}\sum_{m=-(N-1)}^{N-1}\exp\left[-\mathrm{j}(N-1-m)\pi f_{\mathrm{d}} T_\tau\right]\frac{\sin\left[(N-|m|)\pi f_{\mathrm{d}} T_\tau\right]}{\sin(\pi f_{\mathrm{d}} T_\tau)}\chi_s(\tau - mT_\tau, f_{\mathrm{d}})\end{aligned} \tag{4-43}$$

由于 $\chi_s(\tau,f_{\rm d})$ 在时延轴上的支撑区为 $|\tau| \leqslant T$，通常情况下 $T_\tau > 2T$，那么 $\chi_s(\tau - mT_\tau, f_{\rm d})$ 不会发生重叠，因此取模值可得

$$|\chi(\tau,f_{\rm d})| = \frac{1}{N}\sum_{m=-(N-1)}^{N-1}\left|\frac{\sin\left[(N-|m|)\pi f_{\rm d}T_\tau\right]}{\sin(\pi f_{\rm d}T_\tau)}\right||\chi_s(\tau - mT_\tau, f_{\rm d})| \tag{4-44}$$

其中，

$$|\chi_s(\tau - mT_\tau, f_{\rm d})| = \left|\frac{\sin\left[\pi f_{\rm d}\left(T - |\tau - mT_\tau|\right)\right]}{\pi f_{\rm d}\left(T - |\tau - mT_\tau|\right)}\left(1 - \frac{|\tau - mT_\tau|}{T}\right)\right|,\ |\tau - mT_\tau| \leqslant T \tag{4-45}$$

图 4-12 所示为均匀脉冲串信号的模糊函数示意（T=0.15 s，T_τ/T=3.6，$N=5$），其具有“钉板”形状，并观察其距离模糊函数和速度模糊函数。

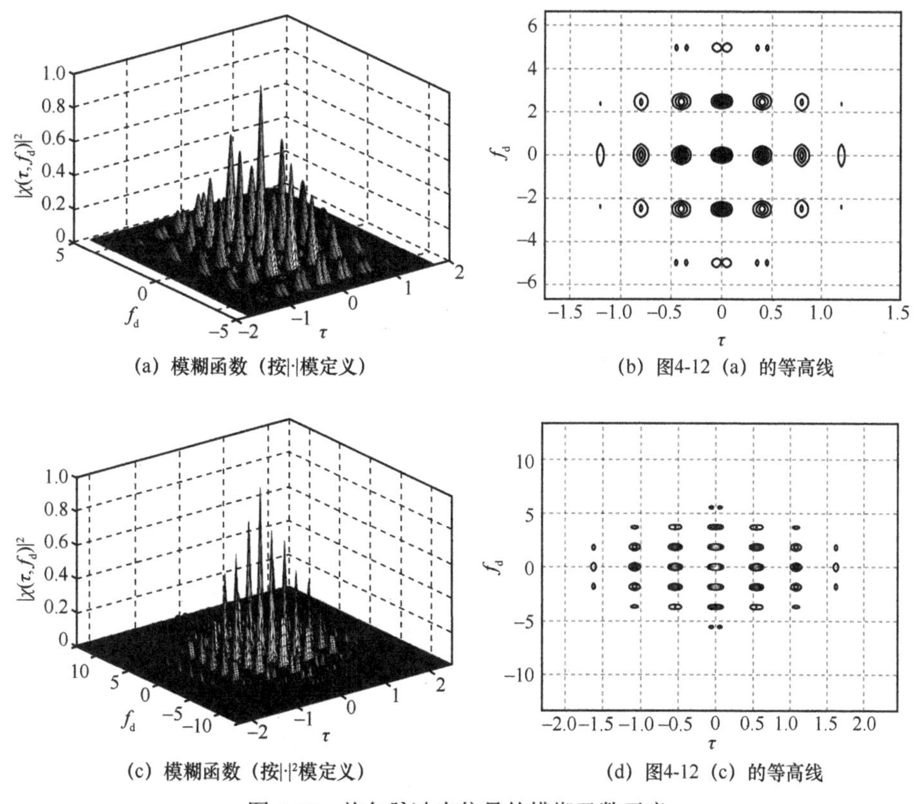

图 4-12　均匀脉冲串信号的模糊函数示意

在式（4-44）和式（4-45）中，令 $f_{\mathrm{d}}=0$，得

$$|\chi_{\mathrm{R}}(\tau)|=|\chi(\tau,0)|=\frac{1}{N}\sum_{m=-(N-1)}^{N-1}\left(N-|m|\right)|\chi_s(\tau-mT_\tau,0)| \tag{4-46}$$

其中

$$|\chi_s(\tau-mT_\tau,0)|=1-\frac{|\tau-mT_\tau|}{T},\ |\tau|\leqslant T \tag{4-47}$$

均匀脉冲串信号的距离模糊函数如图 4-13 所示，它的大包络是一个三角形（底长 $2NT_\tau$），大三角形包络内包含了等间隔分布的小三角形（零点宽度为 $2T$），相当于单个子脉冲的距离模糊函数按照子脉冲重复的时间间隔 T_τ 重复出现，每个模糊带的中心高度随着与原点距离的增加而衰减。中心带称为清晰区，其他区间称为模糊区。对于这种形式的距离模糊函数，时延分辨常数能够反映同时考虑主瓣和模糊瓣的分辨率的总体情况，但是无法区分主瓣模糊和多值模糊。

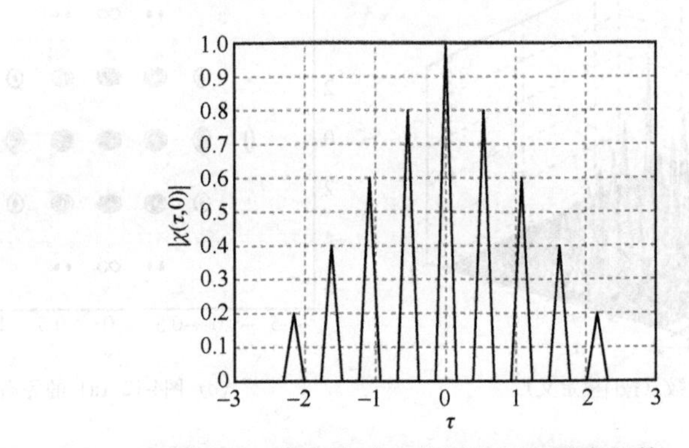

图 4-13　均匀脉冲串信号的距离模糊函数

在实际中，我们讨论的相参脉冲串信号的距离分辨率是指无测量模糊情况下的主瓣分辨率。因此，相参脉冲串信号的分辨率是由子脉冲信号决定的，即−3 dB 和−6 dB 主瓣宽度分别为

$$\begin{cases}\Delta\tau_{\mathrm{nr\_3dB}}=0.586T\\ \Delta\tau_{\mathrm{nr\_6dB}}=T\end{cases} \tag{4-48}$$

令式（4-44）和式（4-45）中 $\tau=0$，$m=0$（中心带），得

$$|\chi_{\mathrm{v}}(f_{\mathrm{d}})|=|\chi(0,f_{\mathrm{d}})|=\frac{1}{N}\left|\frac{\sin(N\pi f_{\mathrm{d}}T_\tau)}{\sin(\pi f_{\mathrm{d}}T_\tau)}\right||\chi_s(0,f_{\mathrm{d}})| \tag{4-49}$$

其中

$$|\chi_s(0,f_{\mathrm{d}})|=\left|\frac{\sin(\pi f_{\mathrm{d}}T)}{\pi f_{\mathrm{d}}T}\right| \tag{4-50}$$

式（4-49）表明均匀脉冲串信号的速度模糊函数表现为$|\sin(N\pi f_{\mathrm{d}}T_\tau)/\sin(\pi f_{\mathrm{d}}T_\tau)|$形式，第一零点位于$1/(NT_\tau)$，并且以$1/T_\tau$为间隔进行重复，该基本响应由一个更加缓慢变化的标准辛格函数（式（4-50）所示的子脉冲速度模糊函数）进行加权，均匀脉冲串信号的速度模糊函数如图4-14所示，从中可以很明显地看出这一结构。同样地，通常给出主瓣分辨率才有意义，可以得到 4 dB 主瓣宽度为

$$\Delta f_{\mathrm{nr\_4\,dB}}=\frac{1}{NT_\tau} \tag{4-51}$$

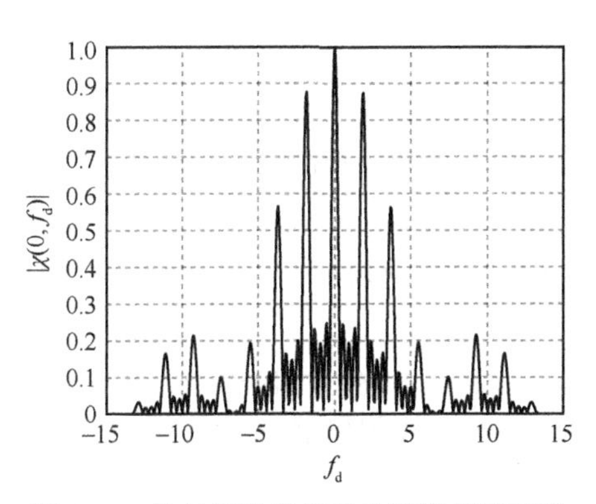

图 4-14　均匀脉冲串信号的速度模糊函数

均匀脉冲串信号的优点是大部分模糊体积移至远离原点的“模糊瓣”内，使得原点处的主瓣变得较窄，具有较高的距离和速度分辨率。它的缺点是产生了距离和多普勒模糊，克服这一缺点最简单的办法是保证一维不模糊的情况下，允许另一维模糊。例如：增大子脉冲间隔，消除距离模糊而容忍速度模糊，或者减少子脉冲间隔，消除速度模糊而容忍距离模糊。通常这种波形的参数确定过程是：选择脉冲宽度T以实现需要的距离分辨率$cT/2$，脉冲重复时间间隔T_τ同时确定了距离和多普勒模糊间隔（分别为$cT_\tau/2$和$1/T_\tau$），最终，脉冲串信号中脉冲的数目N决定了多普勒分辨率（$1/(NT_\tau)$）。

4.3.3　均匀脉冲串信号的处理方法

相参均匀脉冲串信号处理方法的直观方式是按照匹配滤波理论，对整个脉冲串信号构造匹配滤波器进行处理，均匀脉冲串信号的匹配滤波器传递函数为

$$H(f)=U^*(f)\exp(-j2\pi ft_0)=$$
$$\sqrt{\frac{T}{N}}\frac{\sin(\pi fT)}{\pi fT}\frac{\sin(N\pi fT_\tau)}{\sin(\pi fT_\tau)}\exp\left[j(N-1)\pi fT_\tau\right]\exp(-j2\pi ft_0) \tag{4-52}$$

为了简化推导且不失一般性，令 $t_0=(N-1)T_\tau$，得

$$H(f)=\sqrt{T}\frac{\sin(\pi fT)}{\pi fT}\frac{1}{\sqrt{N}}\frac{\sin(N\pi fT_\tau)}{\sin(\pi fT_\tau)}\exp\left[-j(N-1)\pi fT_\tau\right]=H_1(f)H_2(f) \tag{4-53}$$

其中

$$H_1(f)=U_s^*(f) \tag{4-54}$$

$$H_2(f)=\frac{1}{\sqrt{N}}\frac{\sin(N\pi fT_\tau)}{\sin(\pi fT_\tau)}\exp\left[-j(N-1)\pi fT_\tau\right]=$$
$$\frac{1}{\sqrt{N}}\sum_{n=0}^{N-1}\exp(-j2\pi fnT_\tau)= \tag{4-55}$$
$$\frac{1}{\sqrt{N}}\left\{1+\exp(-j2\pi fT_\tau)+\cdots+\exp\left[-j2\pi f(N-1)T_\tau\right]\right\}$$

由式（4-53）、式（4-54）和式（4-55）可以看出，均匀脉冲串信号的匹配滤波由子脉冲匹配滤波器 $H_1(f)$ 和延迟线积累器 $H_2(f)$ 级联构成，图 4-15 所示为均匀脉冲串信号的匹配滤波器（频域）的结构示意。

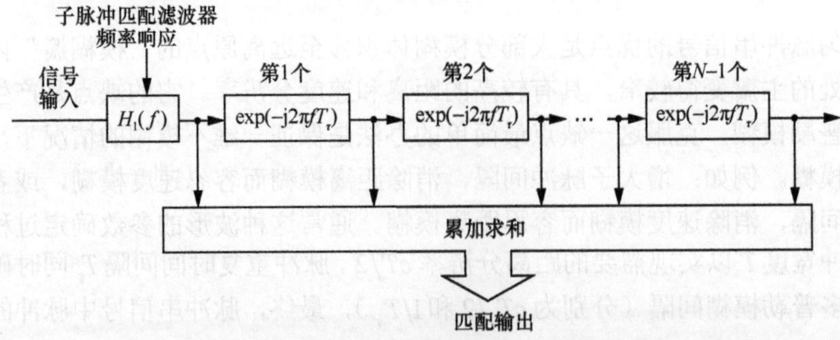

图 4-15　均匀脉冲串信号的匹配滤波器（频域）的结构示意

实际上的处理过程往往不是上述方式，而是在每个脉冲周期内，首先采用单个脉冲的匹配滤波器进行滤波（如图 4-16 所示），然后对各个脉冲的输出进行合成[7]。这种方法处理具有简单、易于处理的优点。

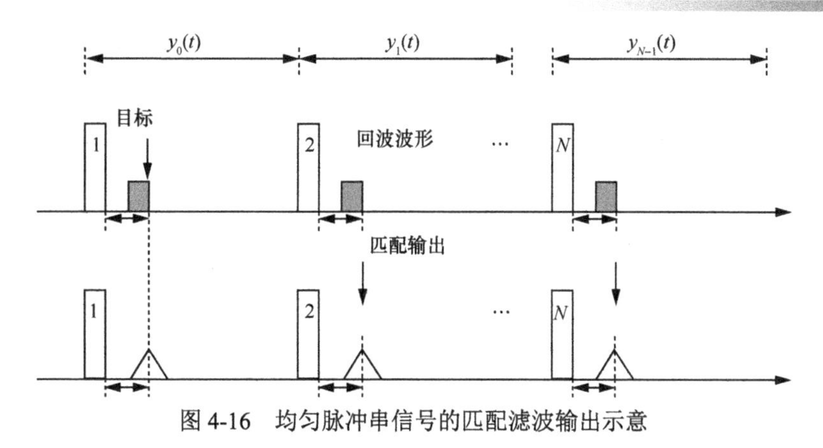

图 4-16　均匀脉冲串信号的匹配滤波输出示意

对于第 n 个脉冲重复周期内的子回波信号 $x_{sn}(t)=\frac{1}{\sqrt{T}}\mathrm{rect}\left(\frac{t-\tau-nT_\tau}{T}\right)$，采用子脉冲匹配滤波器 $H_1(f)$ 进行处理，得到

$$
\begin{aligned}
y_n(t)=&\mathrm{IFT}\left[X_{sn}(f)H_1(f)\right]=\\
&\mathrm{IFT}\left\{T\left[\frac{\sin(\pi fT)}{\pi fT}\right]^2\exp\left[-\mathrm{j}2\pi f(\tau+nT_\tau)\right]\right\}=\\
&1-\frac{\left|t-(\tau+nT_\tau)\right|}{T},\left|t-(\tau+nT_\tau)\right|\leqslant T
\end{aligned}
\tag{4-56}
$$

可见，在每个脉冲周期内，匹配滤波的输出值与子脉冲的相对时间相同。即

$$
y_n(f)=y_0(t-nT_\tau) \tag{4-57}
$$

在理想条件下，静止目标在各个脉冲重复周期内的匹配滤波输出值的相位是相同的，则各个脉冲匹配滤波输出结果对应相加时可以达到同相相加，可最大限度地利用相参脉冲串信号的能量。这种同相幅度相加称为相参积累，把 NT_τ 称为相参积累时间。于是，合成输出为

$$
y(t)=\sum_{n=0}^{N-1}y_n(t+nT_\tau) \tag{4-58}
$$

对运动目标采用上述匹配滤波处理将会出现失配现象，最简单的解决方法就是构造匹配滤波器组（多普勒频率范围内的离散频率值）来实现多普勒的匹配。如果采用子脉冲匹配滤波而后合成的方式，需注意：由于目标运动可能引起各个脉冲重复周期内的包络移动和相位变化，需要进行相应的校正。此外，为了提高处理效率，在实际中的二维处理通常采用匹配滤波进行距离处理，采用 FFT 进行速度处理。

4.4 步进频率信号

步进频率信号包括若干脉冲，每个子脉冲是单载频脉冲，工作频率均匀步进，可以正向步进，也可以负向步进。步进频率信号属于相参脉冲串信号，是一种宽带雷达信号，也是一种常用的高距离分辨雷达信号。

一个步进频率信号的表达式可写为

$$s(t) = u(t)\exp(\mathrm{j}2\pi f_0 t) \tag{4-59}$$

其中，f_0 是一个固定频率，复包络 $u(t)$ 的表达式为

$$u(t) = \frac{1}{\sqrt{N}}\sum_{n=0}^{N-1} u_s(t - nT_\tau)\exp(\mathrm{j}2\pi n\Delta f t) \tag{4-60}$$

其中，N 为脉冲个数，T_τ 为子脉冲重复间隔，Δf 是频率步进量，且有 $\Delta f \ll f_0$，$u_s(t)$ 为子脉冲包络

$$u_s(t) = \frac{1}{\sqrt{T}}\mathrm{rect}\left(\frac{t}{T}\right) \tag{4-61}$$

其中，T 为子脉冲宽度，图 4-17 所示为步进频率信号的波形示意。

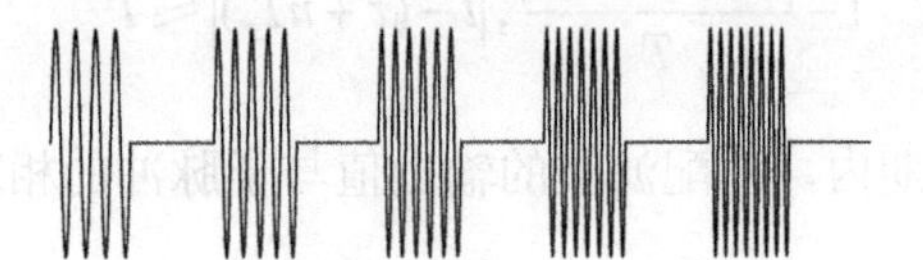

图 4-17　步进频率信号的波形示意

4.4.1 步进频率信号的频谱特性

步进频率信号的时频关系如图 4-18 所示，其信号的时频关系与线性调频信号形似，可以将其看作阶梯化的线性调频信号。

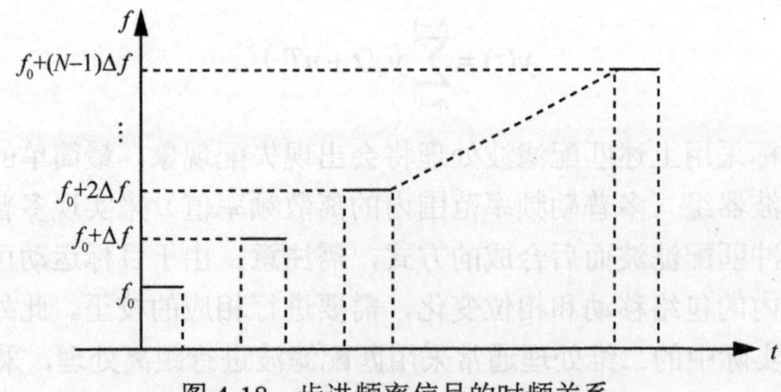

图 4-18　步进频率信号的时频关系

步进频率信号的频谱由信号的复包络决定，对式（4-60）作傅里叶变换，利用傅里叶变换的线性叠加性质以及时移和频移性质得到

$$U(f)=\frac{1}{\sqrt{N}}\sum_{n=0}^{N-1}U_s(f-n\Delta f)\exp\left[-\mathrm{j}2\pi(f-n\Delta f)nT_\tau\right] \tag{4-62}$$

其中，

$$U_s(f)=\sqrt{T}\frac{\sin(\pi fT)}{\pi fT} \tag{4-63}$$

从式（4-62）可以看出，步进频率信号的频谱是矩形子脉冲信号频谱的搬移并叠加，只要选择合适的脉冲宽度和频率步进量就可以得到较大的持续频谱宽度。

4.4.2　步进频率信号的模糊函数

将步进频率信号的复包络式（4-60）代入模糊函数的定义式，可得

$$\begin{aligned}\chi(\tau,f_\mathrm{d})=&\int_{-\infty}^{+\infty}\frac{1}{\sqrt{N}}\sum_{n=0}^{N-1}u_s(t-nT_\tau)\exp(\mathrm{j}2\pi n\Delta ft)\cdot\\&\frac{1}{\sqrt{N}}\sum_{m=0}^{N-1}u_s(t-mT_\tau+\tau)\exp\left[-\mathrm{j}2\pi m\Delta f(t+\tau)\right]\exp(\mathrm{j}2\pi f_\mathrm{d}t)\mathrm{d}t=\\&\frac{1}{N}\sum_{n=0}^{N-1}\sum_{m=0}^{N-1}\exp(-\mathrm{j}2\pi m\Delta f\tau)\cdot\\&\int_{-\infty}^{+\infty}u_s(t-nT_\tau)u_s(t-mT_\tau+\tau)\exp\left(\mathrm{j}2\pi\left[f_\mathrm{d}-(m-n)\Delta f\right]t\right)\mathrm{d}t\end{aligned} \tag{4-64}$$

令 $t_1=t-nT_\tau$，则

$$\begin{aligned}\chi(\tau,f_\mathrm{d})=&\frac{1}{N}\sum_{n=0}^{N-1}\sum_{m=0}^{N-1}\exp(-\mathrm{j}2\pi m\Delta f\tau)\exp\left\{\mathrm{j}2\pi\left[f_\mathrm{d}-(m-n)\Delta f\right]nT_\tau\right\}\cdot\\&\int_{-\infty}^{+\infty}u_s(t_1)u_s\left[t_1+\tau-(m-n)T_\tau\right]\exp\left\{\mathrm{j}2\pi\left[f_\mathrm{d}-(m-n)\Delta f\right]t_1\right\}\mathrm{d}t_1=\\&\frac{1}{N}\sum_{n=0}^{N-1}\sum_{m=0}^{N-1}\exp(-\mathrm{j}2\pi m\Delta f\tau)\exp\left\{\mathrm{j}2\pi\left[f_\mathrm{d}-(m-n)\Delta f\right]nT_\tau\right\}\cdot\\&\chi_s\left[\tau-(m-n)T_\tau,f_\mathrm{d}-(m-n)\Delta f\right]\end{aligned}$$

其中，$\chi_s(\tau,f_\mathrm{d})=\exp(-\mathrm{j}\pi f_\mathrm{d}\tau)\dfrac{\sin\left[\pi f_\mathrm{d}(T-|\tau|)\right]}{\pi f_\mathrm{d}(T-|\tau|)}\left(1-\dfrac{|\tau|}{T}\right),|\tau|\leqslant T$，令 $p=m-n$，根据

$$\sum_{n=0}^{N-1}\sum_{m=0}^{N-1}=\sum_{p=-(N-1)}^{0}\sum_{m=0}^{N-1-|p|}\Big|_{n=m-p}+\sum_{p=1}^{N-1}\sum_{n=0}^{N-1-|p|}\Big|_{m=n+p}$$，可以得到

$$\chi(\tau,f_{\rm d})=\frac{1}{N}\sum_{p=-(N-1)}^{N-1}\exp\left\{{\rm j}\pi\left[(N-1-p)(f_{\rm d}-p\Delta f)T_\tau-(N-1+p)\Delta f\tau\right]\right\}\cdot$$
$$\chi_s(\tau-pT_\tau,f_{\rm d}-p\Delta f)\frac{\sin\left\{(N-|p|)\pi\left[(f_{\rm d}-p\Delta f)T_\tau-\Delta f\tau\right]\right\}}{\sin\left\{\pi\left[(f_{\rm d}-p\Delta f)T_\tau-\Delta f\tau\right]\right\}} \tag{4-65}$$

假设模糊带不重叠，取模值可得

$$|\chi(\tau,f_{\rm d})|=\frac{1}{N}\sum_{p=-(N-1)}^{N-1}|\chi_s(\tau-pT_\tau,f_{\rm d}-p\Delta f)|\left|\frac{\sin\left\{(N-|p|)\pi\left[(f_{\rm d}-p\Delta f)T_\tau-\Delta f\tau\right]\right\}}{\sin\left\{\pi\left[(f_{\rm d}-p\Delta f)T_\tau-\Delta f\tau\right]\right\}}\right| \tag{4-66}$$

其中，

$$|\chi_s(\tau-pT_\tau,f_{\rm d}-p\Delta f)|=\left|\frac{\sin\left[\pi(f_{\rm d}-p\Delta f)(T-|\tau-pT_\tau|)\right]}{\pi(f_{\rm d}-p\Delta f)(T-|\tau-pT_\tau|)}\left(1-\frac{|\tau-pT_\tau|}{T}\right)\right|,$$
$$|\tau-pT_\tau|\leqslant T \tag{4-67}$$

由式（4-66）可知，步进频率信号的模糊函数是由一系列的矩形脉冲模糊函数按照脉冲重复间隔 T_τ 和频率步进量 Δf 进行搬移并加权叠加而成的。图 4-19 所示为步进频率信号模糊函数示意（T=0.15 s，T_τ/T=3.6，$N=5$，$\Delta f=1/T$），总体上具有“钉板”形状。与单载频均匀脉冲串的模糊函数的“钉板”不同之处在于它同时兼具线性调频信号的斜刀刃形态，这是由子脉冲间的频率步进引起的，斜刃的斜率为 $k_{\rm p}=\Delta f/T_\tau$。

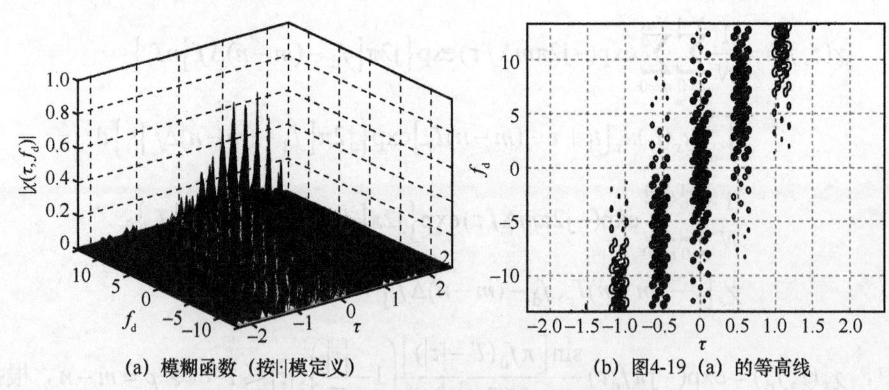

(a) 模糊函数（按|·|模定义）　　(b) 图4-19（a）的等高线

图 4-19　步进频率信号的模糊函数示意

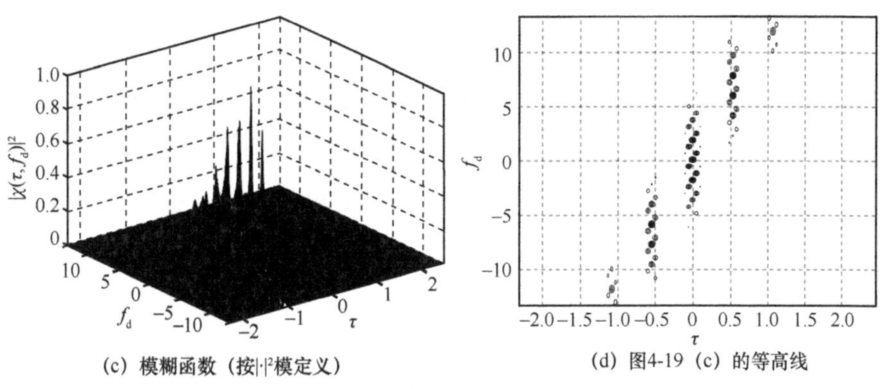

(c) 模糊函数（按|·|²模定义）　(d) 图4-19（c）的等高线

图 4-19　步进频率信号的模糊函数示意（续）

步进频率信号同样具有中心模糊带概念，即 $p=0$ 对应的模糊函数，有

$$
\begin{aligned}
\left|\chi(\tau,f_\mathrm{d})\right|_{p=0} &= \frac{1}{N}\left|\chi_s(\tau,f_\mathrm{d})\right|\left|\frac{\sin\left[N\pi(f_\mathrm{d}T_\tau-\Delta f\tau)\right]}{\sin\left[\pi(f_\mathrm{d}T_\tau-\Delta f\tau)\right]}\right| = \\
&\frac{1}{N}\left|\frac{\sin\left[\pi f_\mathrm{d}(T-|\tau|)\right]}{\pi f_\mathrm{d}(T-|\tau|)}\left(1-\frac{|\tau|}{T}\right)\right|\left|\frac{\sin\left[N\pi(f_\mathrm{d}T_\tau-\Delta f\tau)\right]}{\sin\left[\pi(f_\mathrm{d}T_\tau-\Delta f\tau)\right]}\right|,|\tau|\leqslant T
\end{aligned}
\tag{4-68}
$$

令式（4-66）和式（4-67）中，$f_\mathrm{d}=0$，得到距离模糊函数（如图 4-20 所示）为

$$
\left|\chi_\mathrm{R}(\tau)\right| = \left|\chi(\tau,0)\right| = \frac{1}{N}\sum_{p=-(N-1)}^{N-1}\left|\chi_s(\tau-pT_\tau,-p\Delta f)\right|\left|\frac{\sin\left[(N-|p|)\pi(p\Delta fT_\tau+\Delta f\tau)\right]}{\sin\left[\pi(p\Delta fT_\tau+\Delta f\tau)\right]}\right|
\tag{4-69}
$$

其中，

$$
\left|\chi_s(\tau-pT_\tau,-p\Delta f)\right| = \left|\frac{\sin\left[\pi p\Delta f(T-|\tau-pT_\tau|)\right]}{\pi p\Delta f(T-|\tau-pT_\tau|)}\left(1-\frac{|\tau-pT_\tau|}{T}\right)\right|,|\tau-pT_\tau|\leqslant T \tag{4-70}
$$

图 4-20　步进频率信号的距离模糊函数

中心模糊带（$p=0$）的距离模糊函数为

$$\left|\chi_{\mathrm{R}}(\tau)\right|_{p=0}=\left|\chi(\tau,0)\right|_{p=0}=\frac{1}{N}\left(1-\frac{|\tau|}{T}\right)\left|\frac{\sin(N\pi\Delta f\tau)}{\sin(\pi\Delta f\tau)}\right|,\ |\tau|\leqslant T \tag{4-71}$$

从式（4-71）可知，步进频率信号中心带由距离模糊函数子脉冲距离模糊函数 $\chi_{\mathrm{R}_1}(\tau)$ 和梳齿包络 $\chi_{\mathrm{R}_2}(\tau)$ 共同决定。

$$\chi_{\mathrm{R}_1}(\tau)=1-\frac{|\tau|}{T},\ |\tau|\leqslant T \tag{4-72}$$

$$\chi_{\mathrm{R}_2}(\tau)=\frac{1}{N}\left|\frac{\sin(N\pi\Delta f\tau)}{\sin(\pi\Delta f\tau)}\right| \tag{4-73}$$

原点处的主瓣近似为辛格函数形式，于是主瓣的 4 dB 宽度为

$$\Delta\tau_{\mathrm{nr\_4\,dB}}=\frac{1}{N\Delta f} \tag{4-74}$$

可见，步进频率信号的距离分辨率取决于跳频总带宽。需要注意的是，当 $\Delta fT>1$ 时，会出现栅瓣，步进频率信号的距离模糊函数（$\Delta f=5/T$）如图 4-21 所示。

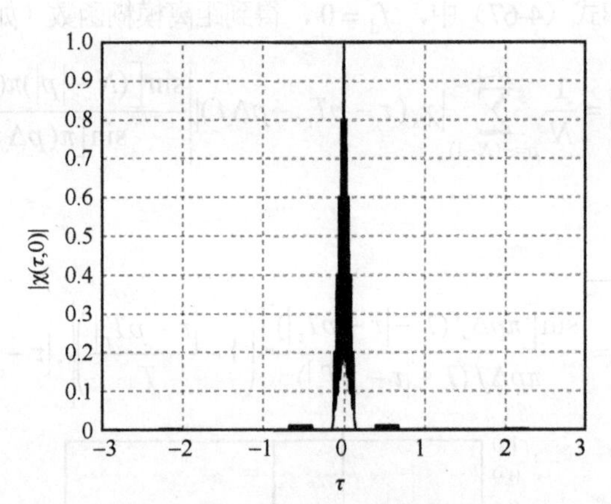

图 4-21　步进频率信号的距离模糊函数（$\Delta f=5/T$）

若令式（4-66）和式（4-67）中的 $\tau=0$，则得到步进频率信号的速度模糊函数（如图 4-22 所示）为

$$\left|\chi_{\mathrm{v}}(f_{\mathrm{d}})\right|=\left|\chi(0,f_{\mathrm{d}})\right|=\frac{1}{N}\sum_{p=-(N-1)}^{N-1}\left|\chi_s(-pT_\tau,f_{\mathrm{d}}-p\Delta f)\right|\left|\frac{\sin\left\{(N-|p|)\pi\left[(f_{\mathrm{d}}-p\Delta f)T_\tau\right]\right\}}{\sin\left\{\pi\left[(f_{\mathrm{d}}-p\Delta f)T_\tau\right]\right\}}\right| \tag{4-75}$$

其中，

$$\left|\chi_s(-pT_\tau, f_\mathrm{d}-p\Delta f)\right| = \left|\frac{\sin\left[\pi(f_\mathrm{d}-p\Delta f)\left(T-\left|pT_\tau\right|\right)\right]}{\pi(f_\mathrm{d}-p\Delta f)\left(T-\left|pT_\tau\right|\right)}\left(1-\frac{\left|pT_\tau\right|}{T}\right)\right| \tag{4-76}$$

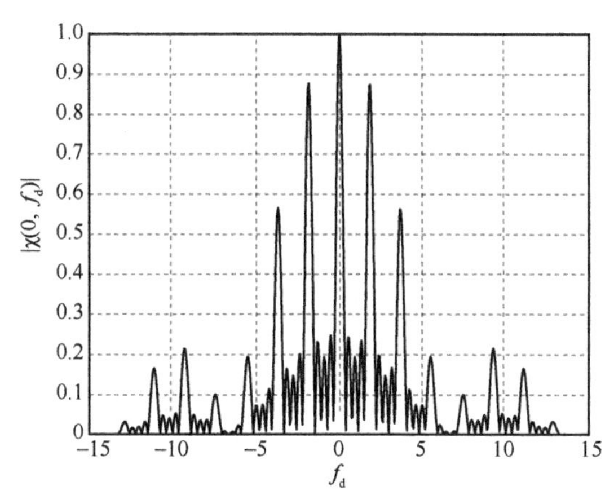

图 4-22　步进频率信号的速度模糊函数

中心模糊带（ $p=0$ ）的速度模糊函数为

$$\left|\chi_\mathrm{v}(f_\mathrm{d})\right|_{p=0} = \left|\chi(0,f_\mathrm{d})\right|_{p=0} = \frac{1}{N}\left|\frac{\sin(\pi f_\mathrm{d}T)}{\pi f_\mathrm{d}T}\right|\left|\frac{\sin(N\pi f_\mathrm{d}T_\tau)}{\sin(\pi f_\mathrm{d}T_\tau)}\right| \tag{4-77}$$

可见，步进频率信号与均匀脉冲串信号的速度模糊函数相同，其 4 dB 主瓣宽度为

$$\Delta f_{\mathrm{nr\_4\,dB}} = \frac{1}{NT_\tau} \tag{4-78}$$

4.4.3　步进频率信号的处理方法

前文讨论的信号主要是采用匹配滤波器来实现脉冲压缩，对于线性调频脉冲信号，当距离分辨率要求较高时，信号带宽较大，这要求系统的发射和接收系统具有相应的带宽，以及高的采样率。因此，基于匹配滤波器的信号处理的脉冲压缩存在系统带宽大、采样率高等问题。步进频率信号作为一种宽带雷达信号，可通过相参脉冲合成的方法实现高距离分辨率[3]，由于单个脉冲信号为带宽较窄的信号，对系统带宽和采样率的要求大大降低，有利于工程实现。

图 4-23 所示为步进频率脉冲信号的回波采样示意（ $T_s=T$ ，一个目标），包含 N 个脉冲，每个脉冲内一个采样点。

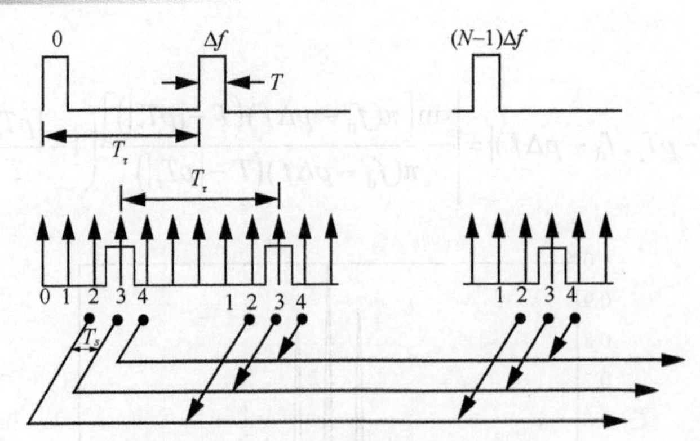

图 4-23　步进频率脉冲信号的回波采样示意（$T_s = T$，一个目标）

考虑静止点目标的情况（对于运动目标，经运动补偿后情况类似），设第 n 个脉冲的目标回波（忽略幅度）为

$$s_n(t) = s(t-\tau) = \exp\left[\mathrm{j}2\pi(f_0 + n\Delta f)(t-\tau)\right], \left|t-\tau-nT_\tau\right| \leqslant \frac{T}{2} \tag{4-79}$$

其中，τ 为目标时延。雷达回波经过混频和低通滤波后在 $t_n = nT_\tau + \tau$ 时刻，即目标所在距离单元的采样信号为

$$S(n) = \exp\left[-\mathrm{j}2\pi(f_0 + n\Delta f)\tau\right] = \exp(-\mathrm{j}2\pi f_0\tau)\exp(-\mathrm{j}2\pi n\Delta f\tau), n = 0,1,2,\cdots,N-1 \tag{4-80}$$

从式（4-80）可以看出，N 个发射脉冲的目标回波相当于一组傅里叶逆变换基，因此可以利用 IDFT 来实现相参处理，于是输出为

$$\begin{aligned} y(l) &= \sum_{n=0}^{N-1} S(n)\exp\left(\mathrm{j}\frac{2\pi}{N}nl\right) = \\ &\sum_{n=0}^{N-1}\exp(-\mathrm{j}2\pi f_0\tau)\exp(-\mathrm{j}2\pi n\Delta f\tau)\exp\left(\mathrm{j}\frac{2\pi}{N}nl\right) = \\ &\exp(-\mathrm{j}2\pi f_0\tau)\sum_{n=0}^{N-1}\exp\left[\mathrm{j}\frac{2\pi}{N}(l-N\Delta f\tau)n\right] = \\ &\frac{\sin\left[\pi(l-N\Delta f\tau)\right]}{\sin\left[\frac{\pi}{N}(l-N\Delta f\tau)\right]}\exp\left[\mathrm{j}\pi\frac{N-1}{N}(l-N\Delta f\tau) - \mathrm{j}2\pi f_0\tau\right] \end{aligned} \tag{4-81}$$

对式（4-81）取模值，得

$$|y(l)| = \left|\frac{\sin\left[\pi(l-N\Delta f\tau)\right]}{\sin\left[\frac{\pi}{N}(l-N\Delta f\tau)\right]}\right|, l = 0,1,2,\cdots,N-1 \tag{4-82}$$

可见，合成的结果是一个近似辛格函数形式的窄脉冲，中心区的最大值出现于 $N\Delta f\tau$ 处，主瓣宽度为 $1/(N\Delta f)$。显然，距离分辨率是单个脉冲测量时的 N 倍。在实际应用中为了降低响应的旁瓣，通常在 IDFT 之前进行加权处理。

4.5　二相编码信号

相位编码信号的相位调制是离散的有限状态，称为离散编码脉冲压缩信号，按照相移取值数目的不同，相位编码信号可以分为二相编码信号和多相编码信号。本节只介绍二相编码信号。

一般的相位编码信号的表达式可以写为

$$s(t)=u(t)\exp(\mathrm{j}2\pi f_0 t) \tag{4-83}$$

其中，f_0 是一个固定频率，复包络 $u(t)$ 的表达式为

$$u(t)=\frac{1}{\sqrt{P}}\sum_{i=0}^{P-1}u_s(t-iT)\exp\left[\mathrm{j}\varphi_i(t)\right] \tag{4-84}$$

其中，P 为码长，$\varphi_i(t)$ 为相位调制函数，$u_s(t)$ 为子脉冲包络。

$$u_s(t)=\frac{1}{\sqrt{T}}\mathrm{rect}\left(\frac{t-T/2}{T}\right) \tag{4-85}$$

其中，T 为子脉冲宽度。对于二相编码信号来说，$\varphi_i(t)$ 只有 0 和 π 两种取值，对应序列用 $c_i=1,-1$，那么二相编码信号的复包络函数可以写为

$$u(t)=\frac{1}{\sqrt{P}}\sum_{i=0}^{P-1}c_i u_s(t-iT), 0\leqslant t\leqslant PT \tag{4-86}$$

图 4-24 所示为二相编码信号的波形示意。

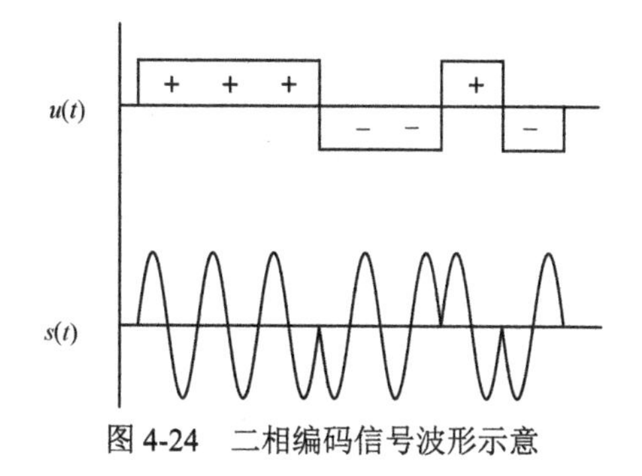

图 4-24　二相编码信号波形示意

4.5.1 二相编码信号的频谱特性

二相编码信号的频谱由信号的复包络决定，将式（4-86）改写为

$$u(t)=u_s(t)*\frac{1}{\sqrt{P}}\sum_{n=0}^{P-1}c_n\delta(t-nT)=u_s(t)*u_1(t) \tag{4-87}$$

其中，

$$u_1(t)=\frac{1}{\sqrt{P}}\sum_{n=0}^{P-1}c_n\delta(t-nT) \tag{4-88}$$

根据傅里叶变换的性质，可得

$$U(f)=U_s(f)U_1(f) \tag{4-89}$$

其中，

$$U_s(f)=\sqrt{T}\frac{\sin(\pi fT)}{\pi fT}\exp(-\mathrm{j}\pi fT) \tag{4-90}$$

$$U_1(f)=\frac{1}{\sqrt{P}}\sum_{n=0}^{P-1}c_n\exp(-\mathrm{j}2\pi fnT) \tag{4-91}$$

于是，能量谱为

$$|U(f)|^2=|U_s(f)|^2|U_1(f)|^2 \tag{4-92}$$

其中，

$$|U_s(f)|^2=T\left|\frac{\sin(\pi fT)}{\pi fT}\right|^2 \tag{4-93}$$

$$\begin{aligned}|U_1(f)|^2&=U_1(f)U_1^*(f)=\\&\left[\frac{1}{\sqrt{P}}\sum_{n_1=0}^{P-1}c_{n_1}\exp(-\mathrm{j}2\pi fn_1T)\right]\left[\frac{1}{\sqrt{P}}\sum_{n_2=0}^{P-1}c_{n_2}\exp(\mathrm{j}2\pi fn_2T)\right]=\\&\frac{1}{P}\left\{\sum_{\substack{n=0\\n_1=n_2=n}}^{P-1}c_n^2+\sum_{n_1=0}^{P-1}\sum_{\substack{n_2=0\\n_1\neq n_2}}^{P-1}c_{n_1}c_{n_2}\exp\left[-\mathrm{j}2\pi f(n_1-n_2)T\right]\right\}=\end{aligned}$$

$$
\frac{1}{P}\left[P+\sum_{m=-(P-1)}^{-1}\sum_{n_1=0}^{P-1-|m|}c_{n_1}c_{n_1-m}\exp(-\mathrm{j}2\pi fmT)+\sum_{m=1}^{P-1}\sum_{n_2=0}^{P-1-|m|}c_{n_2+m}c_{n_2}\exp(-\mathrm{j}2\pi fmT)\right]=
$$

$$
\frac{1}{P}\left[P+\sum_{m=1}^{P-1}\sum_{n_1=0}^{P-1-m}c_{n_1}c_{n_1+m}\exp(\mathrm{j}2\pi fmT)+\sum_{m=1}^{P-1}\sum_{n_2=0}^{P-1-m}c_{n_2+m}c_{n_2}\exp(-\mathrm{j}2\pi fmT)\right]=
$$

$$
\frac{1}{P}\left[P+2\sum_{m=1}^{P-1}\sum_{n=0}^{P-1-m}c_nc_{n+m}\cos(2\pi fmT)\right]=
$$

$$
1+\frac{2}{P}\sum_{m=1}^{P-1}X_b(m)\cos(2\pi fmT) \tag{4-94}
$$

其中，$m=n_1-n_2$，我们注意到，一般情况下二相伪随机序列的非周期自相关函数 $X_b(m)$ 仅在 $m=0$ 处有较大值，而 $m\neq 0$ 时值较小，即

$$
X_b(m)=\sum_{n=0}^{P-1-m}c_nc_{n+m}=\begin{cases}P, & m=0\\ a<<P, & m=1,\cdots,P-1\end{cases} \tag{4-95}
$$

由此可得

$$
|U(f)|=\left[|U_s(f)|^2|U_1(f)|^2\right]^{\frac{1}{2}}\approx|U_s(f)| \tag{4-96}
$$

式（4-96）表明二相编码信号的频谱主要取决于子脉冲的频谱，由此可知，信号的带宽与子脉冲带宽相近，即 $B=1/T$，信号的时宽带宽积 $D=PTB=P$。所以，采用较长的二相编码序列，就能得到大的脉冲压缩比。

4.5.2　二相编码信号的模糊函数

根据式（4-87），二相编码信号的模糊函数可以对简单矩形脉冲的模糊函数应用模糊函数的卷积性质（式（3-18）所示）得到

$$
\chi(\tau,f_{\mathrm{d}})=\chi_s(\tau,f_{\mathrm{d}})\overset{\tau}{*}\chi_1(\tau,f_{\mathrm{d}})=\sum_{m=-(P-1)}^{P-1}\chi_s(\tau-mT,f_{\mathrm{d}})\chi_1(mT,f_{\mathrm{d}}) \tag{4-97}
$$

其中，$\chi_s(\tau,f_{\mathrm{d}})$ 为子脉冲（矩形脉冲）的模糊函数，即

$$
\chi_s(\tau,f_{\mathrm{d}})=\exp(-\mathrm{j}\pi f_{\mathrm{d}}\tau)\frac{\sin\left[\pi f_{\mathrm{d}}(T-|\tau|)\right]}{\pi f_{\mathrm{d}}(T-|\tau|)}\left(1-\frac{|\tau|}{T}\right),\ |\tau|\leqslant T \tag{4-98}
$$

根据模糊函数定义，计算 $\chi_1(\tau,f_{\mathrm{d}})$ 得

$$
\begin{aligned}
\chi_1(\tau,f_{\rm d}) &= \int_{-\infty}^{+\infty} u_1(t)u_1^*(t+\tau)\exp(\mathrm{j}2\pi f_{\rm d}t)\mathrm{d}t = \\
&\frac{1}{P}\int_{-\infty}^{+\infty}\sum_{n=0}^{P-1}c_n\delta(t-nT)\sum_{n=0}^{P-1}c_n\delta(t+\tau-nT)\exp(\mathrm{j}2\pi f_{\rm d}t)\mathrm{d}t = \\
&\frac{1}{P}\sum_{n_1=0}^{P-1}\sum_{n_2=0}^{P-1}c_{n_1}c_{n_2}\int_{-\infty}^{+\infty}\delta(t-n_1T)\delta(t+\tau-n_2T)\exp(\mathrm{j}2\pi f_{\rm d}t)\mathrm{d}t = \\
&\frac{1}{P}\sum_{n_1=0}^{P-1}\sum_{n_2=0}^{P-1}c_{n_1}c_{n_2}\exp(\mathrm{j}2\pi f_{\rm d}n_1T)\int_{-\infty}^{+\infty}\delta(t)\delta\{t+\tau-(n_2-n_1)T\}\exp(\mathrm{j}2\pi f_{\rm d}t)\mathrm{d}t = \\
&\frac{1}{P}\sum_{n_1=0}^{P-1}\sum_{n_2=0}^{P-1}c_{n_1}c_{n_2}\exp(\mathrm{j}2\pi f_{\rm d}n_1T)\exp\{\mathrm{j}2\pi f_{\rm d}[\tau-(n_2-n_1)T]\}\delta[\tau-(n_2-n_1)T]
\end{aligned} \tag{4-99}
$$

对式（4-99）中 $m=n_2-n_1$ 各项求和，即将对 n_1、n_2 的双重求和转化为一次求和，则式（4-99）可进一步简化为

$$
\chi_1(mT,f_{\rm d})=\begin{cases}\dfrac{1}{P}\displaystyle\sum_{n=0}^{P-1-m}c_nc_{n+m}\exp(\mathrm{j}2\pi f_{\rm d}nT),\ 0\leqslant m\leqslant(P-1)\\[2ex]\dfrac{1}{P}\displaystyle\sum_{n=-m}^{P-1}c_nc_{n+m}\exp(\mathrm{j}2\pi f_{\rm d}nT),\ (1-P)\leqslant m\leqslant 0\end{cases} \tag{4-100}
$$

令 $f_{\rm d}=0$，得到距离模糊函数为

$$
|\chi_{\rm R}(\tau)|=|\chi(\tau,0)|=\left|\sum_{m=-(P-1)}^{P-1}\chi_s(\tau-mT,0)\chi_1(mT,0)\right| \tag{4-101}
$$

其中，

$$
\chi_s(\tau,0)=1-\frac{|\tau|}{T},\quad |\tau|\leqslant T \tag{4-102}
$$

显然，二相编码信号的距离模糊函数主要取决于二相序列的自相关函数，它是间隔为 $2T$ 的 $\chi_s(\tau,0)$ 串被 $\chi_1(m,0)$ 加权的结果。不同的二元序列的主峰是一样的，$\chi_1(0,0)=P$，具有相同的主瓣分辨率 $\Delta\tau_{\rm nr\_6\,dB}=T$，因此，不同的序列形式只能改变旁瓣。巴克（Barker）码序列具有理想的非周期自相关函数，即码长为 P 的巴克码的非周期自相关函数为

$$
\chi_1(m,0)=\sum_{n=0}^{P-1-|m|}c_nc_{n+m}=\begin{cases}P, & m=0\\ 0;\pm1, & m\neq 0\end{cases} \tag{4-103}
$$

也就是说，旁瓣最大电平为 1，是最佳的有限二相序列。目前找到了 7 种巴克码，见表 4-2[8]。

表 4-2　巴克码表

码标识	长度 P	序列$\{c_n\}$	自相关函数	主旁瓣比/dB
B_2	2	++;−+	2,1;2,−1	6.0
B_3	3	++−	3,0, −1	9.5
B_4	4	++−+;+++−	4, −1,0,1;4,1,0, −1	12.0
B_5	5	+++−+	5,0,1,0,1	14.0
B_7	7	+++−−+−	7,0, −1,0, −1,0, −1	16.9
B_{11}	11	+++−−−+−−+−	11,0, −1,0, −1,0, −1,0, −1,0, −1	20.8
B_{13}	13	+++++−−++−+−+	13,0,1,0,1,0,1,0,1,0,1,0,1	22.3

二相编码信号的速度模糊函数根据定义式（3-29），得

$$\left|\chi_{\mathrm{v}}(f_{\mathrm{d}})\right|=\left|\int_{-\infty}^{+\infty}\left|u(t)\right|^{2}\exp(\mathrm{j}2\pi f_{\mathrm{d}}t)\mathrm{d}t\right|=\left|\int_{0}^{PT}\exp(\mathrm{j}2\pi f_{\mathrm{d}}t)\mathrm{d}t\right|=\left|\frac{\sin(\pi f_{\mathrm{d}}PT)}{\pi f_{\mathrm{d}}PT}\right| \quad (4\text{-}104)$$

可见，二相编码信号与宽度为 PT 的单载频长脉冲信号具有相同的速度模糊函数，具有同样的多普勒分辨率 $\Delta f_{\mathrm{nr\_4\,dB}}=1/(PT)$。图 4-25 所示为 7 位巴克码的二相编码信号 B_7 的模糊函数示意，它在二维上具有“图钉”形态，图 4-26 和图 4-27 所示为二相编码信号 B_7 的距离模糊函数和速度模糊函数。巴克码虽然具有良好的非周期自相关函数（如图 4-26 所示），但是长度有限，压缩比不足。如果通过扩展增加码元个数提高压缩比，则旁瓣抬升，需要采用旁瓣抑制技术。

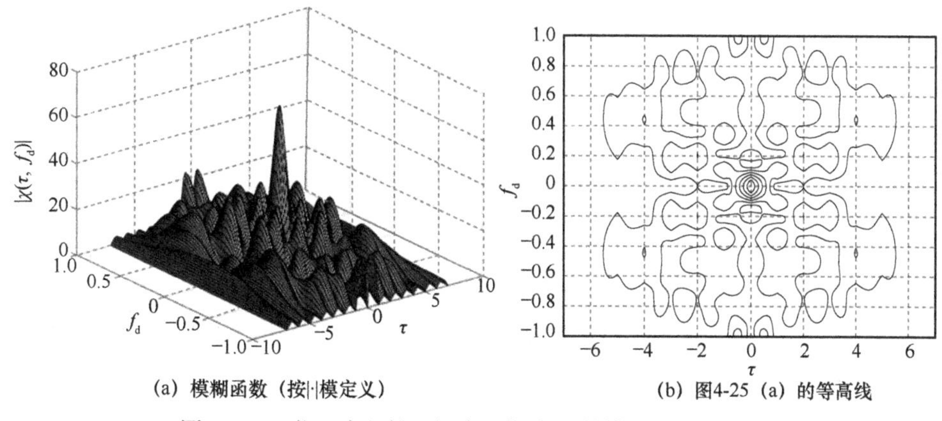

(a) 模糊函数（按|·|模定义）　(b) 图4-25（a）的等高线

图 4-25　7 位巴克码的二相编码信号 B_7 的模糊函数示意

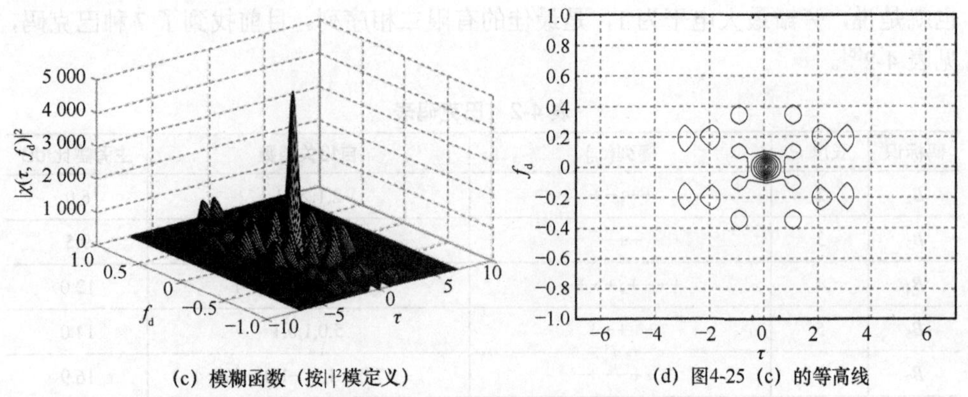

(c) 模糊函数（按$|\cdot|^2$模定义）　　(d) 图4-25（c）的等高线

图 4-25　7 位巴克码的二相编码信号 B_7 的模糊函数示意（续）

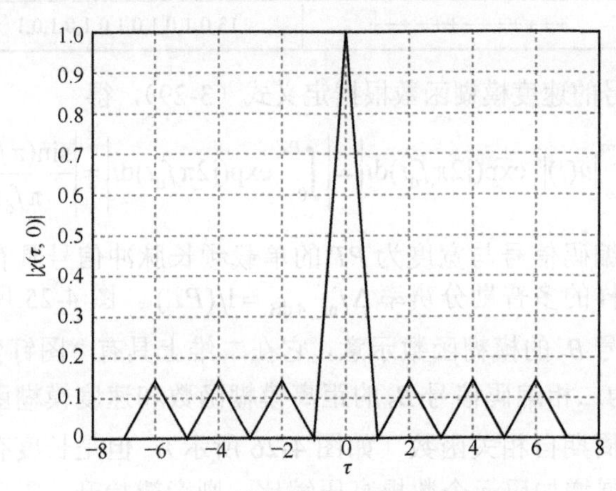

图 4-26　二相编码信号 B_7 的距离模糊函数

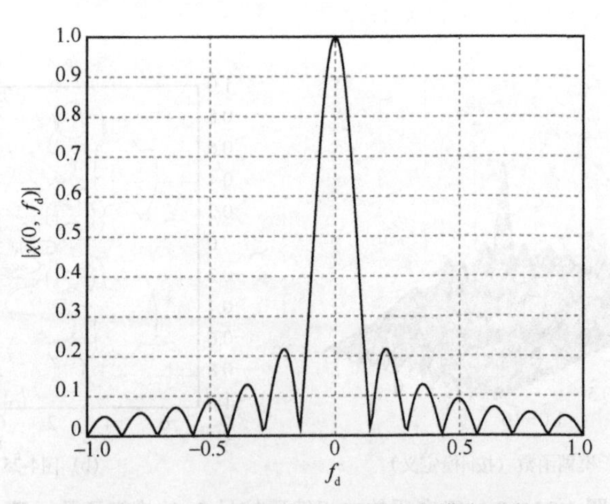

图 4-27　二相编码信号 B_7 的速度模糊函数

4.5.3　二相编码信号的处理方法

根据匹配滤波理论，滤波器的传递函数为

$$H(f)=U^*(f)\exp(-\mathrm{j}2\pi ft_0)=U_s^*(f)U_1^*(f)\exp(-\mathrm{j}2\pi ft_0)= \\ U_s^*(f)\left[\frac{1}{\sqrt{P}}\sum_{n=0}^{P-1}c_n\exp(\mathrm{j}2\pi fnT)\right]\exp(-\mathrm{j}2\pi ft_0) \tag{4-105}$$

令 $t_0=(P-1)T$，得

$$H(f)=U_s^*(f)\frac{1}{\sqrt{P}}\sum_{n=0}^{P-1}c_n\exp[-\mathrm{j}2\pi f(P-1-n)T]=\frac{1}{\sqrt{P}}U_s^*(f)\sum_{n=0}^{P-1}c_{P-1-n}\exp(-\mathrm{j}2\pi fnT) \tag{4-106}$$

如果把 c_{P-1-n} 看成加权因子，则式（4-106）是一个具有加权系数的 $P-1$ 节抽头延迟线求和网络的频率特性。因此，二相编码信号的匹配滤波器实际上就是子脉冲匹配滤波器与抽头加权延迟线求和网络的级联，二相编码信号匹配器组成示意如图 4-28 所示。

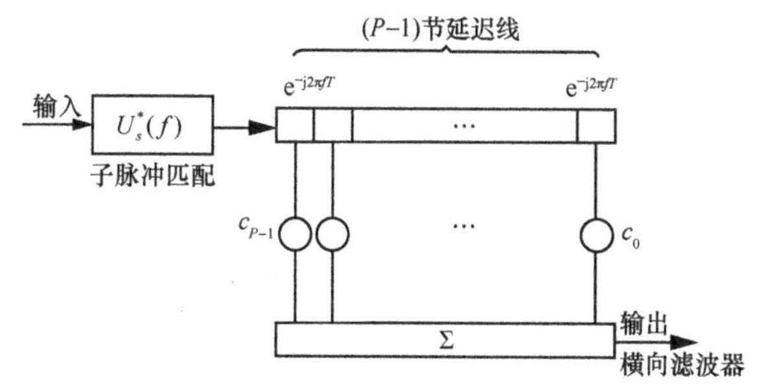

图 4-28　二相编码信号匹配器组成示意

二相编码信号的模糊函数接近一个图钉形，这决定了它属于多普勒敏感信号，即当不存在多普勒频移时，输出为理想的自相关函数，在相对时延为零处具有高峰值，而其他处的旁瓣较小。目标运动存在多普勒频移时，回波信号匹配滤波时会出现失配问题，主峰展宽并降低，旁瓣升高，从而影响了距离分辨率。二相编码信号的多普勒容限由脉冲压缩比 D（即码长 P 和子码宽度 T）决定，编码越长，子码越宽，多普勒容限越低，一般要求 $f_{\mathrm{dmax}} \ll (4PT)^{-1}$。因此，二相编码信号主要应用于目标多普勒变化范围较小的情况。

4.6　MATLAB 程序清单

本节给出本章中用于产生模糊函数的 MATLAB 程序。

程序清单 4.1

线性调频脉冲信号模糊函数的 MATLAB 仿真代码如下。

```
close all;
clear all;
% 设置参数
T=2;
ktau=1.0;
kfd=10;
dtau=0.05;
dfd=0.05;
B=2;
k_lfm=B/T;
% 时延-多普勒的取值范围
taumax=ktau*T;
taumin=-taumax;
taux=taumin:dtau:taumax;
n_tau=length(taux);
fdmax=kfd/T;
fdmin=-fdmax;
fdy=fdmin:dfd:fdmax;
n_fd=length(fdy);
% 计算线性调频脉冲信号的模糊函数
i=0;
for tau=taux
    i=i+1;
    j=0;
    for fd=fdy
        j=j+1;
        val1=1.0-abs(tau)/T;
        val2=pi*T*(1.0-abs(tau)/T)*(fd-k_lfm*tau);
        x(j,i)=val1*sin(val2+eps)/(val2+eps);
    end
end
% 绘制线性调频脉冲信号的模糊函数
figure;
```

```
mesh(taux,fdy,abs(x));
xlabel('$\tau$','interpreter','latex')
ylabel('$f_d$','interpreter','latex')
zlabel('$\left| {\chi \left( {\tau ,{f_d}} \right)} \right|$',
'interpreter','latex')
colormap([.5 .5 .5])
colormap(gray)
figure;
contour(taux,fdy,abs(x));
xlabel('$\tau$','interpreter','latex')
ylabel('$f_d$','interpreter','latex')
colormap([.5 .5 .5])
colormap(gray)
grid
```

程序清单 4.2

均匀脉冲串信号模糊函数的 MATLAB 仿真代码如下。

```
close all;
clear all;
% 设置参数
T=0.15;
N=5;
Ttau=T*3.6;
kfd=1;
dtau=0.05;
dfd=0.05;
% 多普勒的取值范围
kfd=1;
fdmax=kfd/T;
fdmax=fdmax*2;
fdmin=-fdmax;
fdy=fdmin:dfd:fdmax;
% 计算均匀脉冲串信号的模糊函数
gap=Ttau-2.*T;
ii=0;
for m=-(N-1):1:N-1
```

```
    tau0=m*Ttau-T;
    index=-1;
    for tau1=tau0:dtau:tau0+gap+2*T-dtau
        index=index+1;
        tau=-T+index*dtau;
        ii=ii+1;
        j=0;
        for fd=fdy
            j=j+1;
            if(abs(tau)<=T)
                val1=1-abs(tau)/T;
                val2=pi*T*fd*(1.0-abs(tau)/T);
                val3=val1*sin(val2+eps)/(val2+eps);
                val4=(sin(pi*fd*(N-abs(m))*Ttau+eps))
                val4= val4/(sin(pi*fd*Ttau+eps));
                x(j,ii)=val3*val4/N;
            else
                x(j,ii)=0;
            end
        end
    end
end
% 绘制均匀脉冲串信号的模糊函数
taux=[];
for m=-(N-1):1:N-1
    tau0=m*Ttau-T;
    taux=[taux tau0:dtau:tau0+gap+2*T-dtau];
end
figure;
mesh(taux,fdy,abs(x));
xlabel('$\tau$','interpreter','latex')
ylabel('$f_d$','interpreter','latex')
zlabel('$\left| {\chi \left( {\tau,{f_d}}\right)}\right|$',
'interpreter','latex')
colormap([.5 .5 .5])
```

```
colormap(gray)
figure;
contour(taux,fdy,abs(x));
xlabel('$\tau$','interpreter','latex')
ylabel('$f_d$','interpreter','latex')
colormap([.5 .5 .5])
colormap(gray)
grid
```

程序清单 4.3

步进频率信号模糊函数的 MATLAB 仿真代码如下。

```
close all;
clear all;
% 设置参数
T=0.15;
N=5;
Ttau=T*3.6;
kfd=1;
dtau=0.05;
dfd=0.05;
Df=1/T;
% 多普勒的取值范围
kfd=1;
fdmax=kfd/T;
fdmax=fdmax*2;
fdmin=-fdmax;
fdy=fdmin:dfd:fdmax;
% 计算步进频率信号的模糊函数
gap=Ttau-2.*T;
ii=0;
for m=-(N-1):1:N-1
    tau0=m*Ttau-T;
    index=-1;
    for tau1=tau0:dtau:tau0+gap+2*T-dtau
        index=index+1;
        tau=-T+index*dtau;
```

```
        ii=ii+1;
        j=0;
        for fd=fdy
            j=j+1;
            if(abs(tau)<=T)
                val1=1-abs(tau)/T;
                val2=pi*T*(fd-m*Df)*(1.0-abs(tau)/T);
                val3=val1*sin(val2+eps)/(val2+eps)
                val4=sin(pi*(N-abs(m))*((fd-m*Df)*Ttau-Df*tau1+eps)) ;
                val4= val4/sin(pi*((fd-m*Df)*Ttau-Df*tau1+eps));
                x(j,ii)=val3*val4/N;
            else
                x(j,ii)=0;
            end
        end
    end
end
% 绘制步进频率信号的模糊函数
[n_fd,n_tau]=size(x);
taux=[];
for m=-(N-1):1:N-1
    tau0=m*Ttau-T;
    taux=[taux tau0:dtau:tau0+gap+2*T-dtau];
end
figure;
mesh(taux,fdy,abs(x));
xlabel('$\tau$','interpreter','latex')
ylabel('$f_d$','interpreter','latex')
zlabel('$\left| {\chi\left( {\tau,{f_d}}\right)}\right|$',
'interpreter','latex')
colormap([.5 .5 .5])
colormap(gray)
figure;
contour(taux,fdy,abs(x));
xlabel('$\tau$','interpreter','latex')
```

```
ylabel('$f_d$','interpreter','latex')
colormap([.5 .5 .5])
colormap(gray)
grid
```

程序清单 4.4

二相编码信号模糊函数的 MATLAB 仿真代码如下。

```
close all;
clear all;
% 二相编码信号
T=1;
Br=1/T;
fs=Br*10;
dt=1/fs;
n=round(T/2/dt)*2;
st0(1:n)=1/sqrt(T)*ones(1,n);
t=(0:n-1)*dt;
sig=[];
P=7;
cfi=[1,1,1, -1, -1,1, -1];
for ii=1:P
   sti(1:n)=st0(1:n).*cfi(ii);
   sig=[sig sti ];
end
% 设置参数
ktau=P;
kfd=1;
dtau=dt;
dfd=0.01;
% 时延-多普勒的取值范围
taumax=ktau*T;
taumin=-taumax;
taux=taumin:dtau:taumax;
n_tau=length(taux);
fdmax=kfd/T;
fdmin=-fdmax;
```

```
fdy=fdmin:dfd:fdmax;
n_fd=length(fdy);
% 计算二相编码信号的模糊函数
j=0;
sigfft=fft(sig,n_tau);
for fd=fdy
    j=j+1;
    val1=exp(1i*2*pi*fd*taux);
    val2=[sig zeros(1,n_tau-n*P)];
    val3=fft(val1.*val2);
    x(j,:)=fftshift(ifft(sigfft.*conj(val3)));
end
% 绘制二相编码信号的模糊函数
figure;
mesh(taux,fdy,abs(x));
xlabel('$\tau$','interpreter','latex')
ylabel('$f_d$','interpreter','latex')
zlabel('$\left| {\chi\left( {\tau, {f_d}}\right)}\right|$',
'interpreter','latex')
colormap([.5 .5 .5])
colormap(gray)
figure;
contour(taux,fdy,abs(x));
xlabel('$\tau$','interpreter','latex')
ylabel('$f_d$','interpreter','latex')
colormap([.5 .5 .5])
colormap(gray)
grid
```

参考文献

[1] 陈伯孝. 现代雷达系统分析与设计[M]. 西安: 西安电子科技大学出版社, 2012.

[2] RIHACZEK A W. Principles of high-resolution radar[M]. New York: McGraw-Hill, 1969.

[3] MARK A R. 雷达信号处理基础[M]. 邢孟道, 王彤, 李真芳, 等, 译. 北京: 电子工业出版社, 2008.

[4] LEVANON N, MOZESON E. Radar signals[M]. New York: Wiley Interscience, 2004.

[5] MAHAFZA B R, ELSHERBENI A Z. 雷达系统设计 MATLAB 仿真[M]. 朱国富, 黄晓涛, 黎向阳, 等, 译. 北京: 电子工业出版社, 2009.
[6] 朱晓华. 雷达信号分析与处理[M]. 北京: 国防工业出版社, 2011.
[7] 位寅生. 雷达信号理论与应用（基础篇）[M]. 哈尔滨: 哈尔滨工业大学出版社, 2011.
[8] BASSEM R M. 雷达系统分析与设计（MATLAB 版）（第二版）[M]. 陈志杰, 罗群, 沈齐, 译. 北京: 电子工业出版社, 2008.

第 5 章 脉冲多普勒雷达波形

本章简要说明脉冲多普勒雷达和多普勒效应的基本概念，着重指出脉冲重复频率（Pulse Recurrence Frenquency，PRF）是脉冲多普勒雷达最重要的参数，对系统性能有着至关重要的影响，是系统分类的依据。对低脉冲重复频率（低PRF）、高脉冲重复频率（高 PRF）和中脉冲重复频率（中 PRF）3 种模式下的主要影响因素，例如杂波、盲区、遮蔽等细节，以及相应的信号处理方法进行了讨论。

5.1 脉冲多普勒雷达概述

雷达（Radar）的名字本身就暗示了它最重要的基本特性：能够测量目标距离。由于射频信号如同电磁频谱上所有其他波段信号一样以光速进行传播，那么目标距离就可以通过测量射频脉冲的发射时刻和随后目标回波的接收时刻之间的时延来获得，因此脉冲雷达与测距是紧密联系在一起的。

早期普通的脉冲雷达是非相参系统的，当在与目标相等距离上存在着大量干扰物体（地物和海浪、云雨以及金属箔条等）的反射波时，微弱的目标回波会淹没其中，从而使雷达失效。

雷达工程师们很快地想到了相参技术，这是一个在声学、光学中早已为人们熟知的物理概念，此刻却为雷达技术带来了生机。当用时间差无法区分目标与背景干扰时，用速度差可轻易地把它们区分开来。脉冲多普勒（Pulse Doppler，PD）雷达，是一种先进的全相参体制的脉冲雷达，将多普勒测量技术与脉冲雷达结合，它的基本思想是利用多普勒效应在杂波环境中提取较小的目标。对于地基雷达而言，任何相对运动都是由雷达目标的运动而产生的，将地面杂波与运动目标进行区分相对容易。对于机载雷达而言，情况有所不同。这种相对运动也许是目标的运动，也许是雷达的运动，或者是两种运动兼而有之。这就使得从地面杂波中分离出目标回波变得非常困难，雷达只能基于这些多普勒频移的差别来进行区别。

关于 PD 雷达的定义，1970 年 Skolnik[1]曾以 3 个特征进行描述：① 具有足够高的脉冲重复频率（PRF），以致不论杂波还是所观测的目标都没有速度模糊；② 能实现对脉冲串频谱单根谱线的多普勒滤波，即频域滤波；③ 由于 PRF 很高，通常对所观测的目标产生距离模糊。上述定义仅适用于高 PRF 的 PD 雷达，随着 PD 雷达技术的发展，对 PD 雷达的定义有所延伸。一些 PD 雷达的设计允许其工作在低 PRF、中 PRF、高 PRF 上来满足不同的需要。根据《IEEE Standard for Radar Definitions》，多普勒雷达是指利用多普勒效应，对目标相对于雷达的径向速度分量进行测定，或对具有特定径向速度的目标进行提取的雷达。如果该雷达发射的是脉冲信号，就称其为脉冲多普勒雷达。

PD 雷达能够在大范围内提供对目标距离和速度两者的直接测量，甚至在面对强杂波和存在箔条干扰或者其他干扰的情况下也是如此。对于雷达而言，对时延的测量就相当于距离测量，而对多普勒频移的测量相当于速度测量。因此，一定要同时在时域和频域内考虑对所用波形的合理设计。然而，在各种波形参数之间存在着复杂的相互影响，尤其当涉及雷达脉冲重复频率的选择时，测距和测速的要求时常是相互冲突的。因此，对 PD 雷达的研究无法摆脱关于波形设计的各种问题及其相关的处理方法，同时还要关注目标场景和雷达环境[2]。

5.2　多普勒效应

理解 PD 雷达工作过程的关键之一就是充分理解多普勒效应，本节研究多普勒频移，分析影响多普勒频率的因素。

多普勒效应是指由一个运动的物体对辐射波、反射波或者接收波产生的频率移动。物体的速度越快，其所产生的压缩或扩展的效果就越明显。对于雷达而言，多普勒频移是由雷达和反射雷达无线电波的物体的相对运动而产生的。如果雷达与反射物体间的距离缩短，无线电波被压缩，其波长就缩短，而其频率则增加；如果距离增大，效果正好相反。

雷达与目标之间的相对速度产生多普勒效应示意如图 5-1 所示，在一个二维平面上考虑多普勒效应，假设单基地雷达观测范围内有一个运动目标。观测到的多普勒频移正比于速度在雷达方向的分量，这一分量称为径向速度。如果目标的速度为 v，速度矢量与雷达视线方向的夹角为 ϕ，则径向速度为 $v_r = v\cos\phi$。当目标速度与雷达视线相垂直时，径向速度为零；当目标朝向雷达或者背离雷达时，径向速度最大。雷达接收回波信号的频率 f_r 与发射信号的频率 f_t 之间的关系为

$$f_{\mathrm{r}}=\left(\frac{1-\dfrac{v_{\mathrm{r}}}{c}}{1+\dfrac{v_{\mathrm{r}}}{c}}\right)f_{\mathrm{t}} \tag{5-1}$$

可见，接近雷达的目标，接收频率会上升；远离雷达的目标，接收频率会下降。

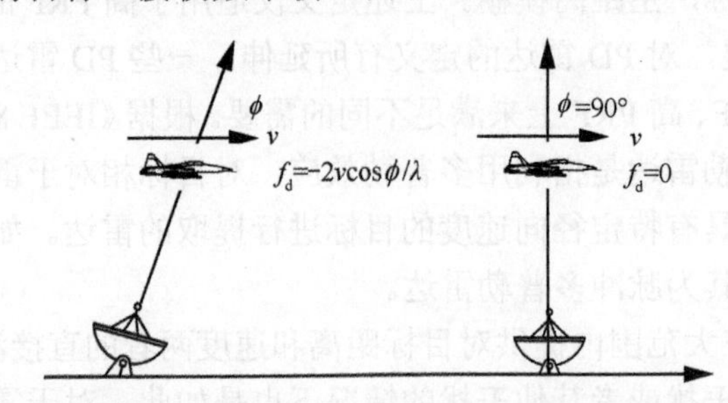

图 5-1　雷达与目标之间的相对速度产生多普勒效应示意

由于实际中的目标速度远远小于光速，因此可以对式（5-1）进行简化，展开成一个二项式函数

$$f_{\mathrm{r}}=\left(1-\frac{v_{\mathrm{r}}}{c}\right)\left[1-\left(\frac{v_{\mathrm{r}}}{c}\right)+\left(\frac{v_{\mathrm{r}}}{c}\right)^2+\cdots\right]f_{\mathrm{t}}=\left[1-2\left(\frac{v_{\mathrm{r}}}{c}\right)+2\left(\frac{v_{\mathrm{r}}}{c}\right)^2+\cdots\right]f_{\mathrm{t}} \tag{5-2}$$

忽略二次及以上高次项，得到

$$f_{\mathrm{r}}=\left[1-2\left(\frac{v_{\mathrm{r}}}{c}\right)\right]f_{\mathrm{t}} \tag{5-3}$$

发射和接收频率之差称为多普勒频率或者多普勒频移，得

$$f_{\mathrm{d}}=-2\left(\frac{v_{\mathrm{r}}}{c}\right)f_{\mathrm{t}}=-\frac{2v_{\mathrm{r}}}{\lambda} \tag{5-4}$$

其中，λ 为波长。从中可见多普勒频移与载波频率成正比，与波长成反比，给定目标速度时，载波频率越高，多普勒频移越大，即使用更高的载波频率增强了多普勒频移对目标速度的敏感性。式（5-4）是雷达中常用的估计多普勒频率的计算式，其符号由目标是靠近还是远离雷达决定。多普勒频率相对于载频是很小的 $f_{\mathrm{d}}/f_{\mathrm{t}}=2v_{\mathrm{r}}/c$，这个比值与载频无关，取决于目标速度。举例来说，一个速度为 60 m/s 的运动目标，多普勒频率占载频比值为 0.000 04%，对于一个 X 波段（10 GHz）的雷达，所得的多普勒频率为 4 kHz，这样的多普勒频率太小，以至于在单个脉冲的回波中是难以测出来的。

大多数雷达是通过测量多个脉冲重复间隔（PRI）的相位偏移来完成任务的。只要目标以同样的方式连续运动，连续脉冲回波的相位差就会保持不变。该相位差是波长、PRF 和目标相对速度的函数。对于雷达系统而言，波长和 PRF 是已知的，所以可以根据多个脉冲回波之间相位差测量目标的相对速度。这个相应数目脉冲重复间隔上的持续时间被称为相参处理间隔（CPI），在 CPI 内，雷达连续发射的脉冲之间必须具有明确固定的相位关系。如果连续发射的脉冲之间的相位差是随机的，那么叠加到相应目标回波上的相移也是随机的，于是无法测量由目标运动引起的相位差。类似地，在脉冲回波信号通过接收机的过程中，它们之间也必须保持明确固定的相位关系。因此，在发射和接收过程中的相位相参性是成功实现 PD 雷达的必要条件。

由于采用脉冲串波形，多普勒频率可能发生模糊，即多普勒频率的大小可能超出了 PRF 决定的不模糊区。从式（5-4）可见，多普勒频率模糊是否严重，不仅取决于 PRF（用 f_τ 表示），而且也取决于波长和可能的目标最大速度。当多普勒频率范围是 $(-f_\tau/2, f_\tau/2)$ 时，如果 $|f_\mathrm{d}| \geqslant f_\tau/2$，那么将出现模糊。此时，最大不模糊多普勒频率为

$$f_{\mathrm{d\_mu}} = \pm\frac{f_\tau}{2} \tag{5-5}$$

最大不模糊速度为

$$v_{\mathrm{r\_mu}} = \pm\frac{\lambda f_\tau}{4} \tag{5-6}$$

对于 PD 雷达来说，没有什么参数比 PRF 更为重要。如果其他条件不变，PRF 决定了观测距离和多普勒频率的模糊程度，而模糊程度不仅决定雷达直接测量距离和速度的能力，还决定雷达对杂波的抑制能力。因为 PRF 的选择对性能有极大的影响，所以 PD 雷达通常根据它们的 PRF 进行分类。考虑到不模糊距离区和不模糊多普勒频率区几乎完全不能兼顾，因而 PRF 被分成 3 种基本类型：高 PRF、中 PRF 和低 PRF[3-4]。PRF 的 3 种基本类型不是根据 PRF 本身数值的大小定义的，而是根据该 PRF 是否使观测距离和（或）观测多普勒频率模糊而定的，PRF 分类见表 5-1，雷达的高 PRF、中 PRF 和低 PRF 模式示意如图 5-2 所示。下面是一组广泛使用而又相互一致的定义。

- 高 PRF 是对所有重要目标的观测多普勒频率均不模糊的 PRF。
- 低 PRF 是雷达的最大作用距离设计在一次距离区（最远可探测的回波必须是一次回波）内的 PRF。超过这个区域不存在回波，距离不模糊。
- 中 PRF 是上述两个条件均不满足时的 PRF，即距离和多普勒频率都模糊。

表 5-1　PRF 分类

PRF	距离	多普勒
高	模糊	不模糊
中	模糊	模糊
低	不模糊	模糊

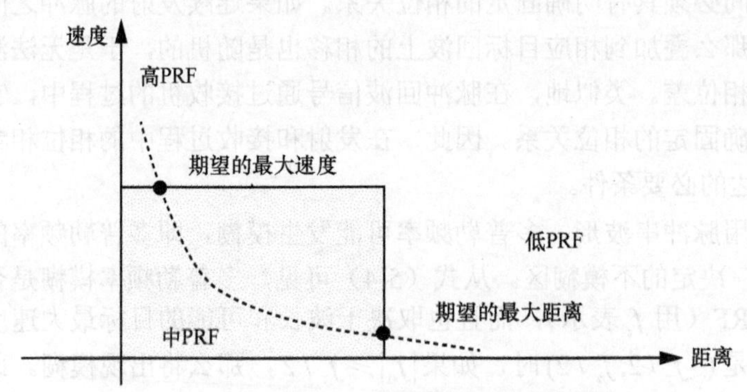

图 5-2　雷达的高 PRF、中 PRF 和低 PRF 模式示意

雷达发展的历史和应用的过程已经证明，这种分类是极其有用的。在任何一种 PRF 分类中改变 PRF 的大小并不会从根本上影响雷达的设计，但是若改变 PRF 的大小使其从一种分类改变为另一种分类，则会从根本上影响雷达信号处理的要求，影响雷达的性能，具体细节将在本章后文中逐步说明。

5.3　低 PRF 脉冲多普勒雷达波形

脉冲雷达需要发射一连串的射频脉冲，在发射脉冲期间使用电子开关可将接收机与任何输入信号隔离开，脉冲一旦发射完毕，电子开关就打开接收通道。每秒发射的脉冲个数就是雷达的 PRF，它的倒数是 PRI（$T_\tau = 1/f_\tau$）。发射脉冲信号的时间与整个发射周期的比值被定义为占空比（Duty Cycle 或 Duty Ratio），即

$$D_\tau = \frac{T}{T_\tau} \tag{5-7}$$

从能量守恒的角度，可以得到信号的平均功率。一个脉冲的能量由脉冲峰值功率与脉宽的乘积给出。该能量同样也是平均功率与 PRI 的乘积，因此有

$$E_T = P_{pk}T = P_{av}T_\tau \tag{5-8}$$

于是

$$P_{\mathrm{av}} = P_{\mathrm{pk}} \frac{T}{T_{\tau}} = P_{\mathrm{pk}} D_{\mathrm{r}} \tag{5-9}$$

可见，如果要达到同样的平均功率，低 PRF 模式的峰值功率要求更高。

如果接收到的回波的时延为τ，带有回波的脉冲时序图如图 5-3 所示，那么距离可以根据下式得到

$$R = \frac{c\tau}{2} \tag{5-10}$$

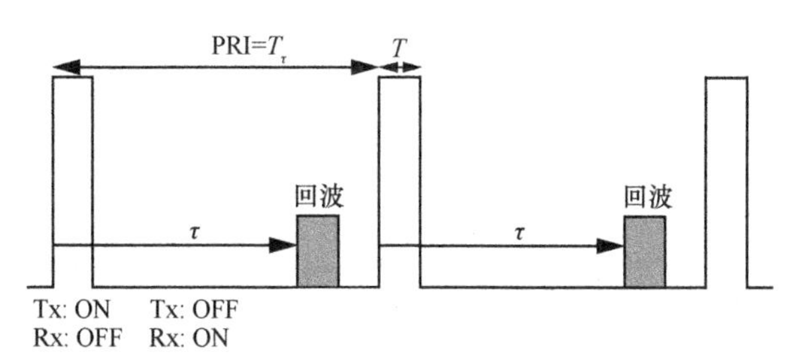

图 5-3　带有回波的脉冲时序图

值得注意的是，由于波形的周期性，反复出现的现象是每一个接收周期均包括一个目标回波。如果所有目标的回波都落在第一个接收周期（$\tau < T_{\tau}$）内，那么就能不模糊地确定目标距离。此时，所有目标的回波都被称为一次回波。如果回波落在第二个接收周期内，它被称为二次回波。类似地，还可能有三次、四次、五次等高次回波。如果二次以上回波被检测到，那么目标的距离就是模糊的。因此，距离模糊问题是可能存在的，距离模糊示意如图 5-4 所示。

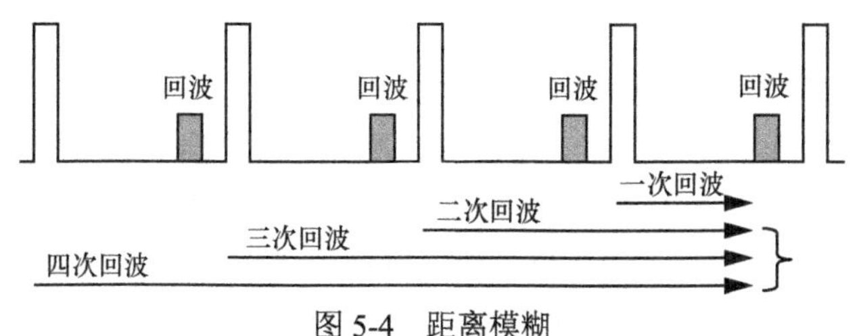

图 5-4　距离模糊

如果所有目标都只有一次回波，那么距离模糊就可以避免。在避免距离模糊的前提下可接受的最大时延极限为$\tau = T_{\tau}$，那么最大不模糊距离有

$$R_{\mathrm{mu}} = \frac{cT_{\tau}}{2} = \frac{c}{2f_{\tau}} \tag{5-11}$$

显然，脉冲重复频率越低，最大不模糊距离就越大。低 PRF 雷达的简单界定是 PRF 足够低到避免距离模糊的雷达，即距离不发生模糊时的 PRF 为低 PRF。可惜，在这样的 PRF 下，除非波长相对很长，以及目标速度比较低，否则所观测的多普勒频率是严重模糊的。

低 PRF 脉冲串波形的模糊函数示意如图 5-5 所示，其由一连串的常规单脉冲响应组成。使用低 PRF 波形很可能发生多普勒频率波形的欠采样，使得在速度（多普勒）方向上发生多次响应的重复，导致速度模糊。图 5-5 是一种显示和评价脉冲波形在速度域和距离域中产生模糊轻重程度的有用的方式。在本节将研究低 PRF 的工作，描述目标回波与地杂波的表现以及怎样进行信号处理。

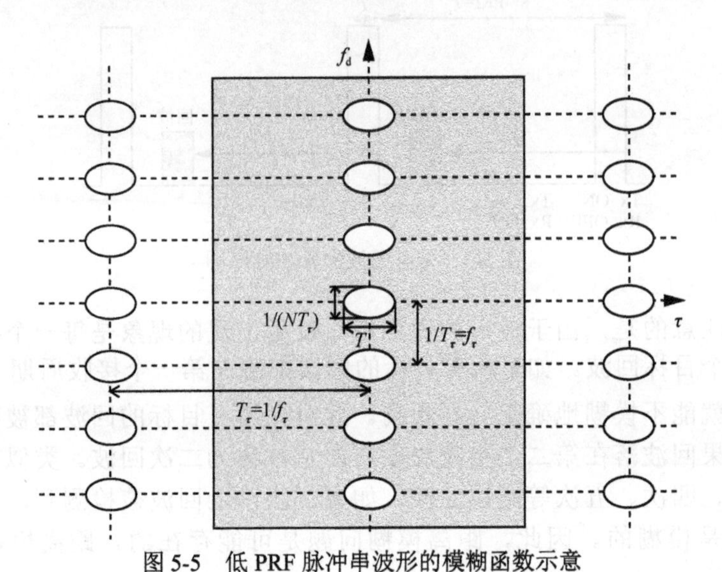

图 5-5 低 PRF 脉冲串波形的模糊函数示意

5.3.1 目标和杂波间的差别

考虑在典型机载雷达情况下用低 PRF 时观察到的距离剖面和多普勒剖面。地基系统可以看作机载系统的一种特殊情况，此时平台的运动速度和高度均为零[5]。图 5-6 所示为低 PRF 雷达的距离剖面，在一次距离区，观测距离是真实距离。高度回波、旁瓣杂波（Side-Lobe Clutter，SLC）和主瓣杂波（Main-Lobe Clutter，MLC）都清晰可辨。小于飞机高度的距离没有回波，在飞机正下方地区的回波叫作“高度回波”。天线主波束通常位于水平线几度之内，因此垂直方向的天线增益很低。高度回波幅度值大是由于入射波与地面接近垂直和距离近。天线主波束照射的地面回波具有天线图发射路径和接收路径的双重增益。旁瓣杂波区从高度线一直延伸到主瓣杂波区。旁瓣杂波幅度的下降是由于距离增大和入射角减小。

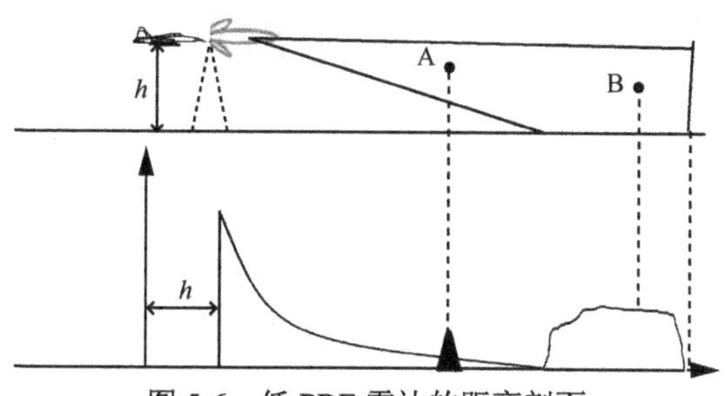

图 5-6　低 PRF 雷达的距离剖面

将重频和杂波同时考虑，低 PRF 雷达的距离域杂波响应如图 5-7 所示。图 5-7 表明杂波的距离特征在每个连续的周期内重复，而没有出现模糊。因为在目标 A 所在距离上主瓣波束未接触到地面，目标 A 处的回波在检测时只需要与旁瓣回波抗衡，通常目标回波比目标所在距离处返回的旁瓣杂波强，因此只基于幅度处理也可以检测到。然而，来自目标 B 处的回波则必须要与主瓣杂波抗衡，从目标所在距离处返回的主瓣杂波一般比目标回波强得多，为了区别目标 B 处的回波和同时收到的主瓣杂波，必须寻找它们在多普勒上的差异，通常需要进行多普勒处理。

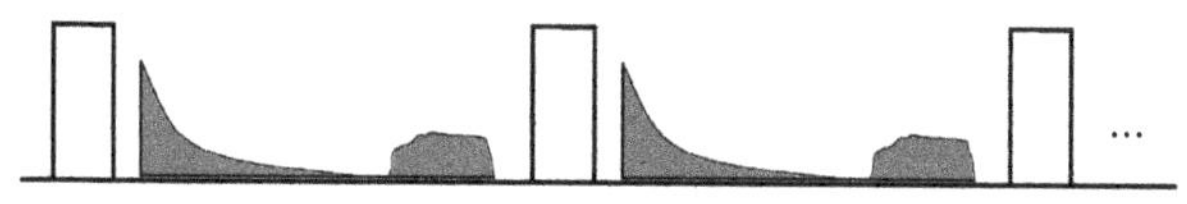

图 5-7　低 PRF 雷达的距离域杂波响应

从不同距离单元来的回波，可能具有完全不同的多普勒剖面。目标 A 所在距离单元上的多普勒剖面如图 5-8（a）所示，目标 A 所在的距离上接收不到主瓣杂波，旁瓣杂波和目标回波来自同一距离，目标回波强于旁瓣杂波，所以不论其多普勒频率是多少，都可以清晰地显示出来。目标 B 所在距离单元上的多普勒剖面如图 5-8（b）所示，该剖面最突出的特点是主瓣杂波谱以等于 PRF 的间隔发生周期性重复。虽然主瓣杂波可能很宽，但通常称它们为“谱线”，或者“PRF 谱线”。在谱线之间可以看到背景噪声和目标 B，注意，目标 B 与 PRF 谱线如果进一步接近，它可能被主瓣杂波掩盖。此外，低 PRF 模式下杂波谱覆盖了较宽的频带，加大无杂波区范围的方法就是加大 PRF（即中 PRF 模式）。

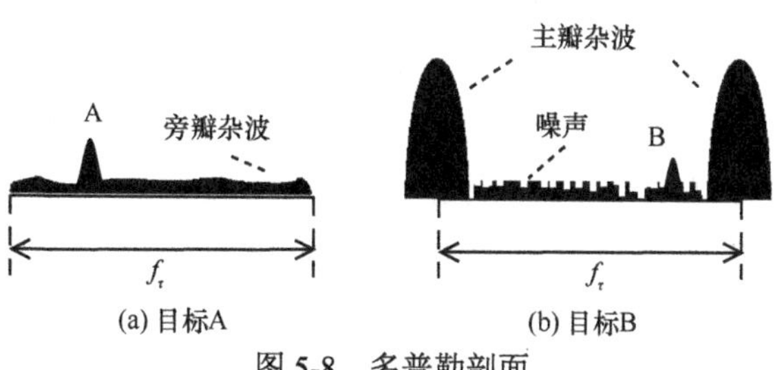

图 5-8　多普勒剖面

5.3.2　低 PRF PD 雷达信号处理

采用多普勒滤波的低 PRF 雷达信号处理如图 5-9 所示，接收机的中频输出被送到同步检波器，同步检波器将中频信号变成视频信号。送到同步检波器的基准信号频率可使得主瓣杂波的中心谱线置于零频率（直流）。模数（A/D）变换器对视频信号进行采样，输出是代表不同距离单元的数据流。这个距离单元上的数据通过各自的杂波对消器，为了减少残留在杂波对消器输出端的主瓣杂波，各个杂波对消器输出在多普勒滤波器组中被积累，滤波器组可以用 FFT 实现。对滤波器的输出进行幅度检波，之后可能需要某些检波后积累，最后进行门限检测。本节主要说明杂波对消器和多普勒滤波的工作原理，它们是重要的 PD 雷达技术。

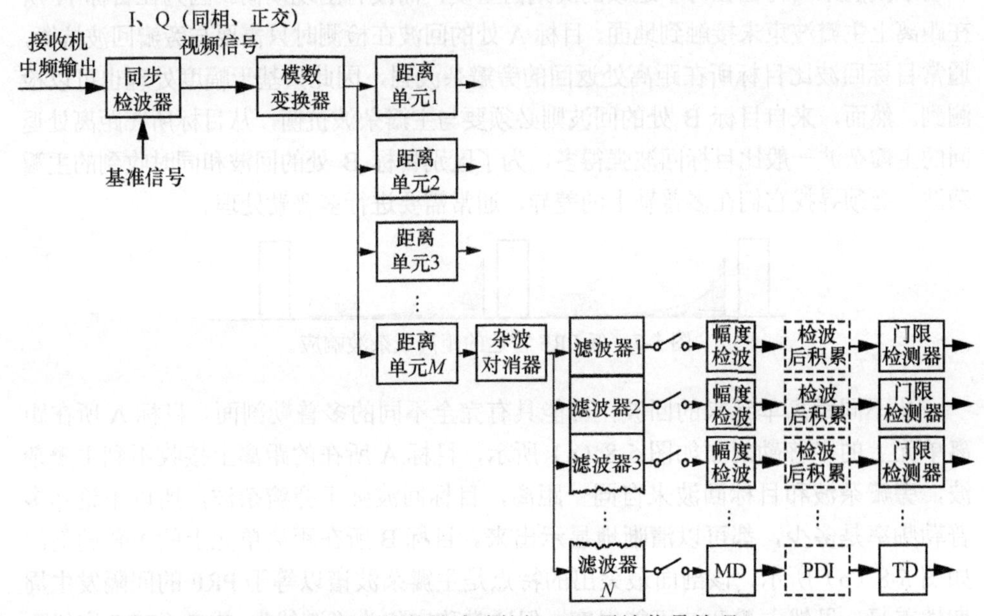

图 5-9　采用多普勒滤波的低 PRF 雷达信号处理

1. 杂波对消器

杂波对消器的最初应用是地基雷达的 MTI 处理，它的使用不仅限于低 PRF 系统，在高 PRF 和中 PRF 雷达中通常用作处理的第一级。实现杂波对消的依据是运动目标的回波脉冲在幅度上发生变化，而静止目标的回波脉冲在幅度上保持不变。因此，杂波对消的最简单实现形式就是比较连续回波脉冲的幅度。这一过程可以在单延迟线对消器中完成，也称作二脉冲对消器[6]。

图 5-10 所示为单延迟线对消器示意。输入数据为同一个距离单元连续脉冲采样的基带（视频）复数据，其有效采样时间间隔等于脉冲重复间隔 T_τ。该基带信号分为两路，其中一路没有时延，另一路的时延为脉冲重复间隔，两路均连接到

差分放大器上。延迟线路的第一脉冲与非延迟线路的第二脉冲在时间上重合，二者构成差分放大器的输入，输出对应于二者之差。该过程随着更多脉冲到达输入端而不断地运行下去。

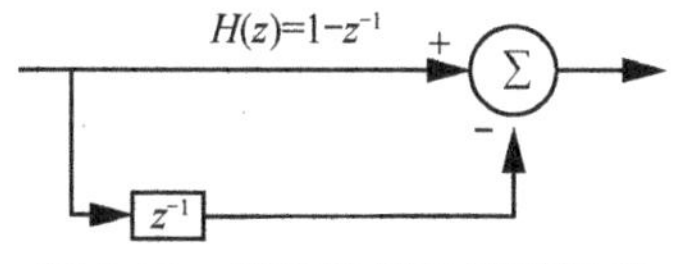

图 5-10　单延迟线对消器示意

单延迟线对消器的离散时间传递函数为 $H(z)=1-z^{-1}$，把 $z=\mathrm{e}^{\mathrm{j}2\pi fT_\tau}$ 代入传递函数中，得到以模拟频率 f 为变量的频率响应函数

$$H(\mathrm{e}^{\mathrm{j}2\pi fT_\tau})=1-\mathrm{e}^{-\mathrm{j}2\pi fT_\tau}=\mathrm{e}^{-\mathrm{j}\pi fT_\tau}(\mathrm{e}^{\mathrm{j}\pi fT_\tau}-\mathrm{e}^{-\mathrm{j}\pi fT_\tau})=2\mathrm{j}\mathrm{e}^{-\mathrm{j}\pi fT_\tau}\sin(\pi fT_\tau) \quad (5\text{-}12)$$

图 5-11 所示为单延迟线对消器的频率响应，可见该单延迟线对消器在零多普勒频率处形成了一个凹口以抑制杂波能量，使得运动目标的谱分量要么部分被衰减，要么被放大，这取决于谱分量在多普勒轴上的具体位置。

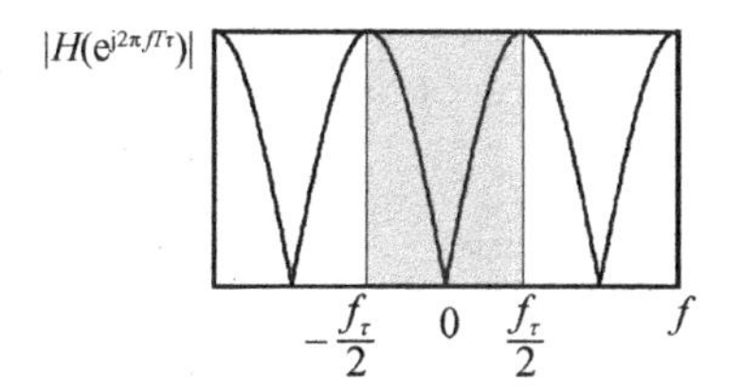

图 5-11　单延迟线对消器的频率响应

同时，我们可以注意到，离散时间滤波器的频率响应是周期性的，周期为 PRF（$1/T_\tau=f_\tau$）。这意味着该单延迟线对消器不仅在零多普勒频率处抑制杂波，而且还在等于 PRF 整数倍的多普勒频率处抑制回波，也就是说其抑制了实际多普勒频率等于 PRF 整数倍的真实目标，因此，存在一系列的盲速，即

$$v_\mathrm{b}=m\frac{\lambda f_\tau}{2} \quad (5\text{-}13)$$

对于给定的发射载频，当 PRF 增加，由式（5-11）可知不模糊距离范围减少，而由式（5-13）可知第一盲速 $v_{\mathrm{b}1}$（$m=1$）增加。不模糊距离–多普勒覆盖区如图 5-12 所示，给出了模糊距离与第一盲速的关系，例如：标志为“1 GHz”线上的每个点都表示一对 R_{mu} 和 $v_{\mathrm{b}1}$ 组合且对应于某一个 PRF，图 5-12 所标示的点的第一盲速为 375 m/s，不模糊距离为 60 km，此组合对应的 PRF 为 2 500 Hz。

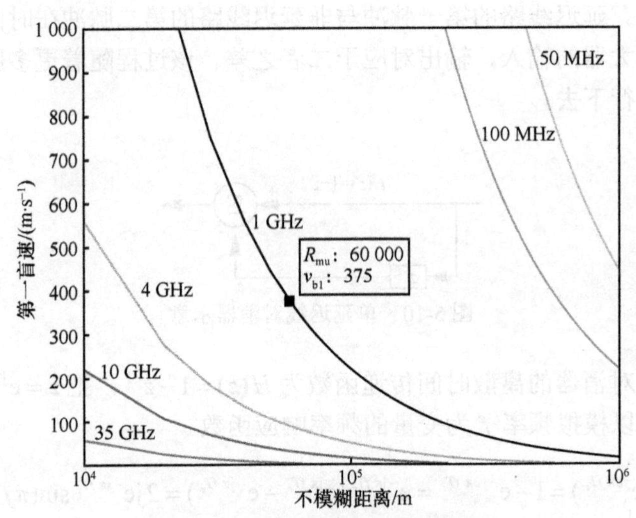

图 5-12　不模糊距离–多普勒覆盖区

相应的 MATLAB 仿真代码如下。

```
% 设置参数
c=3e8;
f=[35e9 10e9 4e9 1e9 100e6 50e6];
Rmu=[10e3:10e3:1000e3];
% 计算各个不模糊距离下对应的 PRF
% 根据该 PRF 计算第一盲速
figure;
hold on
for i=1:length(f)
   prf=c/2 ./Rmu;
   vb1=c/2/f(i).*prf;
   plot(Rmu,vb1);
end
h=gca
set(h,'xscale','log')
ymax=1000;
ymin=10;
ylim([ymin ymax]);
hold off
xlabel('不模糊距离（m）');
```

```
ylabel('第一盲速（m/s）');
grid
```

对于低 PRF 系统而言，盲速问题是相当难解决的，因为这些盲速在可能的目标速度范围上紧密相隔。盲速问题的解决是通过为雷达合理选择多个 PRF 来实现的，在其中一个 PRF 上出现的盲速不会同时出现在另一个 PRF 上，即参差 PRF。

2. 多普勒滤波

多普勒滤波的主要目的是根据信号的多普勒频率对它们进行分选，从而抑制不需要的信号，例如地杂波。换言之，多普勒滤波只允许需要的信号通过，并进入以后的处理级。它通常与杂波对消器级联使用，通过杂波对消器消除大部分杂波，然后进入带通式的多普勒滤波器。可以构建一组逐个设计的带通滤波器，也可以采用数字处理，后者是目前大多数应用中采用的方式。

用来产生数字滤波器组的最普遍的方法是离散傅里叶变换（Discrete Fourier Transform，DFT），DFT 的快速实现方法是 FFT，是决定处理机速度的最重要的因素。多普勒处理是直接对每个距离单元内的（慢）时间序列执行的一个谱分析，实现多普勒滤波，多普勒处理示意如图 5-13 所示，对数据的每一行进行 FFT[6]。

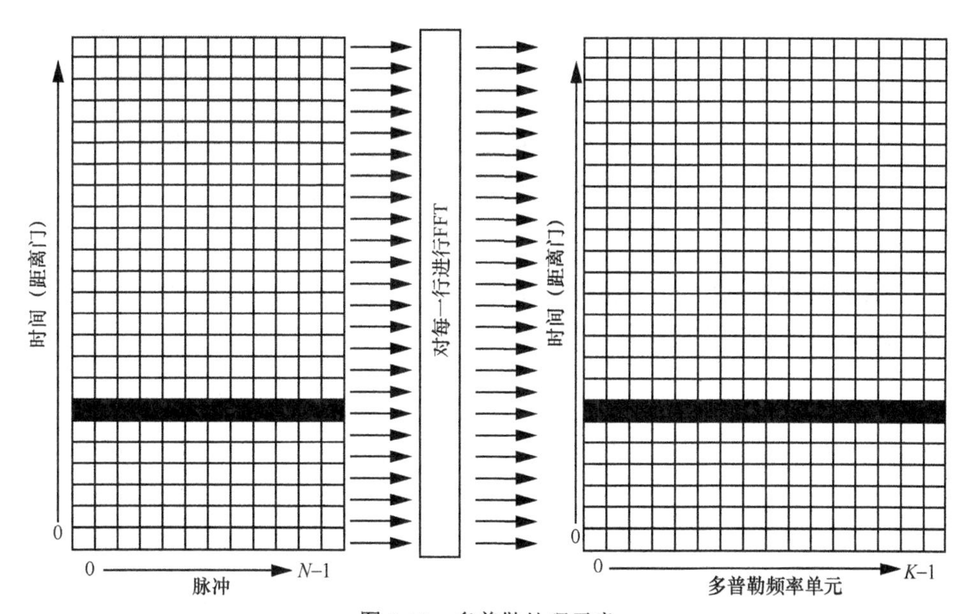

图 5-13　多普勒处理示意

FFT 的每点输出相当于数据在这个频率上的积累，也可以说是以这个频率为中心的一个带通滤波器，多普勒滤波器组特性如图 5-14 所示。根据 DFT 的定义，K 组滤波器的权值为

$$w_k(nT_\tau)=\exp\left(-\frac{\mathrm{j}2\pi nk}{K}\right) \tag{5-14}$$

其中，$n=0,1,2,\cdots,N-1$表示第n个抽头，$k=0,1,2,\cdots,K-1$表示第k个滤波器，每一个k值表示一个独立的滤波器响应。可写出按式（5-14）加权时第k个滤波器的冲激响应为

$$h_k(t)=\sum_{n=0}^{N-1}\delta(t-nT_\tau)w_k(nT_\tau) \tag{5-15}$$

冲激响应的傅里叶变换就是频率传递函数，得到

$$\begin{aligned}H_k(f)=&\int_{-\infty}^{+\infty}h_k(t)\exp(-\mathrm{j}2\pi ft)\,\mathrm{d}t=\\&\sum_{n=0}^{N-1}\exp\left(-\frac{\mathrm{j}2\pi nk}{K}\right)\exp(-\mathrm{j}2\pi fnT_\tau)=\\&\sum_{n=0}^{N-1}\exp\left[-\mathrm{j}2\pi n\left(fT_\tau+\frac{k}{K}\right)\right]=\\&\frac{\sin\left[\pi N\left(fT_\tau+\frac{k}{K}\right)\right]}{\sin\left[\pi\left(fT_\tau+\frac{k}{K}\right)\right]}\exp\left[-\mathrm{j}\pi(N-1)\left(fT_\tau+\frac{k}{K}\right)\right]\end{aligned} \tag{5-16}$$

滤波器的幅频特性为

$$|H_k(f)|=\left|\frac{\sin\left[\pi N\left(fT_\tau+\frac{k}{K}\right)\right]}{\sin\left[\pi\left(fT_\tau+\frac{k}{K}\right)\right]}\right| \tag{5-17}$$

可见，各滤波器具有相同的幅度特性，均接近于辛格函数，且等间隔地分布在频率轴上。通常，DFT的点数等于采样点数，即$K=N$，于是

$$|H_k(f)|=\left|\frac{\sin\left[\pi N\left(fT_\tau+\frac{k}{N}\right)\right]}{\sin\left[\pi\left(fT_\tau+\frac{k}{N}\right)\right]}\right| \tag{5-18}$$

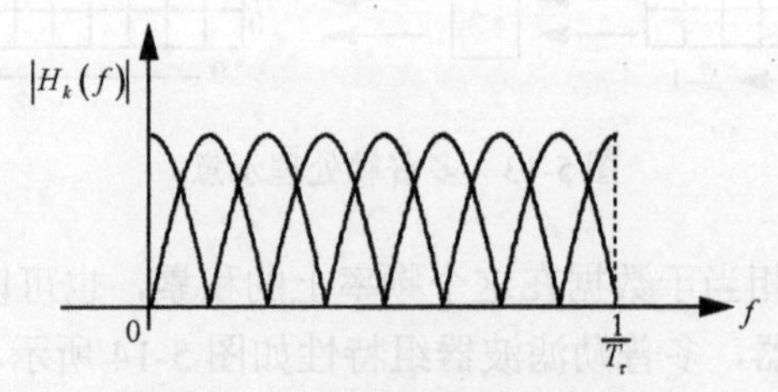

图5-14　多普勒滤波器组特性

滤波器的峰值产生于$\pi(fT_\tau + k/N)=0,\pm\pi,\pm2\pi,\cdots$。当$k=0$时，滤波器峰值位置为$f=0,\pm1/T_\tau,\pm2/T_\tau,\cdots$，即滤波器中心位置在零频以及PRF的整数倍。当$k=1$时，滤波器峰值位置为$f=1/NT_\tau,\pm1/T_\tau+1/NT_\tau,\pm2/T_\tau+1/NT_\tau,\cdots$。对于其他的$k$值，类推可得。

从上述分析可见，相邻的多普勒滤波器是相距$1/NT_\tau$的辛格函数（如图 5-14 所示），那么，多普勒分辨能力与相参积累时间$T_{\text{int}}=NT_\tau$有关。通常需要较长的波束驻留时间，以获得足够的多普勒分辨。此外，每个滤波器的主副瓣比为 13.2 dB，为了降低副瓣，一般都需要加窗。

5.3.3　低 PRF 工作模式小结

低 PRF 脉冲多普勒雷达波形是指具有足够低的 PRF 能够避免距离模糊的波形，低 PRF 模式的性能见表 5-2。因为低 PRF 时距离是不模糊的，所以这种工作方式的主要优点是可以直接用简单的精确脉冲时延测距测得距离，并且可以通过距离分辨对旁瓣回波加以抑制。由于主瓣杂波问题很严重，低 PRF 模式主要应用于主瓣杂波可以避免的场合，比如在较高海拔高度搜索目标。此外，对于地图测绘雷达来说，低 PRF 是理想的。一方面低 PRF 提供了不模糊的距离观测，另一方面，此时主瓣的地面反射波是唯一关注的反射波，主瓣反射波的强度大是一个优点而不是缺点。

表 5-2　低 PRF 模式的性能

优点	缺点
1. 可采用简单的脉冲时延测距，测距精度高； 2. 可通过距离分辨抑制旁瓣回波； 3. 空–空仰视和测绘性能好	1. 多普勒模糊一般很严重，难以解决； 2. 空–空俯视性能不好，大部分目标回波可能和主瓣杂波一起被抑制掉，检测概率低； 3. 峰值功率高

5.4　高 PRF 脉冲多普勒雷达波形

高 PRF 脉冲多普勒雷达波形是指能够避免速度模糊的具有足够高的 PRF 的波形。如果能够预计可能运动的最大目标速度，式（5-6）可用于设定足够高的 PRF 以避免速度模糊，可见，这一下限取决于可能遇到的目标的速度和发射信号的波长。

高 PRF 脉冲串波形的模糊函数示意如图 5-15 所示，其中的最大响应出现在坐标(0,0)处，并在时间轴上每隔T_τ重复一次，表现出了距离模糊。在阴影所示的范围内，没有表现出速度模糊。现在考虑这样一个实例：某 PD 雷达的工作频率为 10 GHz（波长 0.03 m），需要用其测量最大径向速度为±375 m/s 的目标速度。从式（5-6）可得，其相应的最大多普勒频移为±25 kHz。为了能够不模糊地进行测速，所需的 PRF 为 50 kHz。但是根据式（5-11）可以看出，该 PRF 下的最大不模糊距离为 3 km。大多雷达的探测范围会超出这个距离，导致模糊问题的出现。虽然无法断言使用高 PRF 一定会导致距离模糊，但是距离模糊问题在许多应用中的确很可能出现。

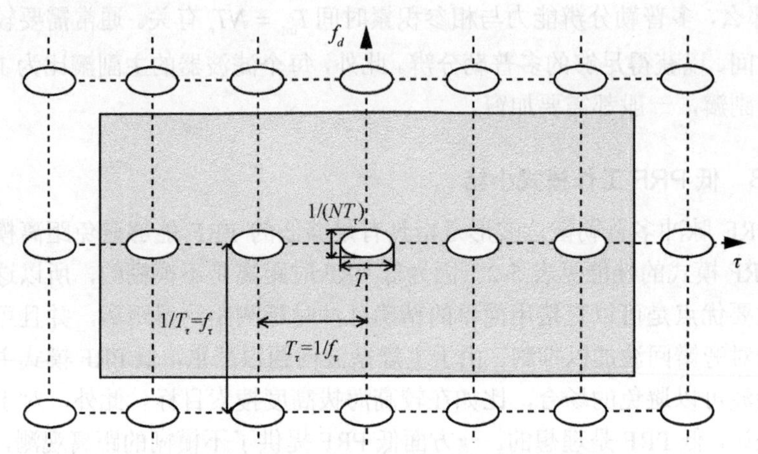

图 5-15　高 PRF 脉冲串波形的模糊函数示意

5.4.1　高 PRF 的时域特性

高 PRF 系统的波形如图 5-16 所示，其典型占空比是很大的，在某些系统中甚至高达 50%。高 PRF 波形具有高的平均功率，并且由于每个相参处理周期内的脉冲数多，相应的 FFT 处理的点数也多，可以获得高处理增益。因此高 PRF 波形非常适用于远程探测。

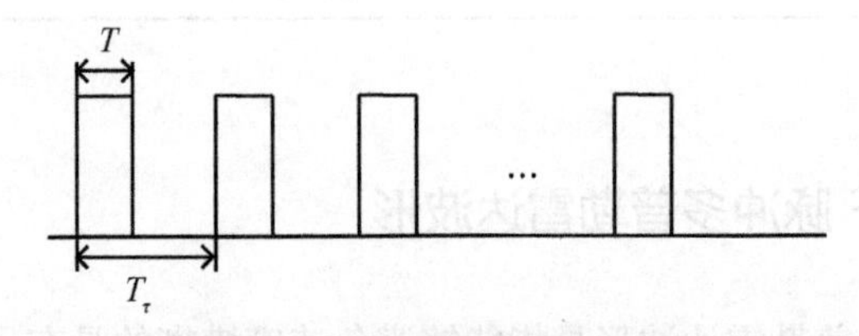

图 5-16　高 PRF 系统的波形

由于 PRF 的提高，一些原本在低 PRF 模式下影响不大的因素变成了需要重视的因素，本节描述遮蔽效应和旁瓣杂波在高 PRF 下的表现以及解决方法。

1．遮蔽效应

由于在发射脉冲期间接收机被隔离，因而会出现距离盲区。接收回波完全与发射脉冲重叠可导致完全遮蔽，因此距离盲区为

$$R_{\mathrm{b}}=m\frac{cT_{\tau}}{2}=mR_{\mathrm{mu}} \tag{5-19}$$

在过去，雷达使用前沿检测，因此如果回波脉冲的前沿没有落在接收时间内，则目标无法被发现。目标在这些距离盲区上丢失被称为遮蔽效应（Eclipsing）。现在雷达不再倾向于使用前沿检测，于是目标是否能被检测到取决于是否有足够的回波能量落在接收周期内。部分能量的丢失使得检测概率下降被称作部分遮蔽（如图 5-17 所示）。高 PRF 波形的高占空比可导致一些严重的遮蔽问题。距离盲区出现在对应于 PRF 的最大不模糊距离的距离间隔处，因此在高 PRF 情况下，距离盲区将密集的出现。当占空比等于 50%时，由于回波脉冲大多超出接收机的开启时间，所以部分遮蔽的情况一定会出现，鉴于此，使用超过 50%的占空比将造成能量浪费。

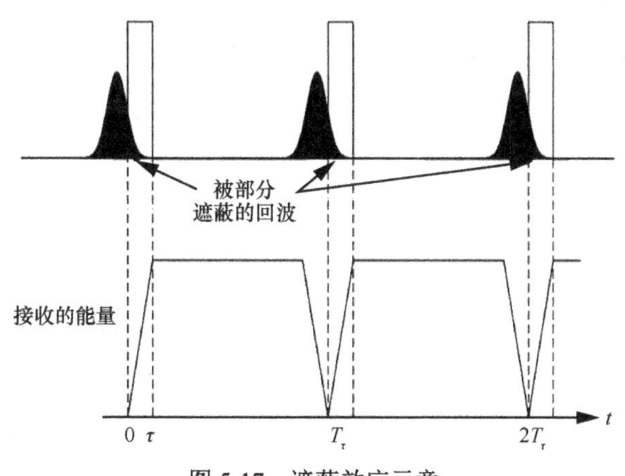

图 5-17　遮蔽效应示意

解决遮蔽问题的方法是使用两个（或多个）PRF，令相应的距离盲区在关注的距离范围内相互错开。两个 PRF 交替工作可以有不同的方式：可以在波束驻留时间内细分为两个处理间隔，两个 PRF 各占一个处理间隔，或者将雷达的观测空域分为两个条形扫描区域，在每个扫描区域上各占一个 PRF。前一种策略的相参处理周期只有一半，因而也只能获得一半的处理增益。后一种策略需要完成两个条形的扫描区域，因而重访速率会降低一半。选择使用哪种策略需要在雷达的探测性能和数据率之间权衡。

遮蔽效应的另一个重要方面关系到部分遮蔽对脉冲压缩波形的影响。如果回波被部分遮蔽，回波的前一部分或后一部分将无法被接收到，那么这一部分的调制也就丢失了，因而剩余的回波在匹配滤波器中不再完全相关，这将导致信噪比降低和探测性能下降。如果使用线性调频信号，那么被部分遮蔽的回波仅在减少的带宽上包含线性调频信号，由于回波仍与匹配滤波器的部分相关，因而仍可得到相关峰，只是该相关峰会变小，减少量与部分遮蔽丢失的能量有关。被接收到的那部分信号上的线性调频带宽要小于发射时的带宽，因此距离分辨率也会相应地降低。对于相位编码压缩波形而言，部分遮蔽将会移除信号的一些码元，从而也会导致信噪比降低。相位编码信号的带宽由码元长度决定，并不受丢失码元的影响，因此距离分辨率不会降低。但是，剩余部分编码与匹配滤波器中全部编码的相关序列将表现出大的旁瓣。因此，高 PRF 模式需要设计对部分遮蔽具有更强稳健性的波形。

2．旁瓣杂波模糊

在高 PRF 模式下，由于主瓣杂波仅占据多普勒频带的一小部分，通常可对主瓣杂波进行较好的抑制，在此模式下我们更多关注的是旁瓣杂波。旁瓣杂波总是分布在很大的距离范围上，可能超出最大不模糊距离，因而很可能出现的情况是在多个接收时间内出现模糊，高 PRF 模式的旁瓣杂波在距离域的响应如图 5-18 所示。PRF 越高，模糊的重数就越多，模糊问题也就越严重。因此，对于高 PRF 系统而言，旁瓣杂波是比较难处理的，最好的解决办法（也可能是唯一的办法）就是从一开始就不产生旁瓣杂波。因此，高 PRF 系统有必要使用旁瓣尽可能低的天线系统。

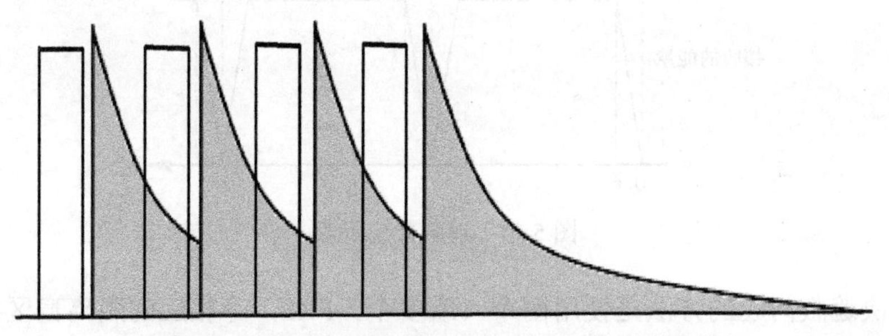

图 5-18　高 PRF 模式的旁瓣杂波在距离域的响应

5.4.2　高 PRF PD 雷达信号处理

高 PRF PD 雷达的数字信号处理与中 PRF 模式类似，其流程如图 5-19 所示，接收机的中频输出加到 I/Q 检波器，然后视频输出由 A/D 转换器以等于脉宽（已压缩）的间隔采样。这里考虑常见的下视机载雷达的情况，主瓣杂波和旁瓣杂波的频谱如图 5-20 所示，其中包括高度杂波、主瓣杂波和旁瓣杂波，旁瓣杂波占据多普勒频带的部分为 $-2V/\lambda$ 到 $2V/\lambda$，其中 V 表示平台的速度。在高 PRF 情况下，多普勒频谱是不模糊的，加之考虑目标速度的附加作用，因此雷达的 PRF 必须比旁瓣杂波最大展宽带宽更高。

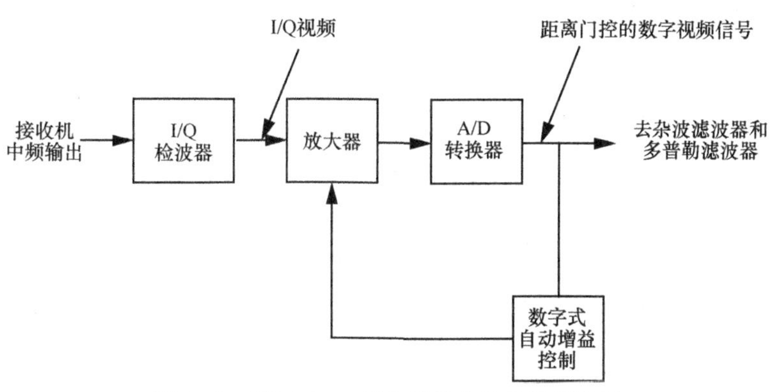

图 5-19　高 PRF PD 雷达的数字信号处理流程

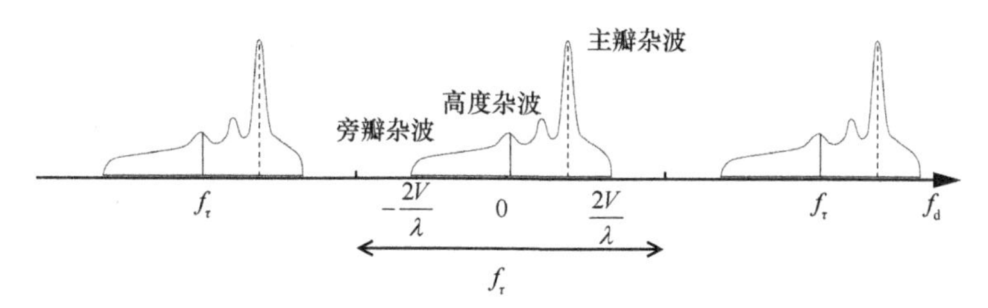

图 5-20　高 PRF PD 雷达主瓣杂波和旁瓣杂波的频谱

信号处理功能示意如图 5-21 所示，信号通过第一个滤波器，将包含零多普勒的杂波除去，即将高度杂波去除。然后整个多普勒频谱在频率上被搬移，以便使主瓣杂波居中于第二个滤波器的抑制凹口。这种搬移需要进行动态控制以适应雷达速度和天线视角变化。高 PRF 模式下多普勒域的杂波分布不发生混叠，在滤除高度杂波和主瓣杂波后，雷达回波被输入多普勒滤波器组。在每个滤波器积累时间终端，检测每个滤波器建立起来的信号幅度，最后将积累输出加到各自的门限检测器上。

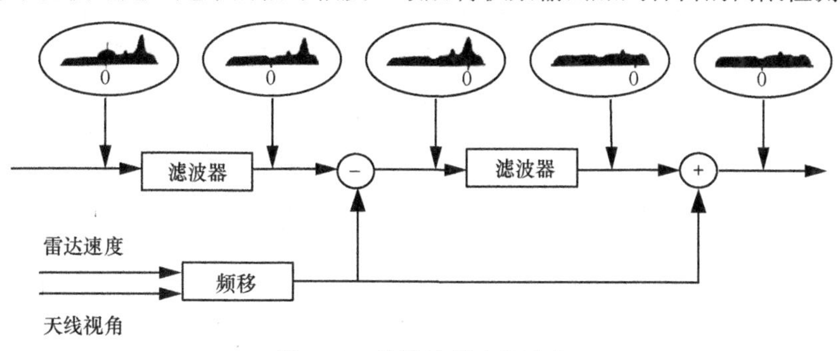

图 5-21　信号处理功能示意

需要说明的是，高 PRF 模式下的距离选通可以采用与低 PRF 模式相同的实现方式，然而在一些需要应用非常高的 PRF 和接近 50%占空比的情况下，雷达很难具备距离测量的能力。此时，可以使用调频测距技术来确定目标的距离。

5.4.3 高 PRF 工作模式小结

高 PRF 波形的 PRF 足够高，可以避免速度模糊，同时导致较短的不模糊距离，通常但不总是产生距离模糊，高 PRF 模式的性能见表 5-3。高 PRF 模式下主瓣杂波的谱宽一般只是多普勒频带宽度的小部分，因此工作于高 PRF 时，主瓣杂波不会显著地侵占可能出现目标的频谱范围。MTI 滤波引起的盲速区落在最大速度之外，因此不会引起盲速。此外，对于给定的峰值功率，只要提高 PRF 就可以简单地将平均功率增大，使雷达具有良好的远程探测性能。高 PRF 的限制使旁瓣杂波出现多重模糊，最小化旁瓣杂波的最好方式是使用超低副瓣天线。高占空比导致比较显著的遮蔽损失，可以通过在两个或多个 PRF 上工作来解决，但是会导致探测性能或者数据率的下降。高 PRF 的另一个缺点是测距变得困难，可以借助调频测距技术来完成。

表 5-3 高 PRF 模式的性能

优点	缺点
1. 峰值功率低而平均功率高（提高 PRF 可得到高的平均功率）；	1. 距离模糊，不能使用简单的脉冲时延测距法，测距方法复杂；
2. 多普勒不模糊，除零多普勒和主瓣杂波附近外，没有盲速区	2. 探测距离可能因旁瓣杂波而下降，速度接近零的目标可能被抑制

5.5 中 PRF 脉冲多普勒雷达波形

中 PRF 模式示意如图 5-22 所示，中 PRF 模式同时在距离域和速度域中发生模糊，它可以表示一般的情况，经过简化后，当距离不再模糊，将转变为低 PRF 模式，而当速度不再出现模糊，则转变为高 PRF 模式。中 PRF 脉冲串的模糊函数示意如图 5-23 所示，在零时延（距离）和零速度处的响应沿着两个坐标轴以规律的间隔重复出现，在两个方向上都发生了模糊。

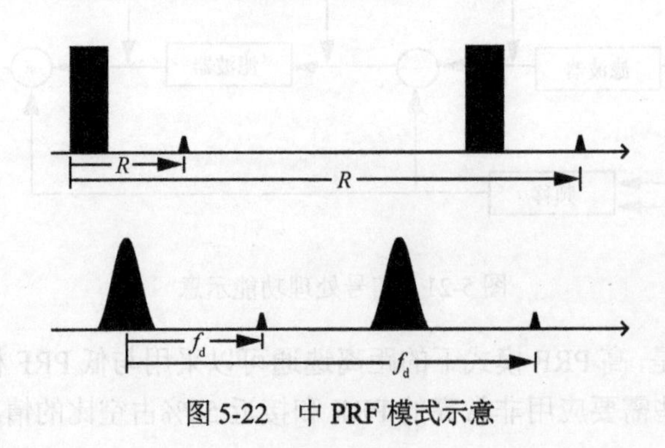

图 5-22 中 PRF 模式示意

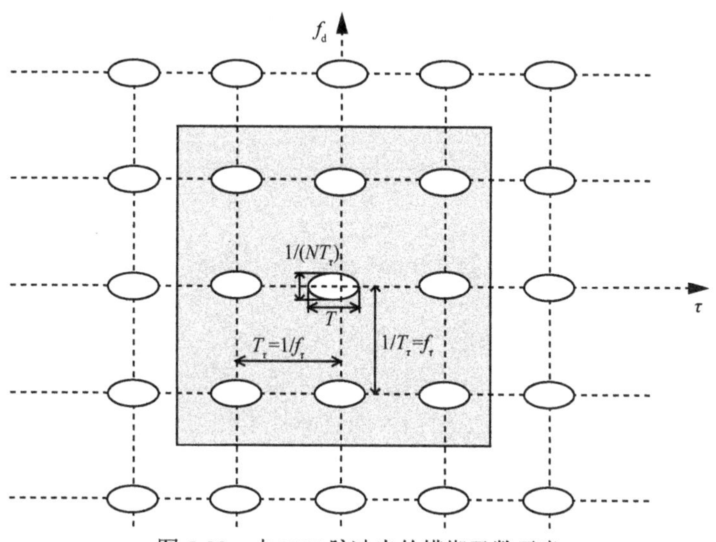

图 5-23　中 PRF 脉冲串的模糊函数示意

乍看上去可能会令人产生疑问：中 PRF 模式在两个域都引起模糊，那它是否还值得使用？毕竟，低 PRF 模式由于距离不产生模糊因此可提供良好的测距性能，而高 PRF 模式由于速度不产生模糊可以提供良好的测速性能。它们看起来正好具有互补的优点。但是，对于机载雷达而言，低 PRF 和高 PRF 都主要受到杂波的限制，在低 PRF 模式下多普勒频谱主要由主瓣杂波占据，高 PRF 模式下时域上存在多重模糊的旁瓣杂波，看起来它们还有“互补”的弱点。

中 PRF 同时具有低 PRF 和高 PRF 的一些优点和缺点，不过，这些缺点都不太严重。中 PRF 可以避免低 PRF 和高 PRF 所具有的最严重的问题，因而能够提供相当不错的整体性能。如果目标情况（距离、速度、杂波背景）已知，那么可对使用的波形进行相应的优化，最终的波形可能不是高 PRF 波形就是低 PRF 波形，因为在特定的具体情况下，这两种波形的其中一种是最优的。然而，在目标的情况未知，或者目标的情况是大范围变化的，且预计存在强杂波的时候，采用中 PRF 则是合适的解决方案。

5.5.1　中 PRF 雷达的杂波响应

为了清晰地描述地面杂波抑制问题，本节分析中 PRF 模式下的杂波在多普勒域和距离域的表现。

主瓣杂波和旁瓣杂波的频谱在频域上重复出现，间隔为 PRF。中 PRF 模式下的杂波谱如图 5-24 所示，主瓣杂波以零多普勒为中心（平台运动补偿后），占据多普勒频带的中心部分，中 PRF 模式下的主瓣杂波占多普勒频带的比例比高 PRF 模式时大很多，一些关注的目标可能被抑制。然而与低 PRF 相比，中 PRF 主瓣杂波的谱线间隔更远，从平均意义来说，被抑制的雷达目标回波的数量不会过多。在中 PRF 模式下，旁瓣杂波可能超过 PRF，所以旁瓣杂波在多普勒域的分布将产生模糊现象。

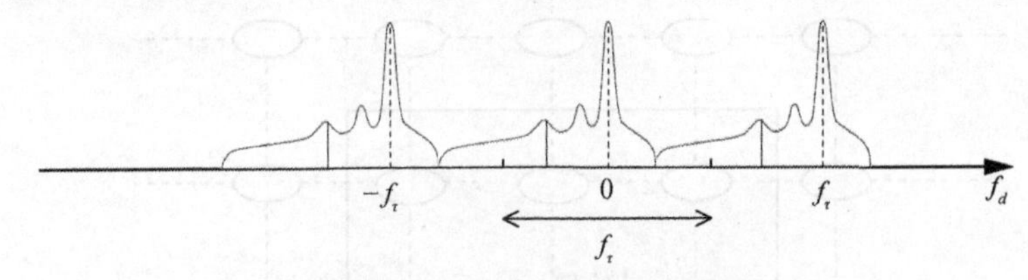

图 5-24　中 PRF 模式下的杂波谱

中 PRF 模式下距离域的杂波分布如图 5-25 所示。从图 5-25 中可见，最大关注距离实际上被分成了 3 段。这 3 段重叠在一起，不能被区别开。地面杂波完全覆盖了被观察的距离区间。除了相当大的目标处于相对弱的杂波中这种情况，只靠距离鉴别是难以将雷达目标从回波中分离出来的。

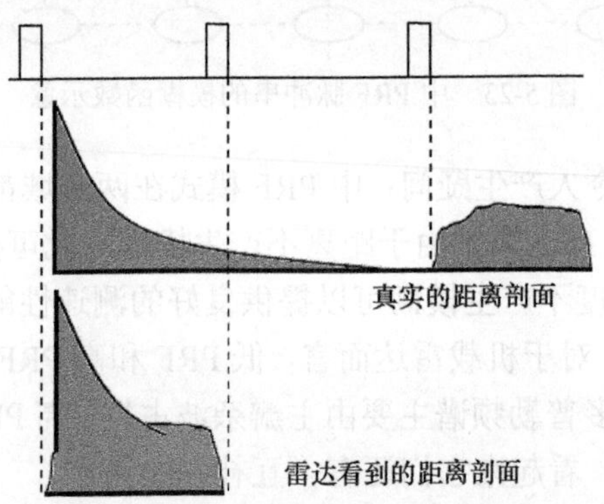

图 5-25　中 PRF 模式下距离域的杂波分布

中 PRF 模式下距离域的旁瓣杂波分布如图 5-26 所示，为了更清晰地观察旁瓣杂波，图 5-26 中重新画出了雷达看到的去掉主瓣杂波的距离剖面。在图 5-26 中我们可以看到，旁瓣杂波有锯齿状，锯齿状的起因在于一次距离区的强旁瓣回波被叠加到后续距离区的较弱杂波上。在中 PRF 模式下，旁瓣杂波会带来一定的问题，但远没有高 PRF 模式中的问题严重。

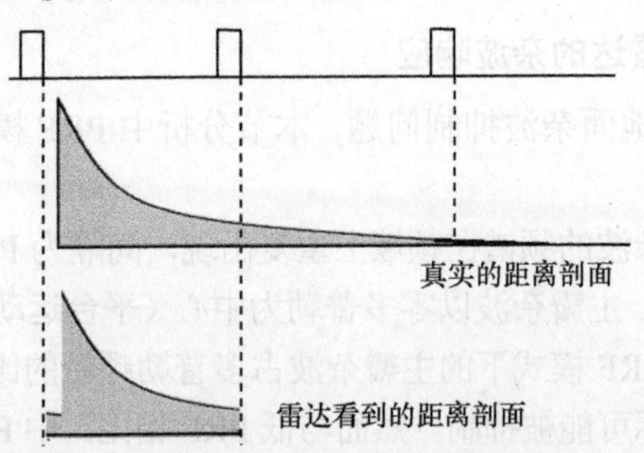

图 5-26　中 PRF 模式下距离域的旁瓣杂波分布

5.5.2　中 PRF 雷达的 PRF 选择

工作在中 PRF 模式的雷达所具有的典型情况是包含若干个相参处理周期，而每个相参处理周期内所发射的脉冲串的 PRF 两两互不相同。在每个相参周期内，使用 FFT 处理技术对目标回波进行距离选通和速度选通。雷达工作在多个 PRF 上的重要性体现在以下 3 个方面。首先，它可以使雷达通过比较每个 PRF 下的模糊数据来解距离模糊和速度模糊。其次，PRF 的变化可以引起杂波在距离维度和多普勒维度上的分布变化。那么，在一个 PRF 下被强杂波占据的距离单元和多普勒单元在另一个 PRF 下所包含的杂波可能弱得多，这提高了小目标的检测概率。再者，由于遮蔽效应，每个 PRF 都具有速度盲区，这些盲区取决于 PRF，因此在一个 PRF 下致盲的距离/速度单元在另一个 PRF 下可能不在盲区。

雷达的性能取决于所使用的多个 PRF 的组合，单一的 PRF 就其本身而言无优劣之分。许多因素都会对 PRF 的选择产生影响，接下来我们对 PRF 组的设计问题给出简略说明。

1．解模糊能力

中 PRF 被定义为导致出现距离模糊和速度模糊的 PRF，距离模糊可以表示为

$$R_{\text{true}} = R_{\text{app}} + xR_{\text{mu}} \tag{5-20}$$

其中，$x = 1,2,3\cdots$ 表示距离模糊的次数，R_{true} 表示真实的距离，R_{app} 表示在雷达第一距离间隔内看到的视在距离。同样地，速度模糊可以表示为

$$f_{\text{d\_true}} = f_{\text{d}} + yf_{\tau} \tag{5-21}$$

其中，$y = 1,2,3\cdots$ 表示速度模糊的次数，$f_{\text{d\_true}}$ 表示真实的多普勒频率，f_{d} 表示雷达在多普勒频带内看到的视在多普勒频率。

当使用多个 PRF 对目标观测时，可得到下列等式

$$R_{\text{true}} = R_{\text{app1}} + x_1R_{\text{mu1}} = R_{\text{app2}} + x_2R_{\text{mu2}} = \cdots \tag{5-22}$$

$$f_{\text{d\_true}} = f_{\text{d1}} + y_1f_{\tau 1} = f_{\text{d2}} + y_2f_{\tau 2} = \cdots \tag{5-23}$$

求解式（5-22）和式（5-23）得到真实的距离和速度这一过程称作解距离模糊和解速度模糊。求解的能力需要对所选的 PRF 的组合加以约束才可获得，这些约束称作解模糊约束。解模糊约束可以总结为

$$\text{LCM}(T_{\tau 1}, T_{\tau 2}, \cdots, T_{\tau M}) \geqslant \frac{2R_{\max}}{c} \tag{5-24}$$

$$\text{LCM}(f_{\tau 1}, f_{\tau 2}, \cdots, f_{\tau M}) \geqslant f_{\text{d\_max}} \tag{5-25}$$

其中，LCM 是指最小公倍数（Lowest Common Multiple），$T_{\tau M}$ 表示 M 个 PRI。式（5-24）可表述为 M 个 PRI 的最小公倍数必须大于或等于所关注的最大距离对应

的时延，式（5-25）可表述为 M 个 PRF 的最小公倍数必须大于或等于所关注的最大速度对应的多普勒频率。

值得强调的是，由于雷达系统无法预知其可获得哪 M 个 PRF 组合下的数据，所以这些解模糊约束需要在 PRF 组所使用的 N 个 PRF 中任意 M 个 PRF 组合均有效。即

$$\binom{N}{M}=\frac{N!}{M!(N-M)!} \tag{5-26}$$

式（5-26）表示组合数。当 N=7，M=3 时，组合个数为 35。式（5-24）和式（5-25）的解模糊约束必须应用于这些组合。寻找所有组合均满足这些约束的 PRF 具体值是非常困难的。根据这些组合确定最小值，得到的对应距离和速度分别被称为解模糊距离和解模糊速度。常用的解模糊算法有重合算法和中国余数定理法。

2．盲区

遮蔽效应引起距离盲区，抑制主瓣杂波引起速度盲区，高 PRF 模式下的距离盲区严重，低 PRF 模式下的速度盲区严重，而对于中 PRF 模式，二者都存在。在中 PRF 模式下，导致目标丢失的另外一个原因是强旁瓣杂波。严格来讲，这不算是盲区问题，但是造成了信噪比太小，雷达无法检测到目标。中 PRF 模式下的旁瓣杂波功率和目标回波功率如图 5-27 所示。由于旁瓣杂波在距离上出现模糊，所以图 5-27 中旁瓣杂波曲线以最大不模糊距离为间隔重复出现。但是，目标回波的功率关于距离按照雷达方程以反比于距离的 4 次幂的规律衰减。当距离增加时，旁瓣杂波开始超过目标的功率。起初，旁瓣杂波仅在较窄的距离范围上超过目标回波。但是，随着距离增加，重复的旁瓣杂波超出目标回波的距离范围，并不断扩大。信噪比随距离发生变化，并且随距离增加，在越来越宽的距离范围上变差。当目标的 RCS 较小时，该问题变得更为严重[7]。

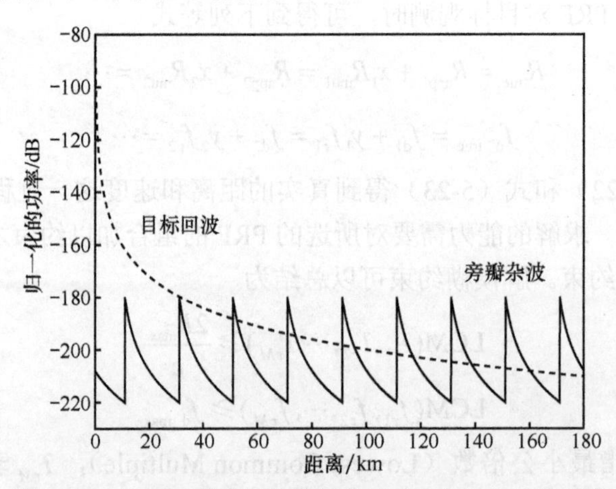

图 5-27　中 PRF 模式下的旁瓣杂波功率和目标回波功率

距离/速度空间中所有的盲区位置取决于 PRF 的具体值，对于不同的 PRF 而言，除了第一遮蔽距离和第一主瓣抑制的位置不变，其他盲区的位置都是不同的，所以，可以选择多个 PRF，使得各个盲区的位置相互错开。

5.5.3　中 PRF 工作模式小结

雷达在中 PRF 工作时，通常将 PRF 设置得足够高，以便将主瓣杂波的谱线拉开，使得主瓣杂波在得到抑制的同时有能够保留合理数量的目标回波。保持适度的距离模糊，使得通过距离分辨和多普勒分辨相结合能够将背景杂波减弱到可以接受的程度。由于主瓣杂波的谱线被增大，所以通过几个 PRF 的切换可以在很大程度上消除多普勒盲区。遮蔽效应以及旁瓣模糊引起的距离盲区问题如果不是太大，很大程度上可以通过消除多普勒盲区时的 PRF 切换来消除。中 PRF 模式的性能见表 5-4。

表 5-4　中 PRF 模式的性能

优点	缺点
1. 综合性能好，即抗主瓣杂波和旁瓣杂波的性能都较好； 2. 有可能采用脉冲时延测距	1. 距离模糊和多普勒模糊都必须解决； 2. 需抑制强的旁瓣杂波

参考文献

[1] SKOLNIK M I. Radar handbook[M]. New York: McGraw-Hill, 1970.

[2] CLIVE A. 脉冲多普勒雷达原理、技术与应用[M]. 张伟, 刘洪亮, 译. 北京: 电子工业出版社, 2016.

[3] 盖·莫里斯. 机载脉冲多普勒雷达[M]. 季节, 许伟武, 译. 北京: 航空工业出版社, 1990.

[4] 毛士艺, 张瑞生, 许伟武. 脉冲多普勒雷达[M]. 北京: 国防工业出版社, 1990.

[5] GEORGE W S. 机载雷达导论（第二版）[M]. 吴汉平, 译. 北京: 电子工业出版社, 2005.

[6] MARK A R. 雷达信号处理基础[M]. 邢孟道, 王彤, 李真芳, 等, 译. 北京: 电子工业出版社, 2008.

[7] SCHLEHER D C. 动目标显示与脉冲多普勒雷达[M]. 戴幻尧, 申绪涧, 赵晶, 译. 北京: 国防工业出版社, 2016.

第6章 低截获概率雷达波形

本章介绍低截获概率雷达的基本概念和实现低截获性能的主要技术，重点强调连续波信号和波形参数随机化，给出周期模糊函数和平均模糊函数的定义，分别用于分析具有周期性和随机性的波形信号，以三角形线性调频连续波和随机调频连续波为例，分别展示周期模糊函数和平均模糊函数的作用。最后讨论两种常用的提取低截获概率波形参数的信号处理方法——时频谱分析和循环谱分析。

6.1 低截获概率雷达概述

基于雷达的电子战（Electronic Warfare，EW）系统已经成为现代战争中不可或缺的要素[1]。电子战是指敌我双方争夺电子频谱使用权和控制权的军事斗争，在电子战中任何一方都希望己方雷达在有效探测对方目标的同时，尽可能不被对方侦查和截获，以占据战争的主动权并提高自身的生存机会。一般体制的雷达存在一个严重的弱点（或称为面临的挑战），即它的发射信号可能被敌对方利用。具体而言，如果采用常规发射波形，并辐射高功率电磁波，那么雷达信号很容易被对方相距很远的采用比较简单技术的侦察设备截获。雷达信号一旦被截获，雷达就可能面临威胁，例如：雷达被对方有源干扰设备所干扰，从而失去或削弱正常工作的能力；或者雷达被对方反辐射导弹（Anti-Radiation Missile，ARM）攻击或摧毁，继而生存能力大为降低。

如果对方平台侦察接收机难以截获雷达发射的信号，我们就可避免雷达遭受或减弱敌对方的干扰和攻击。目前，许多雷达用户都将低截获概率（Low Probability of Interception，LPI）和低识别概率（Low Probability of Identification，LPID）作为重要的战术需求。在2008年的“ANSI/IEEE 标准 686：雷达术语与定义”中并没有讲述这种类型的雷达，LPI 一词是指雷达的一种特性，得益于雷达的低功率、大带宽、频率变化以及其他的设计属性，使得被动的截获接收机难以检测。LPID

是指截获接收机难以正确识别其波形参数和雷达参数。下面是 LPI 雷达和 LPID 雷达的更正式的定义[2]。

LPI 雷达是一种利用特殊发射波形来防止非合作截获接收机截获和检测其发射信号的雷达。

LPID 雷达是一种利用特殊发射波形来防止非合作截获接收机截获和检测其发射信号，即使被截获，其发射波形的调制方式及其参数也难以被识别的雷达。

根据上述定义可见，LPID 雷达一定是 LPI 雷达，LPI 雷达不一定是 LPID 雷达。值得注意的是，定义 LPI 雷达和 LPID 雷达都涉及相应的截获接收机的定义。或者说，一部成功的 LPI 雷达会使检测/截获其发射信号的截获接收机难以对其进行测量。LPI 的需求随着现代截获接收机对雷达发射机的检测和定位能力的发展而增长，反之，LPI 雷达的任何改进也势必推动截获接收机设计的进步。

6.2　低截获概率雷达基本原理

为了定量分析雷达的 LPI 性能，Schleher[3]提出了截获概率因子这一概念，它被定义为截获接收机检测 LPI 雷达的距离 R_{Imax} 与 LPI 雷达能够探测的最大距离 R_{Tmax} 的比值，即

$$\alpha = \frac{R_{\text{Imax}}}{R_{\text{Tmax}}} \tag{6-1}$$

从截获因子的定义可以看出，当 $\alpha > 1$，即当 $R_{\text{Imax}} > R_{\text{Tmax}}$ 时，截获接收机探测距离大于雷达的探测距离，截获接收机占优势，雷达就有被干扰和摧毁的危险；而当 $\alpha < 1$，即当 $R_{\text{Imax}} < R_{\text{Tmax}}$ 时，截获接收机探测距离小于雷达的探测距离，这时雷达占优势，这样的雷达就被称为 LPI 雷达。容易看出截获因子越小，雷达的反截获能力越强。需要指出的是截获因子的定义式中的距离，都是在一定的发现概率和虚警概率下的距离，因此所谓低截获是相对某一类截获接收机而言的，低截获是个相对的概念。

截获接收机绝大多数是基于能量检测的工作原理，先探测到雷达辐射信号，再对接收到的雷达信号进行分析、识别，进而引导干扰机或 ARM 对雷达平台进行干扰或攻击。在 LPI 雷达与截获接收机的对抗中，由于 LPI 雷达的被截获因子小于 1，截获接收机不能侦察到雷达信号，对方干扰机无法进行有针对性的干扰，只能采用宽带干扰，必然降低其干扰功率谱密度，可以看到，低截获雷达具有很好的抗干扰能力。为了进一步分析截获因子，对雷达探测距离 R_{T} 和截获距离 R_{I} 进行分析。LPI 雷达与截获接收机的配置如图 6-1 所示。

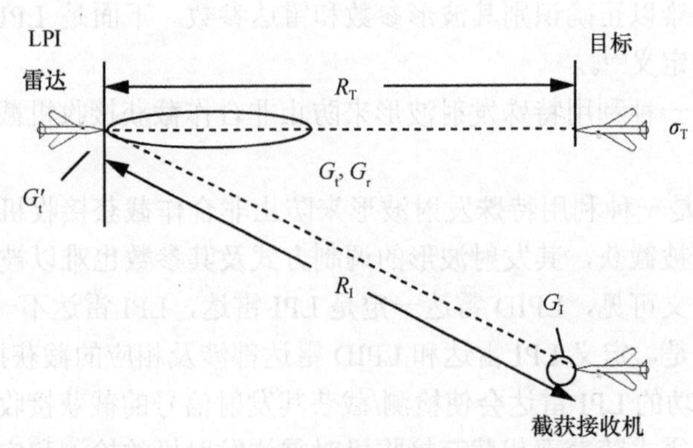

图 6-1 LPI 雷达与截获接收机的配置

一个全向天线在距离 R 处的功率密度表示为

$$PD = \frac{P_{CW}}{4\pi R^2} \tag{6-2}$$

其中，P_{CW} 为发射机平均功率。定向天线的视轴方向上的发射增益为 G_t，雷达在距离 R 处的定向功率为

$$PD_D = \frac{P_{CW} G_t L_1}{4\pi R^2} \tag{6-3}$$

其中，L_1 为单程的大气传播因子。对于一个雷达截面积为 σ_T 的目标，在距离 R_T 处，其朝向雷达再辐射的功率谱密度为

$$PD_{DR} = \frac{P_{CW} G_t L_2}{4\pi R_T^2}\left(\frac{\sigma_T}{4\pi R_T^2}\right) \tag{6-4}$$

其中，L_2 为双程的大气传播因子。LPI 雷达通过接收天线捕获反射波的能量，接收到从目标返回的信号功率为

$$P_{RT} = \frac{P_{CW} G_t L_2}{4\pi R_T^2 L_{RT} L_{RR}}\left(\frac{\sigma_T}{4\pi R_T^2}\right) A_e \tag{6-5}$$

其中，L_{RT} 为雷达发射机与天线之间的损耗，L_{RR} 为天线与雷达接收机之间的损耗，A_e 为雷达接收天线的有效面积，与接收天线增益 G_r 的关系是

$$A_e = \frac{G_r \lambda^2}{4\pi} \tag{6-6}$$

将式（6-6）代入式（6-5）得

$$P_{RT}=\frac{P_{CW}G_tG_r\lambda^2L_2\sigma_T}{(4\pi)^3R_T^4L_{RT}L_{RR}} \tag{6-7}$$

当接收机检测和处理输入的目标信号时，常常需要知道的是最小输入信号功率，称之为接收机灵敏度，用 δ_R 表示，代替 P_{RT}，则雷达的最大探测距离为

$$R_{T\max}=\left[\frac{P_{CW}G_tG_r\lambda^2L_2\sigma_T}{(4\pi)^3\delta_R L_{RT}L_{RR}}\right]^{1/4} \tag{6-8}$$

采用类似的方式推导，截获接收机从 LPI 雷达得到的信号功率为

$$P_{IR}=\frac{P_{CW}G_t'L_1}{4\pi R_I^2L_{RT}L_{IR}}\left(\frac{G_I\lambda^2}{4\pi}\right) \tag{6-9}$$

其中，G_t' 为 LPI 雷达发射天线在截获接收机方向上的增益，如果截获接收机检测的是雷达的主瓣，则 $G_t'=G_t$；G_I 为 LPI 截获接收机天线的增益；L_{IR} 为天线到接收机的损耗。用截获接收机的灵敏度 δ_I 代替 P_{IR}，则最大截获距离为

$$R_{I\max}=\left[\frac{P_{CW}G_t'G_I\lambda^2L_1}{(4\pi)^2\delta_I L_{RT}L_{IR}}\right]^{1/2} \tag{6-10}$$

从式（6-8）和式（6-10）可见，由于雷达能够探测目标距离与发射功率的四分之一次幂呈正比，而截获接收机能够探测到该雷达的距离与该雷达发射功率的二分之一次幂呈正比，这使得截获接收机比雷达具有更大的优势。然而，因为来自大量的其他雷达和电子系统的信号不可避免地存在于战术环境中，所以雷达设计师有办法对付截获接收机所具有的优势。目前，现代雷达主要从以下几个方面提高 LPI 特性。

1．操作战术[4]

（1）功率管理

最有效的 LPI 战术当然是根本不辐射。在可以完成任务的前提下，通过限制雷达工作时间和降低运行功率来实现。

（2）双基地或多基地体制

双基地或多基地雷达是收发分置的雷达，工作隐蔽，抗干扰能力较强，可降低受攻击的概率。

2．设计的对策[2]

（1）连续波信号

决定雷达探测性能的是平均功率，而常规雷达采用的相参脉冲串的主要缺点是发射机输出峰值功率高，容易被截获接收机检测。对于占空比为 100%的连续波信号，可以采用相当低的发射功率获得与相参脉冲串雷达同样的检测性能（如图 6-2 所示）。因此，大多数 LPI 发射机采用的是连续波信号。

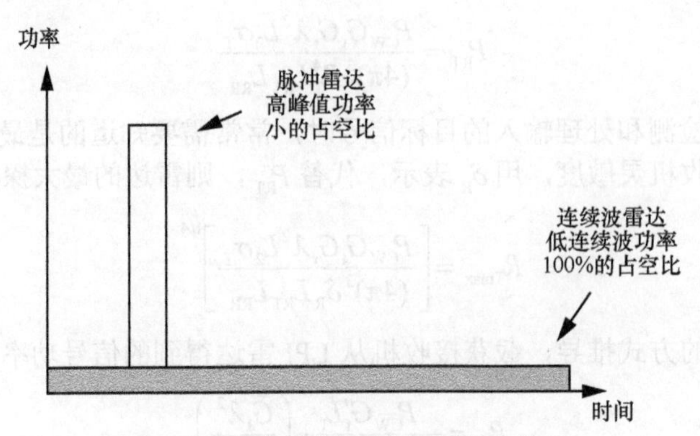

图 6-2　脉冲雷达与连续波雷达的比较

（2）脉冲压缩技术

一个单频的连续波信号不能在距离上分辨目标，因此 LPI 雷达采用周期调制的连续波信号以获得大的带宽和小的分辨单元，脉冲压缩是 LPI 雷达的关键（由于技术相似目的相同，概念扩展到非脉冲波形）。连续波 LPI 雷达具有 3 种常用的类型：① 频率调制雷达，包括线性调频和跳频；② 相位调制雷达，包括多相调制和多时调制；③ 综合前两者。总体来说，LPI 雷达可以将信号进行编码，将发射能量在频带上扩散，并且可以避免被非合作截获接收机检测和识别。

（3）相参积累

由于合作接收机已知发射信号的特征，因此可以在较长的时间内进行相参积累，而非合作接收机由于没有先验知识，采用非相参积累。例如，线性调频连续波雷达调制带宽 $\Delta f = 90\ \text{MHz}$，相参积累时间 $T_{\text{int}} = 1\ \text{ms}$，雷达处理增益 $\text{PG} = \Delta f T_{\text{int}} = 90\,000$，而采用非相参积累的截获机的处理增益 $\text{PG}_{\text{I}} = \sqrt{\Delta f T_{\text{int}}} = 300$。这就是 LPI 雷达的真正起源。

（4）波形参数随机化

在日益复杂和密集的电磁环境中，截获接收机必须通过识别和类型分选后确定目标类型。采用多种调制方式的复合或者将调制参数随机跳变，对于非合作接收机而言，截获和识别的难度都大为增加。

在实际工程应用中 LPI 雷达往往需要几种技术途径有机结合，才能使雷达拥有最佳性能。本章后文主要对连续波信号的分析和处理进行讨论。

6.3　低截获概率波形的模糊度分析

大多数 LPI 雷达采用的是连续波信号，不再适合采用第 3 章的模糊函数描述最优信号处理响应。本章给出周期模糊函数（Periodic Ambiguity Function，PAF）和平均模糊函数（Average Ambiguity Function，AAF）的定义，分别用于分析具有周期性和随机性的雷达信号。

6.3.1　周期模糊函数

周期模糊函数[5]是分析周期调制连续波信号及进行波形设计的有效数学工具，它表示时延–频偏平面的相关。为了简化分析，假设载波信号被一个周期为 T_r 的周期波形调制，接收机被匹配到整数个周期，即一个持续时间为 NT_r 的信号（周期连续波如图 6-3 所示）。

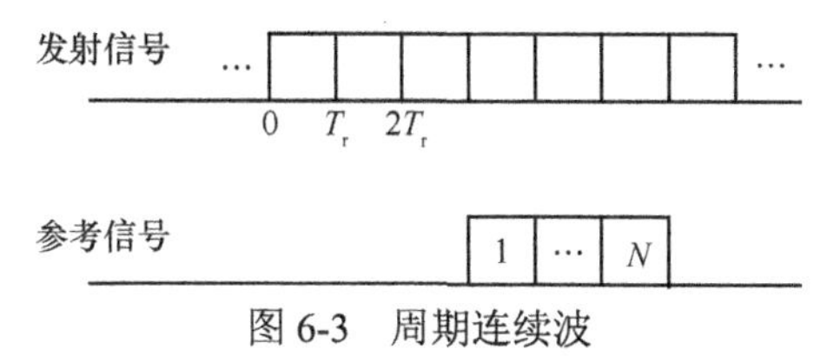

图 6-3　周期连续波

参考信号 $r(t)$ 由 N 个相参周期构成，可表示为

$$r(t)=u_N(t)\exp(\mathrm{j}2\pi f_\mathrm{c}t) \tag{6-11}$$

其中，f_c 是中心频率，复包络 $u_N(t)$ 的表达式为

$$u_N(t)=\frac{1}{\sqrt{N}}\sum_{n=1}^{N}u_n\left[t-(n-1)T_\mathrm{r}\right] \tag{6-12}$$

假设 N 个周期是相同的，即 $u_n(t)=u_1(t)$。如果接收时间不受限制，无限长信号的表达式为

$$u_N(t)=\sum_{n=-\infty}^{+\infty}u_1\left[t-(n-1)T_\mathrm{r}\right] \tag{6-13}$$

如果匹配滤波器将多个（大于 N）周期的信号与参考信号进行相关，存在多普勒频移的情况下的输出响应可以用周期模糊函数表示

$$\begin{aligned}\left|\chi_{NT}(\tau,f_\mathrm{d})\right|&=\left|\frac{1}{NT_\mathrm{r}}\int_0^{NT_\mathrm{r}}u(t-\tau)u^*(t)\exp(\mathrm{j}2\pi f_\mathrm{d}t)\mathrm{d}t\right|=\\&\left|\frac{1}{NT_\mathrm{r}}\int_0^{NT_\mathrm{r}}u(t)u^*(t+\tau)\exp(\mathrm{j}2\pi f_\mathrm{d}t)\mathrm{d}t\right|\end{aligned} \tag{6-14}$$

单周期模糊函数（$N=1$）可以表示为

$$\left|\chi_T(\tau,f_\mathrm{d})\right|=\left|\frac{1}{T_\mathrm{r}}\int_0^{T_\mathrm{r}}u(t)u^*(t+\tau)\exp(\mathrm{j}2\pi f_\mathrm{d}t)\mathrm{d}t\right| \tag{6-15}$$

将式（6-14）改写为

$$\left|\chi_{NT}(\tau,f_{\mathrm{d}})\right|=\left|\frac{1}{NT_{\mathrm{r}}}\sum_{n=1}^{N}\int_{(n-1)T_{\mathrm{r}}}^{nT_{\mathrm{r}}}u(t)u^{*}(t+\tau)\exp(\mathrm{j}2\pi f_{\mathrm{d}}t)\mathrm{d}t\right| \tag{6-16}$$

令 $t=t_1+(n-1)T_{\mathrm{r}}$，$t_1\in[0,T_{\mathrm{r}})$，利用第 3.2 节中模糊函数的性质 5（时间和频率偏移的影响）得到

$$\begin{aligned}\left|\chi_{NT}(\tau,f_{\mathrm{d}})\right|&=\left|\frac{1}{NT_{\mathrm{r}}}\sum_{n=1}^{N}\exp\left[\mathrm{j}2\pi f_{\mathrm{d}}(n-1)T_{\mathrm{r}}\right]\int_{0}^{T_{\mathrm{r}}}u(t_1)u^{*}(t_1+\tau)\exp(\mathrm{j}2\pi f_{\mathrm{d}}t_1)\mathrm{d}t_1\right|=\\&\left|\frac{1}{N}\chi_{T}(\tau,f_{\mathrm{d}})\sum_{n=1}^{N}\exp\left[\mathrm{j}2\pi f_{\mathrm{d}}(n-1)T_{\mathrm{r}}\right]\right|=\\&\left|\frac{1}{N}\chi_{T}(\tau,f_{\mathrm{d}})\frac{\sin(N\pi f_{\mathrm{d}}T_{\mathrm{r}})}{\sin(\pi f_{\mathrm{d}}T_{\mathrm{r}})}\exp\left[\mathrm{j}\pi f_{\mathrm{d}}(N-1)T_{\mathrm{r}}\right]\right|=\\&\left|\chi_{T}(\tau,f_{\mathrm{d}})\right|\left|\frac{\sin(N\pi f_{\mathrm{d}}T_{\mathrm{r}})}{N\sin(\pi f_{\mathrm{d}}T_{\mathrm{r}})}\right|\end{aligned} \tag{6-17}$$

由式（6-17）可知，周期模糊函数 $\left|\chi_{NT}(\tau,f_{\mathrm{d}})\right|$ 可以通过单周期模糊函数 $\left|\chi_{T}(\tau,f_{\mathrm{d}})\right|$ 与 $\left|\sin(N\pi f_{\mathrm{d}}T_{\mathrm{r}})/N\sin(\pi f_{\mathrm{d}}T_{\mathrm{r}})\right|$ 相乘得到。

PAF 在连续波雷达信号中所起的作用类似于传统的 AF 对有限持续时间信号所起的作用。对于大的 N，除了在 $1/T_{\mathrm{r}}$ 的整数倍位置，对于所有的 f_{d} 都被压缩到零[6]。

对于式（6-14），令 $\tau=0$ 可得到 PAF 的速度模糊函数，表示为

$$\left|\chi_{NT}(0,f_{\mathrm{d}})\right|=\left|\frac{1}{NT_{\mathrm{r}}}\int_{0}^{NT_{\mathrm{r}}}\left|u(t)\right|^{2}\exp(\mathrm{j}2\pi f_{\mathrm{d}}t)\mathrm{d}t\right| \tag{6-18}$$

如果只有相位调制或者频率调制，即 $\left|u(t)\right|=1$，有

$$\left|\chi_{NT}(0,f_{\mathrm{d}})\right|=\left|\frac{\sin(N\pi f_{\mathrm{d}}T_{\mathrm{r}})}{N\pi f_{\mathrm{d}}T_{\mathrm{r}}}\right|,\quad \left|u(t)\right|=1 \tag{6-19}$$

由式（6-19）可知，它与信号的细节无关。

此外，显然 PAF 具有周期性，对于任意整数 n，时延轴上的周期性为

$$\left|\chi_{NT}(nT_{\mathrm{r}},f_{\mathrm{d}})\right|=\left|\chi_{T}(0,f_{\mathrm{d}})\right| \tag{6-20}$$

对于任意整数 m，有

$$\left|\chi_{NT}\left(\tau,\frac{m}{T_{\mathrm{r}}}\right)\right|=\left|\chi_{T}\left(\tau+nT_{\mathrm{r}},\frac{m}{T_{\mathrm{r}}}\right)\right| \tag{6-21}$$

6.3.2　平均模糊函数

随机信号也是一种 LPI 波形，由于随机信号样本的不确定性，其模糊函数可以用统计模糊函数来描述。

假定雷达发射信号是随机信号，平均模糊函数[7]的定义为

$$A(\tau, f_{\mathrm{d}}) = K^2 E\left\{\left|\chi(\tau, f_{\mathrm{d}})\right|^2\right\} \tag{6-22}$$

其中，K 是归一化常数。为了保持一致性，采用正型模糊函数描述，有

$$\begin{aligned}
&A(\tau, f_{\mathrm{d}}) = K^2 E\left\{\left|\int_{-\infty}^{+\infty} u(t)u^*(t+\tau)\exp(\mathrm{j}2\pi f_{\mathrm{d}}t)\mathrm{d}t\right|^2\right\} = \\
&K^2 E\left\{\left[\int_{-\infty}^{+\infty} u(t)u^*(t+\tau)\exp(\mathrm{j}2\pi f_{\mathrm{d}}t)\mathrm{d}t\right]\left[\int_{-\infty}^{+\infty} u(t)u^*(t+\tau)\exp(\mathrm{j}2\pi f_{\mathrm{d}}t)\mathrm{d}t\right]^*\right\} = \\
&K^2\left\{\int_{-\infty}^{+\infty}\int_{-\infty}^{+\infty} E\left[u(t_1)u^*(t_2)u^*(t_1+\tau)u(t_2+\tau)\right]\exp\left[\mathrm{j}2\pi f_{\mathrm{d}}(t_1-t_2)\right]\mathrm{d}t_1\mathrm{d}t_2\right\}
\end{aligned} \tag{6-23}$$

基于统计平均的模糊函数可以消除不同样本的差异，更加准确地体现系统分辨能力。

6.4　连续波信号

连续波（Continuous Wave，CW）雷达是雷达的最早形式之一，至今依然被广泛使用。相对于脉冲信号，连续波信号难于拦截，因此，连续波的波形有时被称为低截获概率（LPI）波形。与脉冲雷达不同，连续波雷达连续不断地向外辐射电磁波，同时接连不断地接收处理目标回波。简单的连续波雷达发射非调制波，用于测量目标的速度，但不能确定目标距离。为了获得目标距离和速度等信息，连续波雷达需对发射波形进行调制，即对载波信号进行幅度、频率或相位的调制。因为调制不能总是沿着一个方向连续变化（如增加或者减少），所以一般采用的是周期调制方式。调制在时间轴上提供了标记，可以据此来获得距离信息。频率调制可以采用多种形式，最为常用的是正弦和线性调制，而线性调制中最常用的是三角形（V 形）调频连续波（Frequency Modulated Continuous Wave，FMCW），这种调制方式能够同时测量目标的距离和速度。

6.4.1　调频连续波模糊函数分析

本节对最常用的三角形 FMCW 信号的模糊函数进行分析。它的瞬时频率（三

角形 FMCW 如图 6-4 所示）可以表示为

$$f(t+kT_{\mathrm{r}})=f(t)=\begin{cases}\dfrac{2\Delta f}{T_{\mathrm{r}}}\left(t-\dfrac{T_{\mathrm{r}}}{4}\right), & 0\leqslant t<\dfrac{T_{\mathrm{r}}}{2}\\ -\dfrac{2\Delta f}{T_{\mathrm{r}}}\left(t-\dfrac{3T_{\mathrm{r}}}{4}\right), & \dfrac{T_{\mathrm{r}}}{2}\leqslant t<T_{\mathrm{r}}\end{cases} \tag{6-24}$$

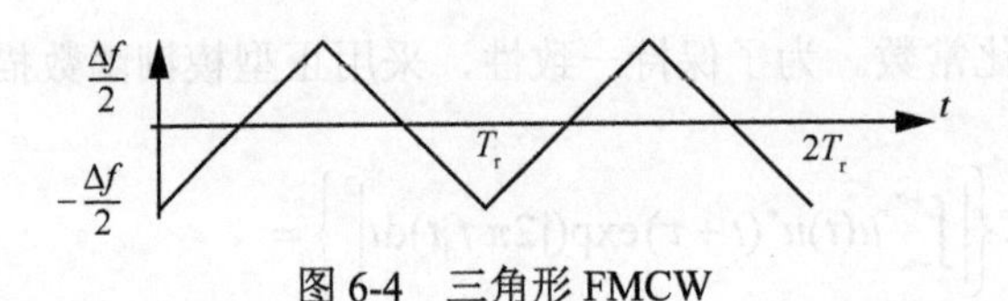

图 6-4　三角形 FMCW

为了便于推导，我们改成 V 形描述

$$f(t+kT_{\mathrm{r}})=f(t)=\begin{cases}-\dfrac{2\Delta f}{T_{\mathrm{r}}}\left(t+\dfrac{T_{\mathrm{r}}}{4}\right), & -\dfrac{T_{\mathrm{r}}}{2}\leqslant t<0\\ \dfrac{2\Delta f}{T_{\mathrm{r}}}\left(t-\dfrac{T_{\mathrm{r}}}{4}\right), & 0\leqslant t<\dfrac{T_{\mathrm{r}}}{2}\end{cases} \tag{6-25}$$

该信号的时域波形可以表示为

$$u(t+KT_{\mathrm{r}})=u(t)=u_1(t)+u_2(t),\quad -\frac{T_{\mathrm{r}}}{2}\leqslant t<\frac{T_{\mathrm{r}}}{2} \tag{6-26}$$

其中，$k=2\Delta f/T_{\mathrm{r}}$，有

$$u_1(t)=\exp\left[-\mathrm{j}\pi k\left(t+\frac{T_{\mathrm{r}}}{4}\right)^2\right],\quad -\frac{T_{\mathrm{r}}}{2}\leqslant t<0 \tag{6-27}$$

$$u_2(t)=\exp\left[\mathrm{j}\pi k\left(t-\frac{T_{\mathrm{r}}}{4}\right)^2\right],\quad 0\leqslant t<\frac{T_{\mathrm{r}}}{2} \tag{6-28}$$

进一步地简化推导，将频率范围 $[-\Delta f/2,\Delta f/2]$ 调整为 $[0,\Delta f]$，得

$$u_1(t)=\exp(-\mathrm{j}\pi kt^2),\quad -\frac{T_{\mathrm{r}}}{2}\leqslant t<0 \tag{6-29}$$

$$u_2(t)=\exp(\mathrm{j}\pi kt^2),\quad 0\leqslant t<\frac{T_{\mathrm{r}}}{2} \tag{6-30}$$

根据模糊函数的组合性质，可以得到单周期三角形 FMCW 的模糊函数为

$$\chi(\tau,f_{\mathrm{d}})=\chi_{11}(\tau,f_{\mathrm{d}})+\chi_{22}(\tau,f_{\mathrm{d}})+\chi_{12}(\tau,f_{\mathrm{d}})+\exp(-\mathrm{j}2\pi f_{\mathrm{d}}\tau)\chi_{12}^{*}(-\tau,-f_{\mathrm{d}}) \tag{6-31}$$

其中，$\chi_{11}(\tau,f_{\rm d})$ 和 $\chi_{22}(\tau,f_{\rm d})$ 分别是 $u_1(t)$ 和 $u_2(t)$ 的模糊函数，而 $\chi_{12}(\tau,f_{\rm d})$ 表示 $u_1(t)$ 和 $u_2(t)$ 的互模糊函数。由于 $u_1(t)=u_2^*(-t)$ ，有

$$
\begin{aligned}
\chi_{11}(\tau,f_{\rm d}) &= \int_{-\infty}^{+\infty} u_1(t)u_1^*(t+\tau)\exp({\rm j}2\pi f_{\rm d}t){\rm d}t = \\
&\int_{-\infty}^{+\infty} u_2^*(-t)u_2(-t-\tau)\exp({\rm j}2\pi f_{\rm d}t){\rm d}t = \\
&\left[\int_{-\infty}^{+\infty} u_2(-t)u_2^*(-t-\tau)\exp(-{\rm j}2\pi f_{\rm d}t){\rm d}t\right]^* = \\
&\left[\int_{-\infty}^{+\infty} u_2(t)u_2^*(t-\tau)\exp({\rm j}2\pi f_{\rm d}t){\rm d}t\right]^* = \chi_{22}^*(-\tau,f_{\rm d})
\end{aligned} \tag{6-32}
$$

由模糊函数的时延性质和调频性质可得

$$
\chi_{22}(\tau,f_{\rm d}) = \frac{\sin\left[\pi(f_{\rm d}-k\tau)\left(T-|\tau|\right)\right]}{\pi(f_{\rm d}-k\tau)T}\exp\left\{{\rm j}\left[\pi(f_{\rm d}-k\tau)(T-\tau)-\pi k\tau^2\right]\right\},\ |\tau|\leqslant T \tag{6-33}
$$

其中， $T=T_{\rm r}/2$ 。将式（6-33）代入式（6-32）得

$$
\chi_{11}(\tau,f_{\rm d}) = \frac{\sin\left[\pi(f_{\rm d}+k\tau)\left(T-|\tau|\right)\right]}{\pi(f_{\rm d}+k\tau)T}\exp\left\{-{\rm j}\left[\pi(f_{\rm d}+k\tau)(T+\tau)-\pi k\tau^2\right]\right\},\ |\tau|\leqslant T \tag{6-34}
$$

互模糊函数 $\chi_{12}(\tau,f_{\rm d})$ 计算如下

$$
\begin{aligned}
\chi_{12}(\tau,f_{\rm d}) &= \exp(-{\rm j}\pi f_{\rm d}\tau)\int_{-\infty}^{+\infty} u_1\left(t-\frac{\tau}{2}\right)u_2^*\left(t+\frac{\tau}{2}\right)\exp({\rm j}2\pi f_{\rm d}t){\rm d}t = \\
&\exp(-{\rm j}\pi f_{\rm d}\tau)\int_a^b \exp\left[-{\rm j}\pi k\left(t-\frac{\tau}{2}\right)^2\right]\exp\left[-{\rm j}\pi k\left(t+\frac{\tau}{2}\right)^2\right]\exp({\rm j}2\pi f_{\rm d}t){\rm d}t = \\
&\exp(-{\rm j}\pi f_{\rm d}\tau)\int_a^b \exp\left[-{\rm j}2\pi k\left(t^2+\frac{\tau^2}{4}\right)\right]\exp({\rm j}2\pi f_{\rm d}t){\rm d}t = \\
&\exp\left(-{\rm j}\pi f_{\rm d}\tau-{\rm j}\pi k\frac{\tau^2}{2}\right)\int_a^b \exp\left(-{\rm j}2\pi kt^2\right)\exp\left({\rm j}2\pi f_{\rm d}t\right){\rm d}t = \\
&\exp\left(-{\rm j}\pi f_{\rm d}\tau-{\rm j}\pi k\frac{\tau^2}{2}+{\rm j}\pi\frac{f_{\rm d}^2}{2k}\right)\int_a^b \exp\left[-{\rm j}2\pi k\left(t-\frac{f_{\rm d}}{2k}\right)^2\right]{\rm d}t
\end{aligned} \tag{6-35}
$$

其中， a 和 b 为积分限，有如下两种情况。

$$①\begin{cases} a=-\dfrac{\tau}{2} \\ b=\dfrac{\tau}{2} \end{cases},\ 0\leqslant\tau<T \quad ②\begin{cases} a=-T+\dfrac{\tau}{2} \\ b=T-\dfrac{\tau}{2} \end{cases},\ T\leqslant\tau<2T \tag{6-36}$$

为了求解积分项，令

$$F(\tau,f_{\rm d})=\int_a^b \exp\left[-{\rm j}2\pi k\left(t-\frac{f_{\rm d}}{2k}\right)^2\right]{\rm d}t \tag{6-37}$$

且作变量代换

$$x=\sqrt{4k}\left(t-\frac{f_{\rm d}}{2k}\right) \tag{6-38}$$

可得

$$F(\tau,f_{\rm d})=\frac{1}{\sqrt{4k}}\int_{-x_2}^{x_1}\exp\left(-{\rm j}\frac{\pi}{2}x^2\right){\rm d}x \tag{6-39}$$

其中，积分限

$$x_1=\sqrt{4k}\left(b-\frac{f_{\rm d}}{2k}\right),\ \ x_2=\sqrt{4k}\left(-a+\frac{f_{\rm d}}{2k}\right) \tag{6-40}$$

采用菲涅尔（Fresnel）积分公式

$$c(x)=\int_0^x\cos\left(\frac{\pi}{2}x^2\right){\rm d}x,\ \ s(x)=\int_0^x\sin\left(\frac{\pi}{2}x^2\right){\rm d}x \tag{6-41}$$

并考虑其对称性$c(-x)=-c(x)$，$s(-x)=-s(x)$，于是有

$$\chi_{12}(\tau,f_{\rm d})=\exp\left(-{\rm j}\pi f_{\rm d}\tau-{\rm j}\pi k\frac{\tau^2}{2}+{\rm j}\pi\frac{f_{\rm d}^2}{2k}\right)\{[c(x_1)+c(x_2)]+{\rm j}[s(x_1)+s(x_2)]\} \tag{6-42}$$

将式（6-33）、式（6-34）和式（6-42）代入式（6-31）即可得到$\chi(\tau,f_{\rm d})$，其是自相关模糊函数和互相关模糊函数的矢量合成。由于$\chi_{11}(\tau,f_{\rm d})$的斜刀刃取向为二、四象限，而$\chi_{22}(\tau,f_{\rm d})$的斜刀刃取向为一、三象限，叠加结果使原点处的主峰高度增加一倍，其他处由于刀刃取向不同而形成旁瓣基底。互模糊函数表示的是斜率不匹配部分的响应，因此最大值远小于自模糊函数而形成广泛的旁瓣基底。总体而言近似图钉形模糊函数，单周期三角形 FMCW 信号的模糊函数示意如图 6-5 所示（$T_{\rm r}=2T$=4 s，$\Delta f=4$ Hz）。

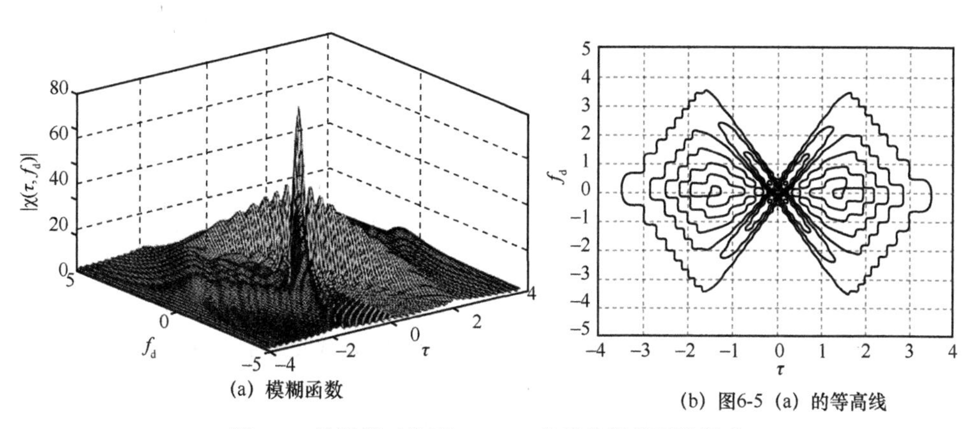

图 6-5　单周期三角形 FMCW 信号的模糊函数示意

MATLAB 代码如下。

```
close all;
clear all;
% 三角形 FMCW 信号
T=2;
Delta_f=4;
Fs=Delta_f*5;
k=Delta_f/T;
dt=1/Fs;
n= round( T / dt );
t1=(-n:-1)*dt;
t2=(0:n-1)*dt;
st1=exp(- 1i * pi * k * t1.^2 );
st2=exp( 1i * pi * k * t2.^2 );
sig=[st1 st2];
n=n*2;
N=2;
%用于计算单周期信号的模糊函数的发射信号
% sigt=[sig zeros(1,n*(NN-1))];
n=n*N;
%用于计算信号的单/多周期模糊函数的发射信号
sigt=[];
for ii=1:N
   sigt=[sigt sig];
end
```

```
% 时延-多普勒的取值范围
taux = (-n/2:1:n/2-1)*dt;
kfd=10;
dfd=0.05;
fdmax=kfd/ T;
fdmin=-fdmax;
fdy=fdmin:dfd:fdmax;
n_fd=length(fdy);
%用于计算单周期信号的模糊函数及信号的单周期模糊函数的参考信号频谱
% sigfft=fft(sig,n) ;
%用于计算信号的多周期模糊函数的参考信号频谱
sigfft=fft(sigt,n) ;
% 计算三角形 FMCW 信号的模糊函数
j=0;
for fd=fdy
    j=j+1;
    val1=exp(1i*2*pi*fd*taux);
    val2=[sigt];
    val3=fft(val1.*val2);
    x(j,:)=fftshift(ifft(sigfft.*conj(val3)));
end
% 绘制三角形 FMCW 信号的模糊函数（按模计算）
figure;
mesh(taux,fdy,abs(x));
xlabel('$\tau$','interpreter','latex')
ylabel('$f_d$','interpreter','latex')
% 用于绘制单周期信号的模糊函数
% zlabel('$\left| {\chi \left( {\tau ,{f_d}} \right)} \right|$',
'interpreter','latex')
% 用于绘制信号的单周期模糊函数
% zlabel('$\left| {\chi_T \left( {\tau ,{f_d}} \right)} \right|$',
'interpreter','latex')
% 用于绘制信号的多周期模糊函数
zlabel('$\left| {\chi_{NT} \left( {\tau ,{f_d}} \right)} \right|$',
'interpreter','latex')
colormap([.5 .5 .5])
colormap(gray)
figure;
```

```
contour(taux,fdy,abs(x));
xlabel('$\tau$','interpreter','latex')
ylabel('$f_d$','interpreter','latex')
colormap([.5 .5 .5])
colormap(gray)
grid
```

注意单周期三角形 FMCW 信号的模糊函数$|\chi(\tau,f_\mathrm{d})|$与三角形 FMCW 信号的单周期模糊函数$|\chi_T(\tau,f_\mathrm{d})|$的区别。前者是发射信号和参考信号均为单周期的情况，而后者是发射信号为多个周期，参考信号为单周期的情况。$|\chi_T(\tau,f_\mathrm{d})|$在时延轴上具有大小为$T_\mathrm{r}$的周期性，三角形 FMCW 信号的单周期模糊函数示意如图 6-6 所示。从图 6-6 中可见，由于$|\chi(\tau,f_\mathrm{d})|$具有图钉形式，$|\chi_T(\tau,f_\mathrm{d})|$看起来几乎是$|\chi(\tau,f_\mathrm{d})|$的周期重复。单周期模糊函数$|\chi_T(\tau,f_\mathrm{d})|$与$\left|\sin(N\pi f_\mathrm{d}T_\mathrm{r})/\left[N\sin(\pi f_\mathrm{d}T_\mathrm{r})\right]\right|$相乘可得周期模糊函数$|\chi_{NT}(\tau,f_\mathrm{d})|$，三角形 FMCW 信号的周期模糊函数示意如图 6-7 所示（$N=2$）。加权的影响将会随着N的增加而增加，有降低旁瓣的作用。

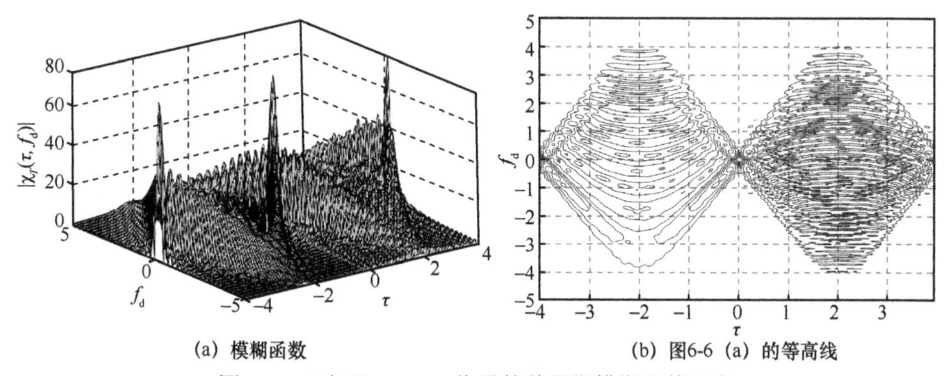

(a) 模糊函数　　(b) 图6-6 (a) 的等高线

图 6-6　三角形 FMCW 信号的单周期模糊函数示意

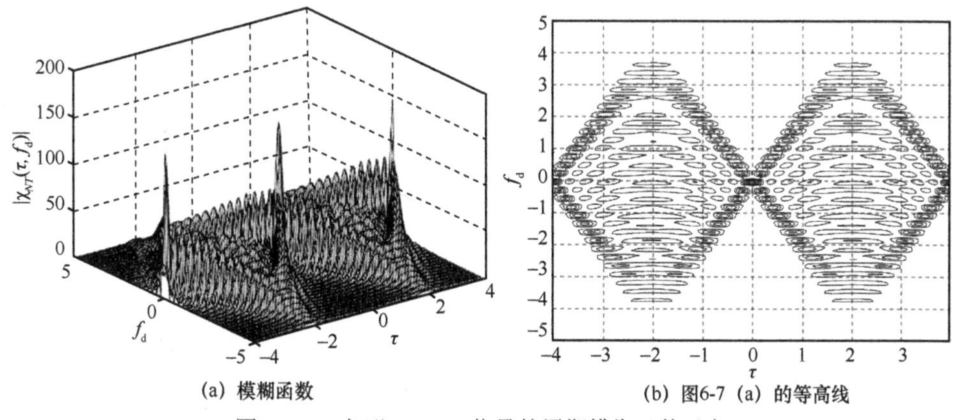

(a) 模糊函数　　(b) 图6-7 (a) 的等高线

图 6-7　三角形 FMCW 信号的周期模糊函数示意

6.4.2 调频连续波信号处理

连续波雷达由于发射和接收是同时的，这就要求发射机和接收机之间具有足够的隔离度，采用隔离度良好的双天线配置是一种可行的解决方案。图 6-8 描述了一个简化的 FMCW 信号处理流程[6]，其基本的功能是将接收到的（有时延的）信号与参考信号混合，混频器输出通过带通滤波器（Band Pass Filter，BPF）组。这种处理是一种拉伸（Stretch）方法，距离的获取采用频谱分析实现，下文给出具体的推导过程。

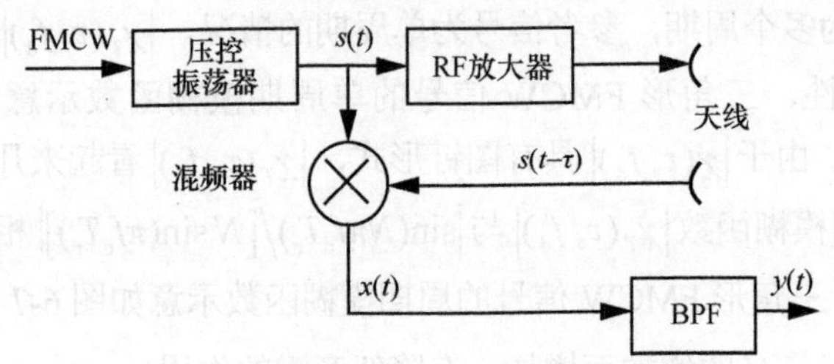

图 6-8 简化的 FMCW 信号处理流程

发射信号表示为

$$s(t)=u(t)\exp(\mathrm{j}2\pi f_{\mathrm{c}}t) \tag{6-43}$$

那么接收信号为$s(t-\tau)$，其中$\tau=2R/c$。接收信号的处理是与匹配的参考信号相乘，混频输出可以表示为

$$\begin{aligned}x(t)=s(t-\tau)s^*(t)=\\ u(t-\tau)\exp\left[\mathrm{j}2\pi f_{\mathrm{c}}(t-\tau)\right]u^*(t)\exp(-\mathrm{j}2\pi f_{\mathrm{c}}t)=\\ u(t-\tau)u^*(t)\exp(-\mathrm{j}2\pi f_{\mathrm{c}}\tau)\end{aligned} \tag{6-44}$$

注意到$u(t)$的周期为T_{r}，那么$u(t-\tau)u^*(t)$也具有周期性。如果可用时间非常长（$N\to\infty$），那么$u(t-\tau)u^*(t)$可以表示为傅里叶级数，即

$$u(t-\tau)u^*(t)=\sum_{n\to-\infty}^{+\infty}F_n\exp(\mathrm{j}2\pi nf_mt),\quad f_m=\frac{1}{T_{\mathrm{r}}} \tag{6-45}$$

其中，

$$F_n=\frac{1}{T_{\mathrm{r}}}\int_0^{T_{\mathrm{r}}}u(t-\tau)u^*(t)\exp(-\mathrm{j}2\pi nf_mt)\mathrm{d}t \tag{6-46}$$

观察式（6-46），可见

$$F_n = \exp(-\mathrm{j}2\pi n f_m \tau)\chi_{\mathrm{T}}(\tau, -n f_m) \tag{6-47}$$

如果 BPF 的中心为 nf_m 且带宽非常窄（滤波器组或者 DFT 实现），其输出信号为

$$y(t) = \left[\exp(-\mathrm{j}2\pi n f_m \tau)\chi_T(\tau, -n f_m)\exp(\mathrm{j}2\pi n f_m t)\right]\exp(-\mathrm{j}2\pi f_c \tau) \tag{6-48}$$

也就是说，每个滤波器的输出峰值位于不同的时延。

对于三角形 FMCW 信号，第 n 个滤波器的输出信号的峰值出现的条件是

$$\tau = \frac{n}{2\Delta f} \tag{6-49}$$

图 6-9 有助于直观地理解分析结果，图 6-9（a）表示信号的瞬时频率，其中 f_{T} 和 f_{R} 分别对应发射信号和接收信号，而图 6-9（b）表示差频（也称为拍频）的幅度，即

$$f_{\mathrm{B}} = \left|f_{\mathrm{T}} - f_{\mathrm{R}}\right| = 2\Delta f\frac{\tau}{T_{\mathrm{r}}} = 2\Delta f \tau f_m = \frac{4Rf_m\Delta f}{c} \tag{6-50}$$

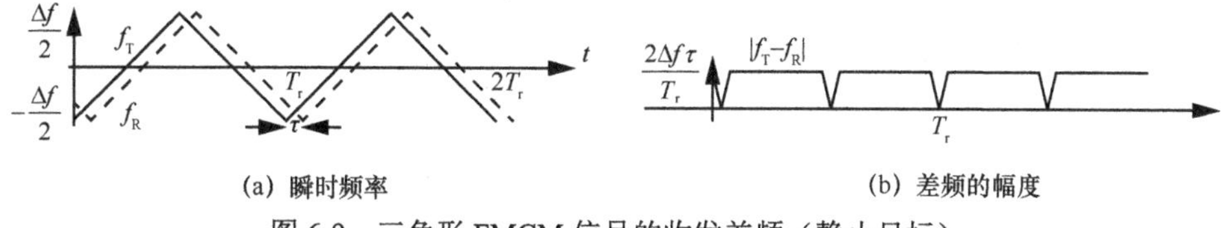

(a) 瞬时频率　　(b) 差频的幅度

图 6-9　三角形 FMCM 信号的收发差频（静止目标）

注意：差频的频率周期为 T_{r}，幅度周期为 $T_{\mathrm{r}}/2$。采用 DFT 对进行频谱分析，由于周期性，差频信号谱分析只能得到 f_m 的整数倍，最大值位于

$$\mathrm{round}\left\{\frac{f_{\mathrm{B}}}{f_m}\right\} = \mathrm{round}\{2\Delta f \tau\} = n \tag{6-51}$$

这与式（6-49）是一致的。

现在考虑存在多普勒偏移 f_{D}（即运动目标）的情况，收发信号的瞬时频率以及对应的差频的幅度如图 6-10 所示。差频信号的频谱分成两个部分：上升和下降部分，其分别为

$$f_{\mathrm{Bu}} = f_{\mathrm{B}} - f_{\mathrm{D}} = \frac{4Rf_m\Delta f}{c} - \frac{2v}{\lambda} \tag{6-52}$$

$$f_{\mathrm{Bd}} = f_{\mathrm{B}} + f_{\mathrm{D}} = \frac{4Rf_m\Delta f}{c} + \frac{2v}{\lambda} \tag{6-53}$$

也就是峰值位于 $nf_m \pm f_{\mathrm{D}}$，这意味着 BPF 需要足够大的带宽以保证多普勒偏移成分通过，估计多普勒频移需要比图 6-8 更复杂的接收机。MTI 滤波器可以引入 FMCW 雷达信号处理流程中，其工作方式类似于脉冲雷达。

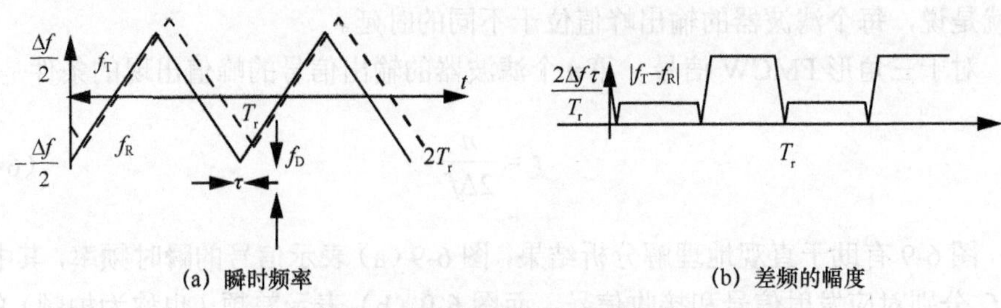

图 6-10　三角形 FMCM 信号的收发差频（运动目标）

将式（6-53）和式（6-52）相加，可计算作用距离为

$$R = \frac{c}{8f_m\Delta f}(f_{\mathrm{Bd}} + f_{\mathrm{Bu}}) \tag{6-54}$$

将式（6-53）和式（6-52）相减，可计算速度为

$$v = \frac{\lambda}{4}(f_{\mathrm{Bd}} - f_{\mathrm{Bu}}) \tag{6-55}$$

即利用三角形 FMCW 信号可同时获得距离和速度信息。当然，这种波形在使用过程中需要考虑同一个目标的 f_{Bd} 和 f_{Bu} 的配对问题。

根据上述分析，三角形 FMCW 波形的设计过程大体为：① 首先确定调制带宽 Δf 以获得所需的距离分辨率，理想的距离分辨率为 $\Delta R = c/(2\Delta f)$。② 调制周期 $T(T_{\mathrm{r}}/2)$ 的选择，其必须考虑的因素有两个：一个是要求目标在一个调制周期内驻留在一个距离单元内 $T < \Delta R/V_t$，其中，V_t 为目标的最大接近速度；另一个是调制周期应该远大于回波最大时延 τ_t，以保证有效带宽损耗（交叠处）足够小，通常 $T = 10\tau_t$。③ 加权可以降低旁瓣，但会发生主瓣展宽，需要考虑其分辨率损失。

6.5　随机技术

波形参数随机化是重要的 LPI 技术之一。随机信号雷达是一种将微波噪声作为其发射信号或调制信号形式的雷达。早在 20 世纪 60 年代美国和欧洲的一些国家就对随机信号雷达给予了广泛的关注，相继发表了多篇关于随机信号雷达的文章。到了 20 世纪 60 年代后期，第一部实验型随机信号雷达在美国普渡大学问世。受到当时电子元器件制造工艺和技术水平的限制，关于随机信号雷达的研究一度陷入低潮。20 世纪 80 年代后期，随着电子技术的发展，各种固态微波器件和超大规模集成电路的出现促进了随机信号雷达的发展。

相对于传统的雷达体制，随机信号雷达具有许多优良的特性，比如：模糊函数是理想的“图钉形”，具有很高的无模糊测距、测速精度和良好的距离、速度分辨率。此外，随机信号雷达具有十分优异的低截获概率性能和电子反对抗能力。具体而言，一方面它可以扩大雷达的工作频段，使雷达更有机会工作在无干扰或少干扰的频率区，尤其对抗窄带瞄准式有源干扰极为有效；另一方面，参数的随机变化提高了敌方侦察机或电子战系统侦察、截获、测量、分析、识别的复杂程度，进一步提升了雷达在复杂电磁环境下的对抗能力。

6.5.1　随机化波形

随机信号雷达主要有以下几种典型的波形。

1. 随机脉位波形

Kaveh 和 Cooper[7]利用随机脉位脉冲序列（如图 6-11 所示）作为雷达发射波进行了研究，发现平均模糊函数较理想，当参数选择合理时近似为“图钉形”。这种波形不仅具有良好的抗干扰性能，而且解决了脉冲雷达的测距和测速模糊问题。

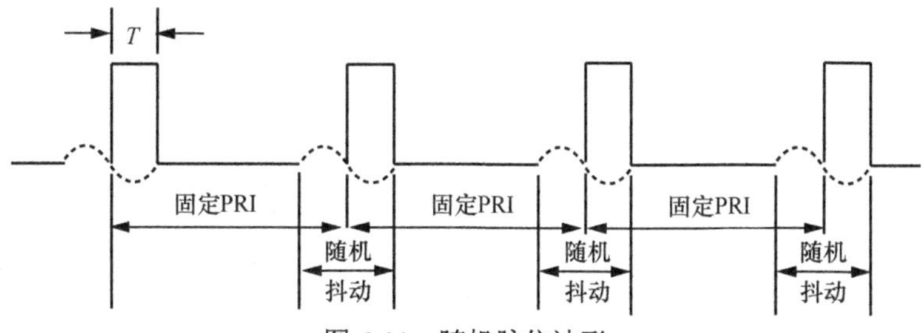

图 6-11　随机脉位波形

2. 随机步进频波形

随机步进频波形指的是信号载频在随机序列控制下，在多个频点上跳变的信号，图 6-12 所示为这种波形的瞬时频率与时间的关系。这种信号能量分布在更宽的频带内，因此单位带宽内的信号能量低，且由于载频的跳变，信号被截获的概率降低。随机步进频综合了频率步进和噪声雷达的优良特性。

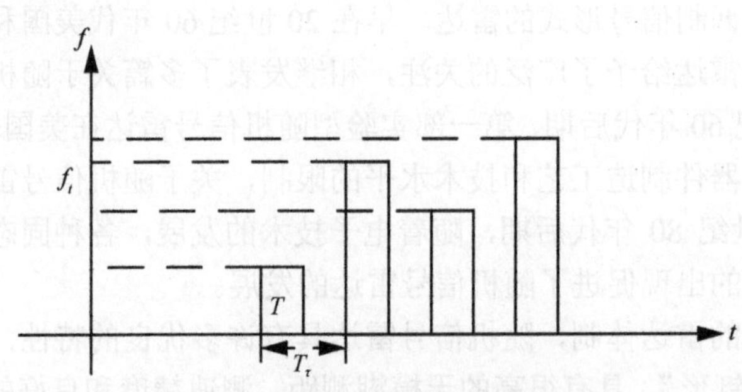

图 6-12　随机步进频信号的瞬时频率

3．随机二相编码波形

随机二相编码波形包括随机二相编码脉冲串和随机二相编码连续波，后者在表达式上可以看作前者的一个特例。随机二相编码波形如图 6-13 所示，它的平均模糊函数近似为“图钉形”，因而也具有良好的测距和测速性能。

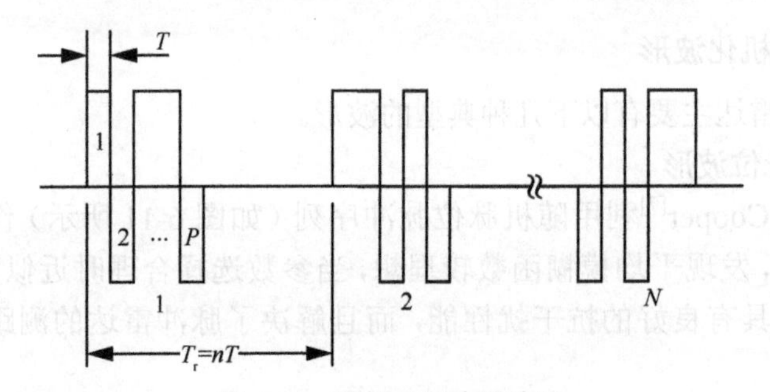

图 6-13　随机二相编码波形

4．随机调频连续波

随机调频连续波的平均模糊函数是理想“图钉形”，具有良好的测距和测速性能，它可以与 FMCW 波形复合。

本节后文以随机调频连续波（Random Frequency Modulated Continuous Wave，RFMCW）为例，对信号采用平均模糊函数进行分析[8]，也就是以随机信号分析理论和模糊函数理论相结合的方式来讨论随机信号雷达的性能。

6.5.2　随机调频连续波模糊函数分析

假设随机调频连续波雷达信号的复包络为

$$u(t)=\exp\left[\mathrm{j}\phi(t)\right] \tag{6-56}$$

其中，$\phi(t)$ 是瞬时相位，可以表示为

$$\phi(t)=D_f\int_0^t \xi(t_0)\mathrm{d}t_0 \tag{6-57}$$

其中，D_f 是调制指数；$\xi(t)$ 是随机噪声，假设其为零均值平稳高斯随机过程，那么 $\phi(t)$ 也是零均值高斯随机过程。于是，有

$$\begin{aligned}&E\left[u(t_1)u^*(t_2)u^*(t_1+\tau)u(t_2+\tau)\right]=\\&E\left\{\exp\left[\mathrm{j}\phi(t_1)\right]\exp\left[-\mathrm{j}\phi(t_2)\right]\exp\left[-\mathrm{j}\phi(t_1+\tau)\right]\exp\left[\mathrm{j}\phi(t_2+\tau)\right]\right\}=\\&E\left\{\exp\left[\mathrm{j}\phi(t_1)-\mathrm{j}\phi(t_1+\tau)\right]\exp\left[-\mathrm{j}\phi(t_2)+\mathrm{j}\phi(t_2+\tau)\right]\right\}\end{aligned}\tag{6-58}$$

令

$$X_1=\phi(t_1+\tau)-\phi(t_1)=D_f\int_{t_1}^{t_1+\tau}\xi(t_0)\mathrm{d}t_0\tag{6-59}$$

$$X_2=\phi(t_2+\tau)-\phi(t_2)=D_f\int_{t_2}^{t_2+\tau}\xi(t_0)\mathrm{d}t_0\tag{6-60}$$

那么 X_1 和 X_2 是零均值的高斯随机变量。式（6-58）可以改写为

$$E\left[u(t_1)u^*(t_2)u^*(t_1+\tau)u(t_2+\tau)\right]=E\left\{\exp\left[\mathrm{j}\upsilon_1X_1+\mathrm{j}\upsilon_2X_2\right]\right\}\tag{6-61}$$

其中，$\upsilon_1=-1$，$\upsilon_2=1$。由特征函数的定义及性质可知，式（6-61）可改写为

$$E\left[u(t_1)u^*(t_2)u^*(t_1+\tau)u(t_2+\tau)\right]=C_{X_1X_2}(\upsilon_1,\upsilon_2)=\exp\left[-\frac{\boldsymbol{\upsilon}^{\mathrm{T}}\boldsymbol{K}\boldsymbol{\upsilon}}{2}\right]\tag{6-62}$$

其中，$\boldsymbol{\upsilon}=\left[\upsilon_1,\upsilon_2\right]^{\mathrm{T}}=\left[-1,1\right]^{\mathrm{T}}$，$\boldsymbol{K}$ 为 X_1 和 X_2 的协方差矩阵，有

$$\boldsymbol{K}=\begin{bmatrix}K_{11} & K_{12}\\K_{21} & K_{22}\end{bmatrix}=\begin{bmatrix}E\left[X_1\quad X_1\right] & E\left[X_1\quad X_2\right]\\E\left[X_2\quad X_1\right] & E\left[X_2\quad X_2\right]\end{bmatrix}\tag{6-63}$$

于是，可得

$$E\left[u(t_1)u^*(t_2)u^*(t_1+\tau)u(t_2+\tau)\right]=\exp\left[-\frac{1}{2}(K_{11}+K_{22}-K_{12}-K_{21})\right]\tag{6-64}$$

由于 $\xi(t)$ 是平稳随机过程，协方差函数可以表示为 $K_\xi(t_1,t_2)=K_\xi(t_2-t_1)=K_\xi(\tau_0)$。根据 X_1 和 X_2 的表达式，即式（6-59）和式（6-60），利用平稳过程定积分的数字特征计算式，协方差表达式为

$$
\begin{aligned}
K_{11}=K_{22}=E\left[D_f\int_{t_1}^{t_1+\tau}\xi(\alpha)\mathrm{d}\alpha D_f\int_{t_1}^{t_1+\tau}\xi(\beta)\mathrm{d}\beta\right]= \\
D_f^2\int_{t_1}^{t_1+\tau}\int_{t_1}^{t_1+\tau}E\left[\xi(\alpha)\xi(\beta)\right]\mathrm{d}\alpha\mathrm{d}\beta= \\
2D_f^2\int_0^{|\tau|}(|\tau|-\tau_0)K_\xi(\tau_0)\mathrm{d}\tau_0,\quad \tau_0=\beta-\alpha
\end{aligned}
\tag{6-65}
$$

类似地，互协方差表达式为

$$
\begin{aligned}
K_{12}=K_{21}=E\left[D_f\int_{t_1}^{t_1+\tau}\xi(\alpha)\mathrm{d}\alpha D_f\int_{t_2}^{t_2+\tau}\xi(\beta)\mathrm{d}\beta\right]= \\
D_f^2\int_{t_1}^{t_1+\tau}\int_{t_2}^{t_2+\tau}E\left[\xi(\alpha)\xi(\beta)\right]\mathrm{d}\alpha\mathrm{d}\beta= \\
D_f^2\left[\int_0^{|\tau|}|\tau|K_\xi(t_2-t_1-\tau_0)\mathrm{d}\tau_0+\int_0^{|\tau|}|\tau|K_\xi(t_2-t_1+\tau_0)\mathrm{d}\tau_0\right]- \\
D_f^2\left[\int_0^{|\tau|}\tau_0K_\xi(t_2-t_1-\tau_0)\mathrm{d}\tau_0+\int_0^{|\tau|}\tau_0K_\xi(t_2-t_1+\tau_0)\mathrm{d}\tau_0\right],\quad \tau_0=\beta-\alpha
\end{aligned}
\tag{6-66}
$$

假设调制噪声电压是白噪声通过低通滤波器的输出，则随机噪声功率谱（如图 6-14 所示）可以表示为

$$
W_\xi(\omega)=\frac{\dfrac{4\psi}{\Delta\omega}}{1+\left(\dfrac{\omega}{\Delta\omega}\right)^2}
\tag{6-67}
$$

其中，ψ 为调制噪声功率，$\Delta\omega$ 为带宽。根据维纳–辛钦定理，以及零均值的条件，可得

$$
K_\xi(\tau_0)=\psi\exp(-\Delta\omega|\tau_0|)
\tag{6-68}
$$

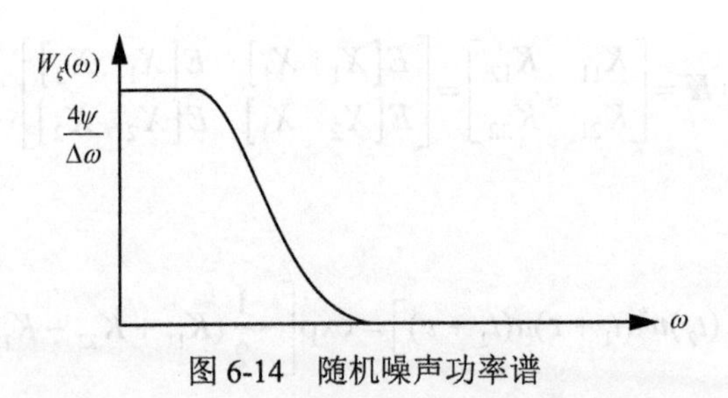

图 6-14　随机噪声功率谱

将式（6-64）~式（6-66）和式（6-68）代入式（6-23）并且考虑划分 4 个区域：$0\leqslant t_2-t_1\leqslant|\tau|$、$t_2-t_1>|\tau|$、$-|\tau|\leqslant t_2-t_1<0$、$t_2-t_1<-|\tau|$，以及设观测时间为有限长，即$[0,T]$，于是得到随机调频连续波的 AAF 表达式为

$$A(\tau, f_{\mathrm{d}}) = K^2 \left\{ \int_{-\infty}^{+\infty} \int_{-\infty}^{+\infty} \sum_{i=1}^{4} A B_i C_i w(t_1) w^*(t_2) \exp\left[\mathrm{j} 2\pi f_d (t_1 - t_2)\right] \mathrm{d}t_1 \mathrm{d}t_2 \right\} \tag{6-69}$$

其中，

$$w(t) = \begin{cases} 1, & 0 \leqslant t \leqslant T \\ 0, & \text{其他} \end{cases} \tag{6-70}$$

$$A = \exp\left[-2D_f^2 \int_0^{|\tau|} (|\tau| - \tau_0) \psi \exp(-\Delta\omega |\tau_0|) \mathrm{d}\tau_0 \right] \tag{6-71}$$

$$B_i = \exp\left\{ D_f^2 \left[\int_0^{|\tau|} |\tau| \psi \exp(-\Delta\omega |t_2 - t_1 - \tau_0|) \mathrm{d}\tau_0 + \int_0^{|\tau|} |\tau| \psi \exp(-\Delta\omega |t_2 - t_1 + \tau_0|) \,\mathrm{d}\tau_0 \right] \right\} \tag{6-72}$$

$$C_i = \exp\left\{ -D_f^2 \left[\int_0^{|\tau|} \tau_0 \psi \exp(-\Delta\omega |t_2 - t_1 - \tau_0|) \mathrm{d}\tau_0 + \int_0^{|\tau|} \tau_0 \psi \exp(-\Delta\omega |t_2 - t_1 + \tau_0|) \,\mathrm{d}\tau_0 \right] \right\} \tag{6-73}$$

采用 MATLAB 对随机调频连续波信号进行建模，根据 AAF 定义并以样本平均近似统计平均进行求解，代码如下。

```
close all;
clear all;
% 随机信号
M = 2;  %样本数
N0 = 1;
T=2;
fs = 100;
dt=1/fs;
n=round(T/dt);
t = (0:n-1)*dt;
x_noise = wgn(M,n,N0/2).';
Delta_f=50;
Delta_omega=2*pi*Delta_f;
h=exp(-Delta_omega*t).';
x_noise=ifft(fft(x_noise).*fft(h));
Df=1;
phi=Df*cumsum(x_noise);
sig=exp(1i*phi);
% 时延-多普勒的取值范围
taux = (-n/2:1:n/2-1)*dt;
kfd=10;
dfd=0.05;
fdmax=kfd/ T;
```

```
fdmin=-fdmax;
fdy=fdmin:dfd:fdmax;
n_fd=length(fdy);
Ax=zeros(n_fd,n);
% 计算 RFMCW 信号的模糊函数
for ii=1:M
    sigt=sig(:,ii);
    sigfft=fft(sigt,n) ;
    j=0;
    for fd=fdy
        j=j+1;
        val1=exp(1i*2*pi*fd*taux(:));
        val2=[sigt];
        val3=fft(val1.*val2);
        x(j,:)=fftshift(ifft(sigfft.*conj(val3)));
    end
    Ax=Ax+abs(x).^2;
end
Ax=Ax/M;
Ax=Ax/max(max(Ax));
% 绘制 RFMCW 信号的平均模糊函数（按模方计算）
figure;
mesh(taux,fdy,Ax);
xlabel('$\tau$','interpreter','latex')
ylabel('$f_d$','interpreter','latex')
zlabel('$E\left\{ {{\left| \chi \left( \tau ,f_d \right)\right|}^2}
        \right\}$','interpreter','latex')
colormap([.5 .5 .5])
colormap(gray)
figure;
contour(taux,fdy,Ax);
xlabel('$\tau$','interpreter','latex')
ylabel('$f_d$','interpreter','latex')
colormap([.5 .5 .5])
colormap(gray)
grid
```

“图钉形”的随机调频连续波的平均模糊函数示意如图 6-15 所示，其平均距离模糊函数和平均速度模糊函数示意如图 6-16（a）和图 6-16（b）所示，增大调制指数可以提高距离分辨率，长时间观测可以提高速度分辨率。

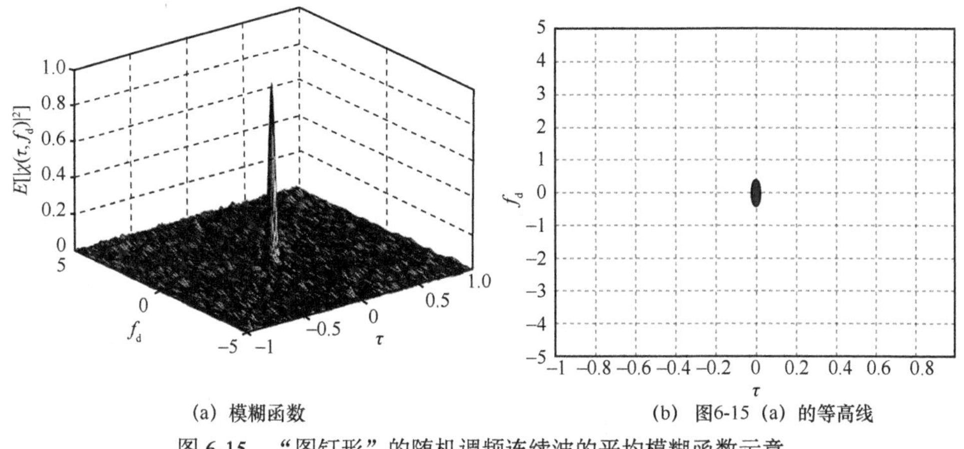

（a）模糊函数　　（b）图6-15（a）的等高线

图 6-15　“图钉形”的随机调频连续波的平均模糊函数示意

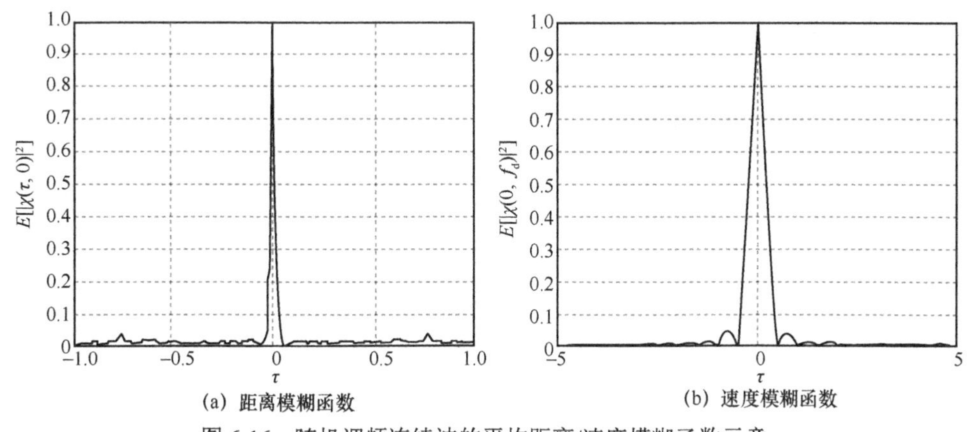

（a）距离模糊函数　　（b）速度模糊函数

图 6-16　随机调频连续波的平均距离/速度模糊函数示意

6.6　低截获概率信号分析

LPI 波形设计与截获接收机设计是彼此推进的双方，二者的研究是同步进行的。本节简要讨论截获接收机策略以及基本的 LPI 信号分析方法。

LPI 雷达特性对非合作截获接收机提出了特殊的挑战，现代电子战中的截获接收机必须能够在大功率噪声干扰和多种信号的复杂环境中实现检测、参数识别、分类和利用等任务。LPI 发射机信号的宽带特征促使截获接收机采用复杂的接收机结构和信号处理算法来获得大的处理增益，以确定各种波形参数。

现在有许多结构不同的截获接收机，这些无源接收机能够在很远的距离上检测到 LPI 发射机的发射信号。3 种常见的截获接收机[2]为平方律、宽带和信道化接收机（如图 6-17 所示）。相对而言，这些接收机的价格便宜，容易获得。平方律接收机是一种能量检测器，宽带接收机使用宽射频带宽来应对截获信号参数的不确定性，信道化接收机由大量的窄带接收机组成。

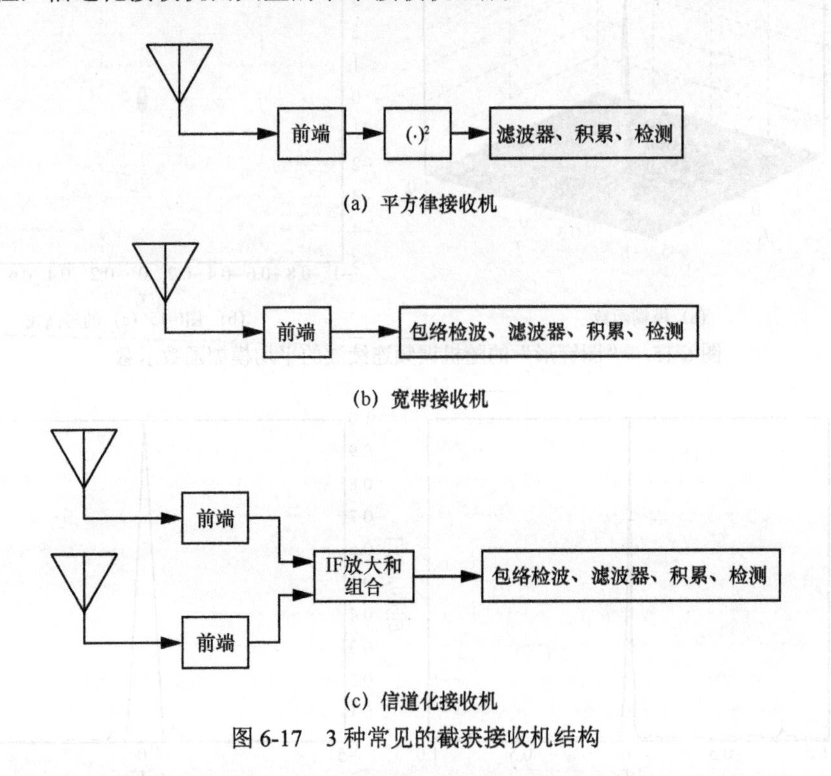

图 6-17　3 种常见的截获接收机结构

电子战领域一直根据信号处理能力来评价许多不同的截获接收机结构，但是这种比较的作用有限，因为不同的任务要求具有不同的能力。然而，可以确定的是未来的电子战接收机将是数字的，在数字域完成大部分信号处理。

图 6-18 所示为数字接收机结构框图，来自天线的输入信号首先被宽带 LNA 放大，大多数的数字接收机对信号进行数字化前先进行频率变换，也就是下变频。下变频可以采用图 6-18（b）和图 6-18（c）所示的两种方式实现。数字化之后用频谱分析器处理各种数字信号，提取信号中的频率信息。使用这些频率信息来分选信号，然后用参数编码器构造脉冲描述字（Pulse Descriptor Word，PDW）。PDW 包含了中心频率和详细的编码情况。在网络结构中，PDW 被送到信息融合处理器中同其他的接收机信息进行综合处理。

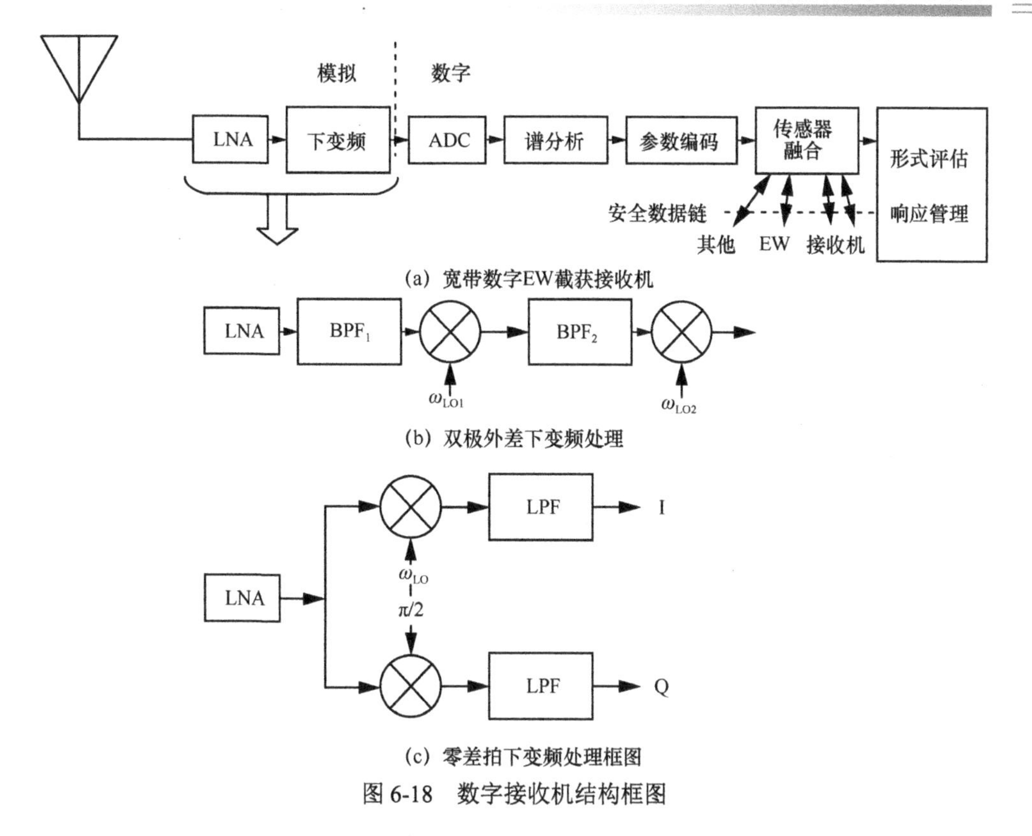

(a) 宽带数字EW截获接收机

(b) 双极外差下变频处理

(c) 零差拍下变频处理框图

图 6-18 数字接收机结构框图

为了识别 LPI 的调制类型和提取 LPI 信号的参量值，截获接收机必须具备谱分析能力，后文以 FMCW 波形为例，采用两种常用的提取 LPI 波形参数的信号处理方法进行分析。

6.6.1 LPI 雷达波形的时频谱分析

维格纳–维拉分布（Wigner-Ville Distribution，WVD）是 Wigner[9]在 1932 年在量子统计力学研究中提出一种相位表示，Ville[10]于 1948 年独立提出了联合分布函数的问题，同时给出了一种信号在时间和频率上的表示形式。WVD 作为一种双线性时频分析技术在信号处理中广泛应用。

对于线性调频信号，WVD 在时频平面具有最高的信号能量集中性，但是对于非线性的频率调制信号，其集中性存在损失。在每一对信号分量之间，WVD 还包含交叉项干扰，交叉项的存在有时使得 LPI 波形的调制参量的判别变得困难。在接收机数字信号处理中常用的是加窗的伪维格纳–维拉分布（PseudoWigner-Ville Distribution，PWVD）。

连续 WVD 的定义为

$$W_x(t,\omega)=\int_{-\infty}^{+\infty}x\left(t+\frac{\tau}{2}\right)x^*\left(t-\frac{\tau}{2}\right)\exp(-\mathrm{j}\omega\tau)\mathrm{d}\tau \tag{6-74}$$

其中，ω 是角频率。为了便于雷达信号分析，将其改写成频率 f 的表达式，即

$$W_x(t,f)=\int_{-\infty}^{+\infty}x\left(t+\frac{\tau}{2}\right)x^*\left(t-\frac{\tau}{2}\right)\exp(-\mathrm{j}2\pi f\tau)\mathrm{d}\tau \tag{6-75}$$

加窗则为 PWVD，即

$$\mathrm{PW}_x(t,f)=\int_{-\infty}^{+\infty}x\left(t+\frac{\tau}{2}\right)x^*\left(t-\frac{\tau}{2}\right)h(\tau)\exp(-\mathrm{j}2\pi f\tau)\mathrm{d}\tau \tag{6-76}$$

其中，$h(\tau)$ 是一个实窗函数。PWVD 能够探测 LPI 信号是否存在，并提取信号的调频特征。以 FMCW 波形为例，PWVD 技术可以估计得到调制周期 T 和调制带宽 Δf，如图 6-19 所示（T=2 s，Δf=4 Hz）。

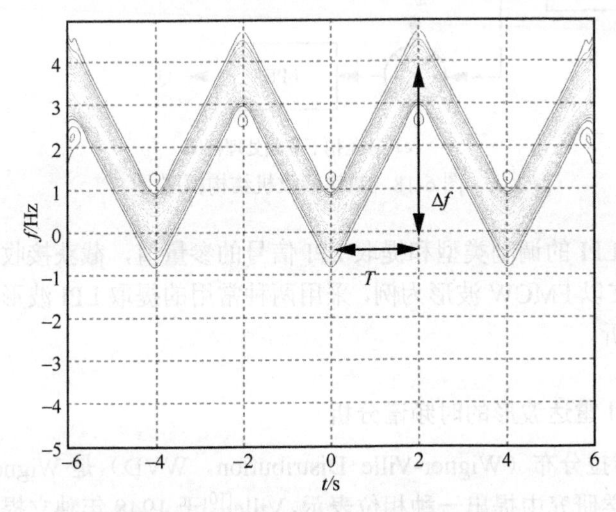

图 6-19　FMCW 信号的 PWVD 分析

一些其他的时频分析工具，如崔-威廉斯分布（Choi-Williams Distribution，CWD）和短时傅里叶变换（Short Time Fourier Transform，STFT）也可以用来识别 LPI 调制，不同的方法有各自的优势和局限。

6.6.2　LPI 雷达波形的循环谱分析

自从 20 世纪 80 年代初 Gardner[11]提出循环平稳谱分析理论以来，人们开展了循环谱分析在许多信号处理中的潜在应用研究，包括雷达信号的检测和参数估

计。循环平稳处理的双谱分析技术与时频谱分析技术不同，循环平稳处理将信号转换到频率–循环频率域，能够为 LPI 调制提供检测和分类的能力。

循环平稳谱分析基于的信号模型是一个循环平稳过程而不是一个平稳的过程。采用循环平稳模型的优势是当某些频率分量的频率间隔与某一周期相关时，这些频率分量之间就会出现非零相关性。LPI 雷达信号的许多有用特征反映在循环自相关函数和功率谱密度中。

一个时间序列 $x(t)$ 的循环自相关定义为

$$R_x^{\alpha}(\tau)=\lim_{T\to\infty}\frac{1}{T}\int_{-\frac{T}{2}}^{\frac{T}{2}}x\left(t+\frac{\tau}{2}\right)x^*\left(t-\frac{\tau}{2}\right)\exp(-\mathrm{j}2\pi\alpha t)\mathrm{d}t \tag{6-77}$$

其中，α 为循环平稳频率。谱相关密度（Spectral Correlation Density，SCD），或者说循环功率谱密度，是循环自相关函数的傅里叶变换，有

$$S_x^{\alpha}(f)=\int_{-\infty}^{+\infty}R_x^{\alpha}(\tau)\exp(-\mathrm{j}2\pi f\tau)\mathrm{d}\tau=\lim_{T\to\infty}\frac{1}{T}X_T\left(f+\frac{\alpha}{2}\right)X_T^*\left(f-\frac{\alpha}{2}\right) \tag{6-78}$$

其中，

$$X_T(f)=\int_{-\frac{T}{2}}^{\frac{T}{2}}x(u)\exp(-\mathrm{j}2\pi ft)\mathrm{d}t \tag{6-79}$$

可见，SCD 形成了在双频平面 (f,α) 的二维表示。

采用 SCD 对三角形 FMCW 信号进行分析的结果如图 6-20 所示，带宽可以通过频率轴测量的全部调制范围来确定，调制周期可以通过测量循环频率域来确定。

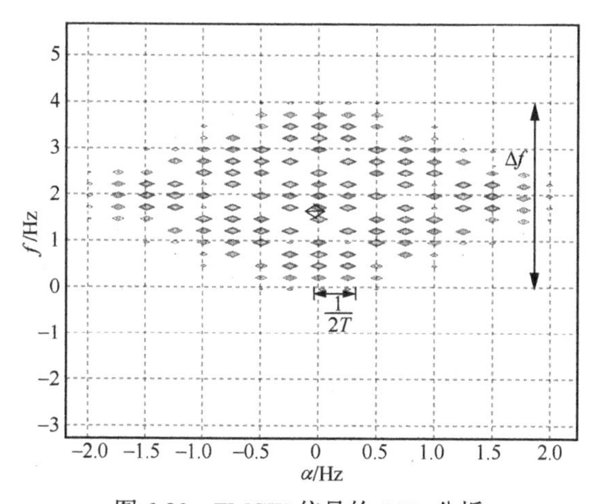

图 6-20 FMCW 信号的 SCD 分析

参考文献

[1] 胡国兵, 宋军, 李昌利. 低截获概率雷达侦察信号分析及可信性评估[M]. 北京: 国防工业出版社, 2017.

[2] PHILLIP E PACE. 低截获概率雷达的检测与分类(第 2 版)[M]. 陈祝明, 江朝抒, 段锐, 译. 北京: 国防工业出版社, 2012.

[3] SCHLEHER D C. Low probability of intercept radar[C]//IEEE Radar Conference. Piscataway: IEEE Press, 1985: 346-349.

[4] GEORGE W STIMSON. 机载雷达导论（第二版）[M]. 吴汉平, 译. 北京: 电子工业出版社, 2005.

[5] FREEDMAN A, LEVANON N. Properties of the periodic ambiguity function[J]. IEEE Transactions on Aerospace and Electronic Systems, 1994, 30(3): 938-941.

[6] LEVANON N, MOZESON E. Radar signals[M]. New York: Wiley Interscience, 2004.

[7] KAVEH M, COOPER G R. Average ambiguity function for a randomly staggered pulse sequence[J]. IEEE Transactions on Aerospace Electronic Systems, 1976, 12: 410-413.

[8] LIU G, HONG G. Average ambiguity function for random radar signal[J]. Acta Electronica Sinica, 1991, 19(5): 35-40.

[9] WIGNER E P. On the quantum correction for the thermodynamic equilibrium[J]. Phys Rev, 1932, 40: 749-759.

[10] VILLE J. Thtorie et applications de la notion de signal analytique[J]. Cables et Transmission, 1948, 2(1): 61-74.

[11] GARDNER W A. The spectral correlation theory of cyclostationary time-series[J]. Signal Processing, 1986, 11: 13-36.

第7章 最佳检测波形

本章介绍能够实现最佳检测性能的波形设计方法，以及匹配滤波、白化滤波和联合设计方法。在常规接收端处理自由度的基础上，如果发射波形与目标/杂波/干扰环境相适应，则可进一步利用发射端信号（波形）的自由度来增强对杂波和干扰的抑制，从而实现雷达检测性能的提升。

7.1 引言

杂波（干扰）环境下的弱目标检测是雷达检测理论和应用的一个重要问题。在实现最佳检测性能的波形设计研究方面，传统的匹配滤波器理论建立了在给定波形情况下最优接收波形的设计准则和方法，使得雷达接收端的处理自由度能够得以利用。然而单纯接收波形的设计并不能完全实现利用波形设计提高整体检测性能的潜力，尤其是在具有某些先验信息的情况下，例如已知杂波和干扰谱的先验信息。在具有环境先验信息的情况下，在理论上我们可以根据环境特性联合设计发射和接收波形，进而充分利用波形自由度的潜力。这就是知识辅助的自适应联合发射–接收波形设计。尽管在理论上这一概念已经出现很久，但是由于受到早期计算能力和实际硬件波形产生能力的限制，自适应波形一直未得以实现。近年来，随着现代电子技术的迅猛发展，雷达自适应发射技术成为可能，波形的优化设计也成为新提出的认知雷达或知识辅助雷达处理技术中的一项主要研究内容。

本章介绍了 Patton 等[1-2]在 2012 年提出的最佳检测波形优化设计方法，其理论依据是，在给定的环境知识信息下，比如干扰（杂波）和噪声的协方差矩阵等统计特征，通过优化设计波形可以提高雷达的检测性能。对应不同的接收机，本章介绍了 3 种最优波形设计方法：匹配滤波优化、白化滤波优化以及联合波形优化。3 种方法都以最大化信号干扰比为设计准则，引入了波形恒模约束，并考虑了多目标环境下的旁瓣性能要求约束。这两个约束的存在使得最佳检测波形设计成为复杂的非线性优化问题，需要采用非线性数值优化方法求解。仿真试验结果表明，相比传统的匹配滤波器（Matched Filter，MF）以及奈曼–皮尔逊（白化）滤波器（Whitening Filter，WF），知识辅助的约束优化波形设计可以有效提高检测性能。

7.2 检测波形优化

首先讨论各种接收机结构对波形优化设计问题的影响，尤其是对优化结果的性能和设计效率的影响。在此引入波形优化性能的概念来分析无约束滤波器、白化滤波器和匹配滤波器 3 种接收机结构各自的性能。为便于分析，这里只考虑波形受约束的波形优化问题。

7.2.1 已知信号的检测

考虑在加性广义平稳（Wide-Sense Stationary，WSS）高斯随机噪声环境下检测一个确定实值信号的问题。假定在 $t \notin [0,T]$ 时，信号为零，并且在 $f \notin (f_c - B/2, f_c + B/2)$ 时，信号的能量可以忽略。其中，f_c 是中心频率，B 代表带宽。这样，检测问题即可从以下两个假设中做出选择。

$$H_0 : x(t) = w(t) \tag{7-1}$$

$$H_1 : x(t) = s(t) + w(t) \tag{7-2}$$

其中，$x(t)$ 是接收到的信号，$s(t)$ 是感兴趣的目标信号，$w(t)$ 是高斯噪声干扰。

为了便于分析，我们假定上述模型的复信号接收存在并且经过了时域采样。即假定接收信号已经从 f_c 解调至基带，并且同相，正交信号已经以 $f_s = B$ Hz 的频率在 $[0,T]$ 上进行了采样。这样，上述假设变为

$$H_0 : \boldsymbol{x} = \boldsymbol{w} \tag{7-3}$$

$$H_1 : \boldsymbol{x} = \boldsymbol{s} + \boldsymbol{w} \tag{7-4}$$

其中，$\boldsymbol{x}, \boldsymbol{s}, \boldsymbol{w} \in \mathbf{C}^N$。因为 $w(t)$ 是一个 WSS 带通高斯随机噪声，离散时间复包络矢量 $\boldsymbol{w}$ 具有一个复值多变量高斯概率密度函数。表示如下

$$\boldsymbol{w} \sim \mathrm{CN}(\mu, \boldsymbol{K}) \tag{7-5}$$

其中，均值 $\mu \in \mathbf{C}^N$，并且协方差矩阵 $\boldsymbol{K} \in \mathbf{C}^{N \times N}$ 假定已知，同时假定 $\boldsymbol{K}$ 为正定矩阵。现在，假定只通过将观测信号线性组合的实部和一个已知的阈值进行比较，

以在式（7-3）和式（7-4）之间做出选择。也就是说，检测的判决依据为

$$\mathrm{Re}\{\boldsymbol{h}^{\mathrm{H}}\boldsymbol{x}\}\underset{H_0}{\overset{H_1}{\gtrless}}\gamma \tag{7-6}$$

其中，$\boldsymbol{h}\in\mathbf{C}^N$ 是接收滤波器，并且 γ 是根据规定的虚警率 P_{FA} 来选择的。这个检测处理形式适用于两种被广泛采用的检测器：奈曼–皮尔逊检测器和 MF 检测器。这两个检测器将在随后讨论。

如果只考虑 $\boldsymbol{h}\in\mathbf{C}^N$，并且

$$\mathrm{Re}\{\boldsymbol{h}^{\mathrm{H}}\boldsymbol{s}\}\geqslant 0 \tag{7-7}$$

那么上述假定的情况是一个均值平移的高斯–高斯问题，并且可以证明，对于一个固定的虚警率，检测概率是偏移系数的单调递增函数。在上述问题中，偏移系数具体定义为

$$d^2(\boldsymbol{s},\boldsymbol{h})=\frac{2\,\mathrm{Re}\{\boldsymbol{h}^{\mathrm{H}}\boldsymbol{s}\}^2}{\boldsymbol{h}^{\mathrm{H}}\boldsymbol{K}\boldsymbol{h}} \tag{7-8}$$

式（7-8）明确给出了偏移系数对发射波形 $\boldsymbol{s}$ 和接收滤波器 $\boldsymbol{h}$ 的依赖性。这样，最佳波形设计问题就变成了寻找满足给定约束条件的 $s(t)$ 和 $\boldsymbol{h}$，以使偏移系数达到最大值。然而，连续时间波形的设计多数情况下是数学处理上很棘手的问题，很难得到解析解。这里以离散形式进行讨论，即选择以 $\boldsymbol{s}$ 和 $\boldsymbol{h}$ 的形式进行优化。当采样率远远超过奈奎斯特频率时，所得离散形式的解将接近理想解。

对于最优化给定 $\boldsymbol{K}$ 时的检测性能，仅需要寻找最佳的向量 $\boldsymbol{s}$ 和 $\boldsymbol{h}$，它们共同使偏移系数最大化。不失一般性，我们限定 $\boldsymbol{s}$ 满足 $\|\boldsymbol{s}\|^2=1$，并且将波形设计问题改写为如下形式，

$$\underset{(\boldsymbol{s},\boldsymbol{h})\in C}{\arg\max}\frac{\mathrm{Re}\{\boldsymbol{h}^{\mathrm{H}}\boldsymbol{s}\}^2}{\boldsymbol{h}^{\mathrm{H}}\boldsymbol{K}\boldsymbol{h}} \tag{7-9}$$

其中，约束集合 C 的定义如下，

$$C\triangleq\{(\boldsymbol{s},\boldsymbol{h})\in B_N\times\mathbf{C}^N:\mathrm{Re}\{\boldsymbol{h}^{\mathrm{H}}\boldsymbol{s}\}\geqslant 0\} \tag{7-10}$$

这里，$\boldsymbol{s}$ 被限制在单位复球面 B_N 上，并且 d^2 并不依赖于滤波器能量。式（7-9）的解并不一定是唯一的。其中，一个特解如下

$$(\boldsymbol{s},\boldsymbol{h})=(\boldsymbol{u}_0,\boldsymbol{u}_0) \tag{7-11}$$

式（7-11）中，$\boldsymbol{u}_0$ 是矩阵 $\boldsymbol{K}$ 的最小特征值对应的特征向量，式（7-11）可作为特征最优解。雷达波形信号通常还受到一些附加的约束（例如恒模、有限带宽、与另一个波形的相似度等）。用 $S\in B_N$ 表示满足这些附加约束的信号的集合，可以将

波形优化问题改写为

$$\underset{(s,h)\in D}{\arg\max}\frac{\mathrm{Re}\{\boldsymbol{h}^{\mathrm{H}}\boldsymbol{s}\}^2}{\boldsymbol{h}^{\mathrm{H}}\boldsymbol{K}\boldsymbol{h}} \tag{7-12}$$

其中，

$$D\triangleq\{(\boldsymbol{s},\boldsymbol{h})\in S\times\mathbf{C}^N:\mathrm{Re}\{\boldsymbol{h}^{\mathrm{H}}\boldsymbol{s}\}\geqslant 0\} \tag{7-13}$$

一般而言，我们无法确定$(\boldsymbol{u}_0,\boldsymbol{u}_0)\in D$。由于依赖波形约束集$S$，上述设计问题可能需要使用数值迭代技术来寻找解。在这种情况下，我们可以通过利用接收滤波器的结构来简化设计。

7.2.2 波形优化

可以证明，在上述信号和干扰假设的前提下，给定发射波形$\boldsymbol{s}$，使检测概率达到最大值的滤波器由式（7-14）给出。

$$\boldsymbol{h}_{\mathrm{np}}=\boldsymbol{K}^{-1}\boldsymbol{s} \tag{7-14}$$

其中，$\boldsymbol{h}_{\mathrm{np}}$为奈曼–皮尔逊滤波器。很容易证明对于所有的$\boldsymbol{s}\in S$，都有$(\boldsymbol{s},\boldsymbol{K}^{-1}\boldsymbol{s})\in D$。因此，如果$(\boldsymbol{s}_*,\boldsymbol{h}_*)$是式（7-12）的一个解，那么$(\boldsymbol{s}_*,\boldsymbol{K}^{-1}\boldsymbol{s}_*)$也是式（7-12）的解，从而可以通过只求解最优波形来简化式（7-12）优化问题的求解。

$$\underset{s\in S}{\arg\max}\, d_{\mathrm{np}}^2(\boldsymbol{s})=\underset{s\in S}{\arg\max}\, d^2(\boldsymbol{s},\boldsymbol{K}^{-1}\boldsymbol{s})=\underset{s\in S}{\arg\max}\, \boldsymbol{s}^{\mathrm{H}}\boldsymbol{K}^{-1}\boldsymbol{s} \tag{7-15}$$

其中，$d_{\mathrm{np}}^2(\boldsymbol{s})$指奈曼–皮尔逊滤波器所得偏移系数。上述通过指定接收滤波器的形式，将大大降低最优化问题的维数。

在干扰为白噪声$(\boldsymbol{K}=\boldsymbol{I})$的特例中，奈曼–皮尔逊滤波器即匹配滤波器（MF）$\boldsymbol{h}_{\mathrm{mf}}$。此外，注意到对于所有$\boldsymbol{s}\in\mathbf{C}^N$，都有$\mathrm{Re}\{\boldsymbol{h}_{\mathrm{mf}}^{\mathrm{H}}\boldsymbol{s}\}=\|\boldsymbol{s}\|^2\geqslant 0$。因此，对于所有$\boldsymbol{s}\in S$，都有$(\boldsymbol{s},\boldsymbol{s})\in D$。在$S=B_N$或者对于所有$\boldsymbol{s}\in S$都有$\|\boldsymbol{s}\|$为定值的情况下，相应的最优化问题为

$$\underset{s\in S}{\arg\max}\, d_{\mathrm{mf}}^2(\boldsymbol{s})=\underset{s\in S}{\arg\max}\, d^2(\boldsymbol{s},\boldsymbol{s})=\underset{s\in S}{\arg\min}\, \boldsymbol{s}^{\mathrm{H}}\boldsymbol{K}\boldsymbol{s} \tag{7-16}$$

其中，$d_{\mathrm{mf}}^2(\boldsymbol{s})$指匹配滤波器所得偏移系数。注意式（7-16）最右边是最小化，式（7-15）中为最大化。

7.2.3 波形优化性能

如果$(\boldsymbol{s}_0,\boldsymbol{h}_0)$表示一个波形优化问题的全局最优解，那么$d^2(\boldsymbol{s}_0,\boldsymbol{h}_0)$可作为系

统的波形优化性能。令 $(\boldsymbol{s}_j, \boldsymbol{h}_j)$ 表示联合信号/滤波器设计问题（式（7-12））的一个解，用 $\boldsymbol{s}_n$ 表示白化滤波器（WF）问题（式（7-15））的一个解，$\boldsymbol{s}_m$ 表示 MF 问题（式（7-16））的一个解，那么不论何种约束集 S，均有

$$d^2(\boldsymbol{s}_j, \boldsymbol{h}_j) = d_{\text{np}}^2(\boldsymbol{s}_n) \geqslant d_{\text{mf}}^2(\boldsymbol{s}_m) \tag{7-17}$$

也就是说，当式（7-12）、式（7-15）和式（7-16）的优化问题是在同一个约束集 S 下，并且每一个问题的全局最优化解都可以找到时，联合信号/滤波器设计的波形优化性能并不比 WF 最优化设计好，并且这两个设计至少和 MF 最优化设计一样好。当优化问题是在不同的约束集上进行，或者全局最优解无法找到时，不同设计方法的性能比较就会变得比较复杂。

在某些特定情况下，全局最优解是能够确定的。例如，对于加性高斯干扰和线性时不变杂波环境中非移动单点目标的检测问题，Kay[3]证明了在带宽和能量确定的约束集中，式（7-15）存在一个闭式解。然而，当发射信号有其他附加的约束（例如恒模）时，问题将变为非凸的优化问题，需要采用非线性的数值计算方法来求解。这些非线性优化方法所得结果可能只是局部最优的，这使得不同设计方法的性能预测更加困难。此外附加的约束还有信号/滤波器的互模糊函数（Cross-Ambiguity Function，CAF），一般情况下，CAF 需要有一个窄的主瓣以分辨相互靠近的目标，同时需要低的旁瓣以防止弱目标回波被强目标回波淹没。当信号/滤波器对有 CAF 约束时，式（7-17）可能不成立（不同问题的约束集可能不一样）。因此，对于复杂约束的波形优化问题，必须评估和比较每种设计方案的波形优化性能，这样才能确定哪一个方案可以提供最佳性能。

7.3　未知多目标检测最佳波形设计

本节讨论在不同的约束集下对联合设计、WF 设计和 MF 设计进行最优化。下节将在实例干扰环境下使用数值技术求解这些问题，并比较它们各自的波形优化性能。

7.3.1　信号模型

考虑多个非移动目标检测的最佳波形设计问题。假定雷达发射的信号 $s(t)$ 仅在 $[0,T]$ 上存在，并且在频率 $f \notin (f_c - B/2, f_c + B/2)$ 上的能量可以忽略。其中，f_c 和 B 分别为中心频率和带宽。假定 N_t 个目标中的每一个都会反射雷达信号，这样总的回波信号可表示为

$$q(t)=\sum_{i=1}^{N_t}A_is(t-\tau_i) \tag{7-18}$$

其中，A_i 和 τ_i 分别指目标 i 的反射系数和往返的传播时延。接收信号可表示为

$$x(t)=q(t)+w(t) \tag{7-19}$$

其中，$w(t)$ 是一个 WSS 零均值加性高斯随机过程，其协方差矩阵已知。

本节假定 A_i 和 τ_i 未知。在这种情景中，检测目标的标准方法是在一个较长的时间段（$T'>T$）内收集回波，用一个滤波器与接收信号做相关处理，并且当相关系数大于某个阈值时判定存在目标。该相关接收机的常用结构就是脉冲压缩处理，对应有许多等价的解释，例如：① 对未知幅度和距离单目标进行广义似然比检验（Generalized Likelihood Ratio Test，GLRT）；② 对多目标逆散射问题的近似。

假定接收信号已解调至基带，并且同相和正交信号均以频率 B 进行了时域采样。对应离散时间信号模型为 $\boldsymbol{x}=\boldsymbol{q}+\boldsymbol{w}$，其中 $\boldsymbol{x},\boldsymbol{q},\boldsymbol{w}\in\mathbf{C}^N$。为讨论方便，假定每个目标的时延是采样周期的整数倍，即有

$$q_n=\sum_{i=1}^{N_t}A_is_{n-k_i} \tag{7-20}$$

其中，$\boldsymbol{s}\in\mathbf{C}^N$ 是基带离散时间发射信号，并且对于目标 i，$A_i\in\mathbf{C}$ 是复散射参数，同时 k_i 是时延。假定滤波器和发射信号一样长，对于每一个假定的距离，可计算接收信号（$\boldsymbol{x}\in\mathbf{C}^M$）和滤波器（$\boldsymbol{h}\in\mathbf{C}^N$）之间的互相关函数（简记为 XCS），即

$$R_k(\boldsymbol{x},\boldsymbol{h})=\sum_{n=0}^{N-1-k}x_{n+k}h_n^* \tag{7-21}$$

其中，h_n 为 $\boldsymbol{h}$ 的第 n 个元素。目标检测的判决式为

$$|R_k(\boldsymbol{x},\boldsymbol{h})|\underset{H_0}{\overset{H_1}{\gtrless}}\gamma_k \tag{7-22}$$

其中，随距离变化的阈值（γ_k）有多种计算方法，例如单元平均恒虚警率（Cell Aeraging-Constant False Alarm Rate，CA-CFAR）等。

7.3.2 波形优化模型

本节介绍波形优化设计的约束条件并推导优化模型。与传统波形优化设计目标函数类似，选择信干噪比（Signal to Interference plus Noise Ratio，SINR）作为优化目标函数。先假定场景中只有一个目标，则在真实目标时延处，滤波器输出的 SINR 为

$$\mathrm{SINR}(\boldsymbol{s},\boldsymbol{h})=\frac{|\boldsymbol{h}^{\mathrm{H}}\boldsymbol{s}|^2}{E\{|\boldsymbol{h}^{\mathrm{H}}\boldsymbol{w}|\}^2}=\frac{|\boldsymbol{h}^{\mathrm{H}}\boldsymbol{s}|^2}{\boldsymbol{h}^{\mathrm{H}}\boldsymbol{K}\boldsymbol{h}} \tag{7-23}$$

当使用奈曼–皮尔逊滤波器或者 MF 时，有 $|\boldsymbol{h}^{\mathrm{H}}\boldsymbol{x}|=\mathrm{Re}\{\boldsymbol{h}^{\mathrm{H}}\boldsymbol{x}\}$ 且 $\mathrm{SINR}(\boldsymbol{h},\boldsymbol{s})=d^2(\boldsymbol{s},\boldsymbol{h})$。可以证明检测概率是关于 SINR 的单调递增函数。因此，可以选择 SINR 作为优化目标函数用于信号/滤波器设计。

对于约束集，这里考虑两个方面。一个是相关函数的旁瓣，另一个是信号的恒模特性。首先考虑相关函数的旁瓣约束，对于多个目标的回波信号 $\boldsymbol{x}$，期望 $\boldsymbol{s}$ 和 $\boldsymbol{h}$ 的互相关函数有一个窄的主瓣和低的旁瓣。窄的主瓣使相隔很近的目标回波得以分辨，而低的旁瓣可以使弱目标回波不会被强目标回波淹没。旁瓣约束实质是对幅度归一化相关函数进行限制。一种约束方式是要求归一化互相关函数

$$\tilde{R}_k(\boldsymbol{s},\boldsymbol{h})=\frac{R_k(\boldsymbol{s},\boldsymbol{h})}{|\boldsymbol{h}^{\mathrm{H}}\boldsymbol{s}|} \tag{7-24}$$

低于一个模版序列 $\{m_k\}$，$|k|=1,\cdots,N-1$。这里没有给出 $k=0$ 时的 XCS 约束，这是因为此时归一化相关函数总是等于 1。同时考虑到约束 $k=0$ 时的 XCS 将减缓最优化过程，这也是没有必要的。对于负的距离时延，XCS 可由式（7-25）计算。

$$\tilde{R}_{-k}(\boldsymbol{s},\boldsymbol{h})=\tilde{R}_k^*(\boldsymbol{h},\boldsymbol{s}) \tag{7-25}$$

构造模版序列 $\{m_k\}$ 时，应使其峰值响应在 k=0 处，并且使 XCS 有一个恰当的主瓣宽度和一个恰当的峰值旁瓣比（Peak Side-Lobe Ratio，PSLR）。

在为 XCS 约束模版序列选择 PSLR 时，考虑接收信号和滤波器的归一化 XCS 的期望值是有意义的。其由式（7-26）给出。

$$E\{|\tilde{R}_k(\boldsymbol{x},\boldsymbol{h})|^2\}\triangleq\frac{E\{|R_k(\boldsymbol{x},\boldsymbol{h})|^2\}}{|\boldsymbol{h}^{\mathrm{H}}\boldsymbol{s}|^2}=\frac{|R_k(\boldsymbol{q},\boldsymbol{h})|^2}{|\boldsymbol{h}^{\mathrm{H}}\boldsymbol{s}|^2}+\frac{\boldsymbol{h}^{\mathrm{H}}\boldsymbol{K}\boldsymbol{h}}{|\boldsymbol{h}^{\mathrm{H}}\boldsymbol{s}|^2}\triangleq|\tilde{R}_k(\boldsymbol{q},\boldsymbol{h})|^2+\frac{1}{\mathrm{SINR}(\boldsymbol{s},\boldsymbol{h})} \tag{7-26}$$

式（7-26）的 $|\tilde{R}_k(\boldsymbol{q},\boldsymbol{h})|^2$ 源于目标回波分量，$1/\mathrm{SINR}(\boldsymbol{s},\boldsymbol{h})$ 则源于干扰分量。我们将 $1/\mathrm{SINR}(\boldsymbol{s},\boldsymbol{h})$ 称为 XCS 的噪声基底。如果选择的 PSLR 明显低于噪声基底，即 XCS 旁瓣要比噪声低很多，则最优化解的范围可能会受到过度的限制。此外，如果选择的 PSLR 远高于固有噪声基底，可实现的 SINR 将会增加，相应噪声基底将会降低，但此时弱目标回波可能被强目标回波的旁瓣淹没。下节将给出一种启发式选择 PSLR 的方法。

现在考虑信号的恒模约束。该约束导致波形的设计等同于信号相位的设计。这时信号矢量 $\boldsymbol{s}$ 等价于相位矢量 $\boldsymbol{\phi}$ 的一个函数：$s_n=a_n\exp(\mathrm{j}\phi_n)$，其中 a_n 是信号在时刻 n 的幅度。为了满足恒模，对于所有的 n，$a_n=1$ 成立。

考虑上述约束后，联合信号/滤波器设计的约束集可以表示为

$$D_j \triangleq \{(\boldsymbol{\phi},\boldsymbol{h}) \in \mathbf{R}^N \times \mathbf{C}^N:\ |\tilde{R}_k(\boldsymbol{s},\boldsymbol{h})| \leqslant m_k, k \neq 0\} \tag{7-27}$$

式（7-27）中波形 $\boldsymbol{s}$ 隐含了对相位矢量 $\boldsymbol{\phi}$ 的依赖性。

对于 WF 设计，约束集可以表示为

$$S_n \triangleq \{\boldsymbol{\phi} \in \mathbf{R}^N:\ |\tilde{R}_k(\boldsymbol{s},\boldsymbol{K}^{-1}\boldsymbol{s})| \leqslant m_k, k \neq 0\} \tag{7-28}$$

对于 MF 设计，信号/滤波器 XCS 是关于 $k=0$ 对称的，并且约束集可写为

$$S_m \triangleq \{\boldsymbol{\phi} \in \mathbf{R}^N:\ |\tilde{R}_k(\boldsymbol{s},\boldsymbol{s})| \leqslant m_k, k \neq 0\} \tag{7-29}$$

对应于上述 3 种设计的最优化问题可以表示为

$$\underset{(\boldsymbol{\phi},\boldsymbol{h})\in D_j}{\arg\max} \frac{|\boldsymbol{h}^{\mathrm{H}}\boldsymbol{s}|^2}{\boldsymbol{h}^{\mathrm{H}}\boldsymbol{K}\boldsymbol{h}} \tag{7-30}$$

$$\underset{\boldsymbol{\phi}\in S_n}{\arg\max}\, \boldsymbol{s}^{\mathrm{H}}\boldsymbol{K}^{-1}\boldsymbol{s} \tag{7-31}$$

$$\underset{\boldsymbol{\phi}\in S_m}{\arg\min}\, \boldsymbol{s}^{\mathrm{H}}\boldsymbol{K}\boldsymbol{s} \tag{7-32}$$

我们将式（7-30）的解称为联合最优设计，式（7-31）的解称为 WF 最优设计，式（7-32）的解称为 MF 最优设计。

7.4 检测波形优化问题的求解

在求解之前，对式（7-30）～式（7-32）的优化问题进行直观分析。首先，这 3 个问题都可以被看作信号/滤波器对的最优化设计。其中，滤波器的形式在式（7-31）和式（7-32）中是受限的，而在式（7-30）中是不受限的。其次，在各个问题中，由于对 $\boldsymbol{s}$ 和 $\boldsymbol{h}$ 相互作用的不同约束，最优化是在不同定义域进行的。如果令 $(\boldsymbol{s}_j,\boldsymbol{h}_j)$ 是一个全局最优的联合设计，$\boldsymbol{s}_n$ 是一个全局最优的 WF 设计，那么很明显有

$$\mathrm{SINR}(\boldsymbol{s}_j,\boldsymbol{h}_j) \geqslant \mathrm{SINR}(\boldsymbol{s}_n,\boldsymbol{K}^{-1}\boldsymbol{s}_n) \tag{7-33}$$

然而，这个结果并不意味着在所有情况下联合信号/滤波器设计都是更好的。这是因为问题式（7-30）~式（7-32）必须通过数值方法求解，优化求解算法和初始值的选择对最终结果也有大的影响。

使用标准的非线性规划算法，例如序列二次规划（Sequential Quadratic Programming，SQP）算法或者内点法等，就可以求解式（7-30）～式（7-32）。但结果可能并不是全局最优的。如果没有用一个可行点（例如内点）初始化，那么SQP 和内点法可能失效。用一个可行点初始化式（7-30）和式（7-32）比恰当地初始化式（7-31）通常要更加容易。从约束集式（7-27）～式（7-29）可以看出，联合信号/滤波器设计有 $3N$ 个优化变量（信号相位、滤波器的实部和虚部），而式（7-31）和式（7-32）都只有 N 个优化变量。此外，式（7-32）只有 $N-1$ 个约束，而式（7-30）和式（7-31）有 $2(N-1)$个约束。最后，相比于式（7-31）和式（7-32），式（7-30）所需计算代价更大。

采用非线性规划算法求解最优化问题式（7-30）～式（7-32）时，需要给出目标函数的梯度和约束函数的雅可比矩阵。对于复数的偏导数和梯度，令 $x, y \in \mathbf{R}$ 和 $z \in \mathbf{C}$，满足 $z = x + \mathrm{j}y$。然后函数 $G:\mathbf{C} \to \mathbf{R}$ 关于 z 和 z^* 的偏导数的定义如下，

$$\frac{\partial G}{\partial z} \triangleq \frac{1}{2}\left\{\frac{\partial G}{\partial x} - \mathrm{j}\frac{\partial G}{\partial y}\right\} \tag{7-34}$$

$$\frac{\partial G}{\partial z^*} \triangleq \frac{1}{2}\left\{\frac{\partial G}{\partial x} + \mathrm{j}\frac{\partial G}{\partial y}\right\} \tag{7-35}$$

注意，$\boldsymbol{z}$ 和 $\boldsymbol{z}^*$ 被视为 G 的独立变量。如果 $\boldsymbol{z} = [z_1 \cdots z_N]^{\mathrm{T}} \in \mathbf{C}^N$，那么 $G:\mathbf{C}^N \to \mathbf{R}$ 关于 $\boldsymbol{z}$ 和 $\boldsymbol{z}^{\mathrm{H}}$ 的梯度定义如下，

$$\nabla_{\boldsymbol{z}} G \triangleq \left[\frac{\partial G}{\partial z_1}\ \frac{\partial G}{\partial z_2}\ \cdots\ \frac{\partial G}{\partial z_N}\right] \tag{7-36}$$

$$\nabla_{\boldsymbol{z}^{\mathrm{H}}} G \triangleq \left[\frac{\partial G}{\partial z_1^*}\ \frac{\partial G}{\partial z_2^*}\ \cdots\ \frac{\partial G}{\partial z_N^*}\right]^{\mathrm{T}} \tag{7-37}$$

对于并不直接支持复数变量的优化软件包，为了高效地计算关于 $\boldsymbol{z}$ 的实部和虚部的梯度，可以利用式（7-36）和式（7-37）的共轭对称性。即

$$\nabla_{\boldsymbol{z}_{\mathrm{r}}} G = 2\mathrm{Re}\{\nabla_{\boldsymbol{z}} G\} \tag{7-38}$$

$$\nabla_{\boldsymbol{z}_{\mathrm{i}}} G = -2\mathrm{Im}\{\nabla_{\boldsymbol{z}} G\} \tag{7-39}$$

其中，$\boldsymbol{z}_{\mathrm{r}}, \boldsymbol{z}_{\mathrm{i}} \in \mathbf{R}^N$ 并且 $\boldsymbol{z} = \boldsymbol{z}_{\mathrm{r}} + \mathrm{j}\boldsymbol{z}_{\mathrm{i}}$。

7.4.1　联合设计的 SINR

对于联合信号/滤波器设计，SINR 是信号相位矢量 $\boldsymbol{\phi} \in \mathbf{R}^N$ 和滤波器 $\boldsymbol{h} \in \mathbf{C}^N$ 的

函数。式（7-23）关于信号相位矢量$\boldsymbol{\phi}$的第p个元素ϕ_p的偏导数为

$$\frac{\partial}{\partial \phi_p}\mathrm{SINR}(\boldsymbol{s},\boldsymbol{h})=\frac{\frac{\partial}{\partial \phi_p}|\boldsymbol{h}^{\mathrm{H}}\boldsymbol{s}|^2}{\boldsymbol{h}^{\mathrm{H}}\boldsymbol{K}\boldsymbol{h}} \tag{7-40}$$

首先计算分子，注意到

$$\frac{\partial s_n}{\partial \phi_p}=\begin{cases}\mathrm{j}s_p, & p=n\\ 0, & 其他\end{cases} \tag{7-41}$$

和

$$\frac{\partial s_n^*}{\partial \phi_p}=\left[\frac{\partial s_n}{\partial \phi_p}\right]^* \tag{7-42}$$

其中，s_n与s_p分别是$\boldsymbol{s}$的第n个与第p个元素。因此有

$$\frac{\partial}{\partial \phi_p}|\boldsymbol{h}^{\mathrm{H}}\boldsymbol{s}|^2=\frac{\partial}{\partial \phi_p}\left[(\boldsymbol{h}^{\mathrm{H}}\boldsymbol{s})(\boldsymbol{h}^{\mathrm{H}}\boldsymbol{s})^*\right]=2\,\mathrm{Re}\{(\boldsymbol{h}^{\mathrm{H}}\boldsymbol{s})\frac{\partial}{\partial \phi_p}(\boldsymbol{s}^{\mathrm{H}}\boldsymbol{h})\}=2\,\mathrm{Im}\{(\boldsymbol{h}^{\mathrm{H}}\boldsymbol{s})h_p s_p^*\} \tag{7-43}$$

其中，h_p是$\boldsymbol{h}$的第p个元素。这样，式（7-23）关于信号相位矢量的梯度，可以通过将式（7-43）代入式（7-40）中，并将所有的偏导数堆排为一个矢量得到。结果为

$$\Delta_{\phi}^{\mathrm{T}}\mathrm{SINR}(\boldsymbol{s},\boldsymbol{h})=\frac{2\,\mathrm{Im}\{(\boldsymbol{h}^{\mathrm{H}}\boldsymbol{s})(\boldsymbol{h}\odot\boldsymbol{s}^*)\}}{\boldsymbol{h}^{\mathrm{H}}\boldsymbol{K}\boldsymbol{h}} \tag{7-44}$$

接着考虑式（7-23）关于滤波器$\boldsymbol{h}$的第p个元素的偏导数。由于

$$\frac{\partial}{\partial h_p}\mathrm{SINR}(\boldsymbol{s},\boldsymbol{h})=\frac{(\boldsymbol{h}^{\mathrm{H}}\boldsymbol{K}\boldsymbol{h})\frac{\partial}{\partial h_p}|\boldsymbol{h}^{\mathrm{H}}\boldsymbol{s}|^2-|\boldsymbol{h}^{\mathrm{H}}\boldsymbol{s}|^2\frac{\partial}{\partial h_p}\boldsymbol{h}^{\mathrm{H}}\boldsymbol{K}\boldsymbol{h}}{(\boldsymbol{h}^{\mathrm{H}}\boldsymbol{K}\boldsymbol{h})^2} \tag{7-45}$$

计算分子部分的偏导数，可以得到

$$\frac{\partial}{\partial h_p}|\boldsymbol{h}^{\mathrm{H}}\boldsymbol{s}|^2=\sum_{n=0}^{N-1}\sum_{m=0}^{N-1}s_m h_m^* s_n^*\frac{\partial h_n}{\partial h_p}=s_p^*\sum_{m=0}^{N-1}s_m h_m^*=s_p^*(\boldsymbol{h}^{\mathrm{H}}\boldsymbol{s}) \tag{7-46}$$

同时，

$$\frac{\partial}{\partial h_p}\boldsymbol{h}^{\mathrm{H}}\boldsymbol{K}\boldsymbol{h}=\sum_{n=0}^{N-1}\sum_{m=0}^{N-1}h_n^*[\boldsymbol{K}]_{n,m}\frac{\partial h_m}{\partial h_p}=\sum_{n=0}^{N-1}h_n^*[\boldsymbol{K}]_{n,p}=\boldsymbol{h}^{\mathrm{H}}\boldsymbol{k}_p \tag{7-47}$$

其中，$\boldsymbol{K}_p$表示$\boldsymbol{K}$的第p列。将式（7-46）和式（7-47）代入式（7-45）中，并将所有偏导数堆排为一个矢量，即可得到 SINR 关于滤波器的梯度如下

$$\nabla_{\boldsymbol{h}}\text{SINR}(\boldsymbol{s},\boldsymbol{h})=\alpha\boldsymbol{s}^{\text{H}}-|\alpha|^2\boldsymbol{h}^{\text{H}}\boldsymbol{K} \tag{7-48}$$

其中，$\alpha\triangleq\boldsymbol{h}^{\text{H}}\boldsymbol{s}/(\boldsymbol{h}^{\text{H}}\boldsymbol{K}\boldsymbol{h})$。

7.4.2　WF 和 MF 设计的 SINR

对于 WF 设计（也就是奈曼–皮尔逊设计）和 MF 设计，SINR 是仅关于信号相位矢量 $\boldsymbol{\phi}$ 的函数。令 $\boldsymbol{K}\triangleq[\boldsymbol{k}_1\cdots\boldsymbol{k}_N]$ 为一个厄米特（Hermitian）矩阵。则有

$$\begin{aligned}&\frac{\partial}{\partial\phi_p}\boldsymbol{s}^{\text{H}}\boldsymbol{K}\boldsymbol{s}=\sum_{n=0}^{N-1}\sum_{m=0}^{N-1}[\boldsymbol{K}]_{n,m}\frac{\partial}{\partial\phi_p}(s_n^*s_m)=\\&(\text{j}s_p)\sum_{n=0}^{N-1}[\boldsymbol{K}]_{n,p}s_n^*+(-\text{j}s_p^*)\sum_{m=0}^{M-1}[\boldsymbol{K}]_{p,m}s_m=\\&2\operatorname{Re}\{(-\text{j}s_p^*)\boldsymbol{k}_p^{\text{H}}\boldsymbol{s}\}=2\operatorname{Im}\{s_p^*\boldsymbol{k}_p^{\text{H}}\boldsymbol{s}\}\end{aligned} \tag{7-49}$$

将这些偏导数堆排为一个矢量，即可得到 MF 设计目标函数式（7-32）的梯度。该梯度由式（7-50）给出

$$\nabla_{\phi}^{\text{T}}\boldsymbol{s}^{\text{H}}\boldsymbol{K}\boldsymbol{s}=2\operatorname{Im}\{\boldsymbol{s}^*\odot(\boldsymbol{K}^{\text{H}}\boldsymbol{s})\} \tag{7-50}$$

类似的，WF 设计目标函数式（7-31）的梯度为

$$\nabla_{\phi}^{\text{T}}\boldsymbol{s}^{\text{H}}\boldsymbol{K}^{-1}\boldsymbol{s}=2\operatorname{Im}\left\{\boldsymbol{s}^*\odot\left[(\boldsymbol{K}^{\text{H}})^{-1}\boldsymbol{s}\right]\right\} \tag{7-51}$$

7.4.3　联合设计中 XCS 的雅可比矩阵

对于联合信号/滤波器设计问题，归一化 XCS 是关于信号相位矢量 $\boldsymbol{\phi}\in\mathbf{R}^N$ 和滤波器 $\boldsymbol{h}\in\mathbf{C}^N$ 的函数。令 $k\geqslant0$，并且考虑延迟 k 处的归一化 XCS 的平方关于信号相位的第 p 个元素的偏导数，可得

$$\frac{\partial}{\partial\phi_p}|\tilde{R}_k(\boldsymbol{s},\boldsymbol{h})|^2=\frac{|\boldsymbol{h}^{\text{H}}\boldsymbol{s}|^2\dfrac{\partial}{\partial\phi_p}|R_k(\boldsymbol{s},\boldsymbol{h})|^2-|R_k(\boldsymbol{s},\boldsymbol{h})|^2\dfrac{\partial}{\partial\phi_p}|\boldsymbol{h}^{\text{H}}\boldsymbol{s}|^2}{|\boldsymbol{h}^{\text{H}}\boldsymbol{s}|^4} \tag{7-52}$$

为了计算分子，注意到

$$\frac{\partial}{\partial\phi_p}R_k(\boldsymbol{s},\boldsymbol{h})=\sum_{n=0}^{N-k-1}h_n^*\frac{\partial}{\partial\phi_p}s_{n+k}=\begin{cases}\text{j}s_ph_{p-k}^*, & k\leqslant p\\0, & \text{其他}\end{cases}=\text{j}s_ph_{p-k}^*u(p-k) \tag{7-53}$$

其中，u 表示单位阶跃函数，$n\geqslant0$ 时，$u(n)=1$；$n<0$ 时，$u(n)=0$。另外，利

用共轭对称性质

$$\frac{\partial}{\partial \phi_p} R_k^*(\boldsymbol{s},\boldsymbol{h}) = \left[\frac{\partial}{\partial \phi_p} R_k(\boldsymbol{s},\boldsymbol{h})\right]^* \tag{7-54}$$

可以得到

$$\frac{\partial}{\partial \phi_p} |R_k(\boldsymbol{s},\boldsymbol{h})|^2 = 2\,\mathrm{Im}\{R_k(\boldsymbol{s},\boldsymbol{h}) s_p^* h_{p-k}\} u(p-k) \tag{7-55}$$

将式（7-53）和式（7-55）代入式（7-52），并且经过简化，得到

$$\frac{\partial}{\partial \phi_p} |\tilde{R}_k(\boldsymbol{s},\boldsymbol{h})|^2 = 2\,\mathrm{Im}\left\{\frac{s_p^* h_{p-k}}{|\boldsymbol{h}^{\mathrm{H}}\boldsymbol{s}|} \tilde{R}_k(\boldsymbol{s},\boldsymbol{h}) u(p-k) - \frac{s_p^* h_p}{(\boldsymbol{h}^{\mathrm{H}}\boldsymbol{s})^*} |\tilde{R}_k(\boldsymbol{s},\boldsymbol{h})|^2\right\} \tag{7-56}$$

用这些偏导数即可组成雅可比矩阵

$$\boldsymbol{J}_\phi^{\mathrm{T}} |\tilde{R}_k(\boldsymbol{s},\boldsymbol{h})|^2 = 2\,\mathrm{Im}\left\{\frac{\boldsymbol{R}\odot\boldsymbol{H}}{|\boldsymbol{h}^{\mathrm{H}}\boldsymbol{s}|} - \frac{(\boldsymbol{h}\odot\boldsymbol{s}^*)\otimes\boldsymbol{r}^{\mathrm{T}}}{(\boldsymbol{h}^{\mathrm{H}}\boldsymbol{s})^*}\right\} \tag{7-57}$$

其中，

$$[\boldsymbol{R}]_{p,k} \triangleq \tilde{R}_k(\boldsymbol{s},\boldsymbol{h}) \tag{7-58}$$

$$[\boldsymbol{H}]_{p,k} \triangleq \begin{cases} s_p^* h_{p-k}, & k \leqslant p \\ 0, & \text{其他} \end{cases} \tag{7-59}$$

$$[\boldsymbol{r}]_k \triangleq |\tilde{R}_k(\boldsymbol{s},\boldsymbol{h})|^2 \tag{7-60}$$

类似地，$-k$ 处的归一化 XCS 平方的雅可比矩阵由式（7-61）给出。

$$\boldsymbol{J}_\phi^{\mathrm{T}} |\tilde{R}_{-k}(\boldsymbol{s},\boldsymbol{h})|^2 = 2\,\mathrm{Im}\left\{\frac{\hat{\boldsymbol{R}}\odot\hat{\boldsymbol{H}}}{|\boldsymbol{h}^{\mathrm{H}}\boldsymbol{s}|} - \frac{(\boldsymbol{h}\odot\boldsymbol{s}^*)\otimes\hat{\boldsymbol{r}}^{\mathrm{T}}}{(\boldsymbol{h}^{\mathrm{H}}\boldsymbol{s})^*}\right\} \tag{7-61}$$

其中，

$$[\hat{\boldsymbol{R}}]_{p,k} \triangleq \tilde{R}_{-k}(\boldsymbol{s},\boldsymbol{h}) \tag{7-62}$$

$$[\hat{\boldsymbol{H}}]_{p,k} \triangleq \begin{cases} s_p^* h_{p+k}, & p < N-k \\ 0, & \text{其他} \end{cases} \tag{7-63}$$

$$[\hat{\boldsymbol{r}}]_k \triangleq |\tilde{R}_{-k}(\boldsymbol{s},\boldsymbol{h})|^2 \tag{7-64}$$

接着考虑时延 k 处的归一化 XCS 的平方关于滤波器的第 p 个元素的偏导数。

$$\frac{\partial}{\partial h_p}|\tilde{R}_k(\boldsymbol{s},\boldsymbol{h})|^2=\frac{|\boldsymbol{h}^{\mathrm{H}}\boldsymbol{s}|^2\dfrac{\partial}{\partial h_p}|R_k(\boldsymbol{s},\boldsymbol{h})|^2-|R_k(\boldsymbol{s},\boldsymbol{h})|^2\dfrac{\partial}{\partial h_p}|\boldsymbol{h}^{\mathrm{H}}\boldsymbol{s}|^2}{|\boldsymbol{h}^{\mathrm{H}}\boldsymbol{s}|^4} \tag{7-65}$$

为了计算分子，首先计算

$$\frac{\partial}{\partial h_p}R_k(\boldsymbol{s},\boldsymbol{h})=\sum_{n=0}^{N-k-1}s_{n+k}\frac{\partial h_n^*}{\partial h_p}=0 \tag{7-66}$$

以及

$$\frac{\partial}{\partial h_p}R_k^*(\boldsymbol{s},\boldsymbol{h})=\sum_{n=0}^{N-k-1}s_{n+k}^*\frac{\partial h_n}{\partial h_p}=\begin{cases}s_{p+k}^*, & p<N-k\\ 0, & 其他\end{cases}=s_{p+k}^*u(N-k-p) \tag{7-67}$$

因此

$$\frac{\partial}{\partial h_p}|R_k(\boldsymbol{s},\boldsymbol{h})|^2=\frac{\partial}{\partial h_p}\left[R_k^*(\boldsymbol{s},\boldsymbol{h})R_k(\boldsymbol{s},\boldsymbol{h})\right]=R_k(\boldsymbol{s},\boldsymbol{h})s_{p+k}^*u(N-k-p) \tag{7-68}$$

将式（7-46）和式（7-68）代入式（7-65）中，化简可得

$$\frac{\partial}{\partial h_p}|\tilde{R}_k(\boldsymbol{s},\boldsymbol{h})|^2=\frac{s_{p+k}^*}{|\boldsymbol{h}^{\mathrm{H}}\boldsymbol{s}|}\tilde{R}_k(\boldsymbol{s},\boldsymbol{h})u(N-k-p)-\left(\frac{s_p}{\boldsymbol{h}^{\mathrm{H}}\boldsymbol{s}}\right)^*|\tilde{R}_k(\boldsymbol{s},\boldsymbol{h})|^2 \tag{7-69}$$

利用这些偏导数构成雅可比矩阵，可表示为

$$\boldsymbol{J}_{\boldsymbol{h}}^{\mathrm{T}}|\tilde{R}_k(\boldsymbol{s},\boldsymbol{h})|^2=\frac{\boldsymbol{R}\odot\boldsymbol{S}}{|\boldsymbol{h}^{\mathrm{H}}\boldsymbol{s}|}-\frac{\boldsymbol{s}^*\otimes\boldsymbol{r}^{\mathrm{T}}}{(\boldsymbol{h}^{\mathrm{H}}\boldsymbol{s})^*} \tag{7-70}$$

其中，$\boldsymbol{R}$ 和 $\boldsymbol{r}$ 分别在式（7-58）和式（7-60）中定义，同时

$$[\boldsymbol{S}]_{p,k}\triangleq\begin{cases}s_{p+k}^*, & p<N-k\\ 0, & 其他\end{cases} \tag{7-71}$$

用类似的方法，可以得到

$$\boldsymbol{J}_{\boldsymbol{h}}^{\mathrm{T}}|\tilde{R}_{-k}(\boldsymbol{s},\boldsymbol{h})|^2=\frac{\hat{\boldsymbol{R}}\odot\hat{\boldsymbol{S}}}{|\boldsymbol{h}^{\mathrm{H}}\boldsymbol{s}|}-\frac{\boldsymbol{s}^*\otimes\hat{\boldsymbol{r}}^{\mathrm{T}}}{(\boldsymbol{h}^{\mathrm{H}}\boldsymbol{s})^*} \tag{7-72}$$

其中，$\hat{\boldsymbol{R}}$ 和 $\hat{\boldsymbol{r}}$ 分别在式（7-62）和式（7-64）中定义，并且

$$[\hat{\boldsymbol{S}}]_{p,k} \triangleq \begin{cases} s_{p-k}^{*}, & k \leqslant p \\ 0, & \text{其他} \end{cases} \tag{7-73}$$

7.4.4 WF 设计中 XCS 的雅可比矩阵

对于式（7-31）的 WF 最优化问题，归一化的 XCS 仅是信号相位矢量 $\boldsymbol{\phi} \in \mathbf{R}^N$ 的函数。假定 $k>0$，在延迟 k 处计算归一化 XCS 的平方关于相位矢量的第 p 个元素的偏导数。为便于表示，用一个正定阵 $\boldsymbol{F}$ 代替 $\boldsymbol{K}^{-1}$。求导可得

$$\frac{\partial}{\partial \phi_p}|\tilde{R}_k(\boldsymbol{s},\boldsymbol{Fs})|^2 = \frac{|\boldsymbol{s}^{\mathrm{H}}\boldsymbol{Fs}|^2 \dfrac{\partial}{\partial \phi_p}|R_k(\boldsymbol{s},\boldsymbol{Fs})|^2 - |R_k(\boldsymbol{s},\boldsymbol{Fs})|^2 \dfrac{\partial}{\partial \phi_p}|\boldsymbol{s}^{\mathrm{H}}\boldsymbol{Fs}|^2}{|\boldsymbol{s}^{\mathrm{H}}\boldsymbol{Fs}|^4} \tag{7-74}$$

XCS 关于相位矢量 $\boldsymbol{\phi}$ 的第 p 个元素的偏导数为

$$\begin{aligned} &\frac{\partial}{\partial \phi_p} R_k(\boldsymbol{s},\boldsymbol{Fs}) = \frac{\partial}{\partial \phi_p} \sum_{n=0}^{N-k-1} s_{n+k}[\boldsymbol{Fs}]_n^{*} = \\ &\frac{\partial}{\partial \phi_p} \sum_{n=0}^{N-k-1} s_{n+k} \left[\sum_{m=0}^{N-1} [\boldsymbol{F}]_{n,m} s_m\right]^{*} = \\ &\sum_{n=0}^{N-k-1}\sum_{m=0}^{N-1} [\boldsymbol{F}]_{n,m}^{*} \frac{\partial}{\partial \phi_p}(s_m^{*} s_{n+k}) = \\ &\sum_{n=0}^{N-k-1} [\boldsymbol{F}]_{n,p}^{*} s_{n+k}(-\mathrm{j}s_p^{*}) + \sum_{m=0}^{N-1} [\boldsymbol{F}]_{p-k,m}^{*} s_m^{*}(\mathrm{j}s_p) u(p-k) = \\ &(-\mathrm{j}s_p^{*}) R_k(\boldsymbol{s},\boldsymbol{f}_p) + (\mathrm{j}s_p)[\boldsymbol{Fs}]_{p-k}^{*} u(p-k) \end{aligned} \tag{7-75}$$

其中，$\boldsymbol{f}_p \in \mathbf{C}^N$ 是 $\boldsymbol{F}$ 的第 p 列。用类似的方法，可以得到

$$\frac{\partial}{\partial \phi_p} R_k^{*}(\boldsymbol{s},\boldsymbol{Fs}) = \left[\frac{\partial}{\partial \phi_p} R_k(\boldsymbol{s},\boldsymbol{Fs})\right]^{*} \tag{7-76}$$

利用共轭对称性，有

$$\frac{\partial}{\partial \phi_p}|R_k(\boldsymbol{s},\boldsymbol{Fs})|^2 = 2\,\mathrm{Im}\left\{R_k^{*}(\boldsymbol{s},\boldsymbol{Fs})\left[s_p^{*} R_k(\boldsymbol{s},\boldsymbol{f}_p) - s_p[\boldsymbol{Fs}]_{p-k}^{*} u(p-k)\right]\right\} \tag{7-77}$$

因为 $\boldsymbol{F}$ 是正定阵，所以有

$$\frac{\partial}{\partial \phi_p}(\boldsymbol{s}^{\mathrm{H}}\boldsymbol{Fs}) = \left[\frac{\partial}{\partial \phi_p}(\boldsymbol{s}^{\mathrm{H}}\boldsymbol{Fs})\right]^{*} \tag{7-78}$$

利用这个结果和式（7-49），可以得到

$$\frac{\partial}{\partial \phi_p}|\boldsymbol{s}^{\mathrm{H}}\boldsymbol{F}\boldsymbol{s}|^2=2\operatorname{Re}\left\{(\boldsymbol{s}^{\mathrm{H}}\boldsymbol{F}\boldsymbol{s})\frac{\partial}{\partial \phi_p}(\boldsymbol{s}^{\mathrm{H}}\boldsymbol{F}\boldsymbol{s})\right\}=4(\boldsymbol{s}^{\mathrm{H}}\boldsymbol{F}\boldsymbol{s})\operatorname{Im}\{s_p^*\boldsymbol{f}_p^{\mathrm{H}}\boldsymbol{s}\} \tag{7-79}$$

将式（7-77）和式（7-79）代入式（7-74）中，且由于$\boldsymbol{h}=\boldsymbol{F}\boldsymbol{s}$及$\boldsymbol{f}_p^{\mathrm{H}}\boldsymbol{s}=h_p$，化简可得

$$\frac{\partial}{\partial \phi_p}|\tilde{R}_k(\boldsymbol{s},\boldsymbol{F}\boldsymbol{s})|^2=\frac{2\operatorname{Im}\left\{\tilde{R}_k^*(\boldsymbol{s},\boldsymbol{h})\left[s_p^*R_k(\boldsymbol{s},\boldsymbol{f}_p)-s_ph_{p-k}^*u(p-k)\right]-2|\tilde{R}_k(\boldsymbol{s},\boldsymbol{h})|^2 s_p^*h_p\right\}}{\boldsymbol{h}^{\mathrm{H}}\boldsymbol{s}} \tag{7-80}$$

相应的雅可比矩阵可按式（7-81）计算。

$$\boldsymbol{J}_\phi^{\mathrm{T}}|\tilde{R}_k(\boldsymbol{s},\boldsymbol{F}\boldsymbol{s})|^2=\frac{2\operatorname{Im}\{\boldsymbol{R}^*\odot(\boldsymbol{T}-\boldsymbol{H}^*)-2(\boldsymbol{h}\odot\boldsymbol{s}^*)\otimes\boldsymbol{r}^{\mathrm{T}}\}}{\boldsymbol{h}^{\mathrm{H}}\boldsymbol{s}} \tag{7-81}$$

其中，$\boldsymbol{R}$、$\boldsymbol{H}$和$\boldsymbol{r}$分别在式（7-58）～式（7-60）中定义，并且

$$[\boldsymbol{T}]_{p,k}\triangleq s_p^*R_k(\boldsymbol{s},\boldsymbol{f}_p) \tag{7-82}$$

类似地，可以得到

$$\boldsymbol{J}_\phi^{\mathrm{T}}|\tilde{R}_{-k}(\boldsymbol{s},\boldsymbol{F}\boldsymbol{s})|^2=\frac{2\operatorname{Im}\{\hat{\boldsymbol{R}}^*\odot(\hat{\boldsymbol{T}}-\hat{\boldsymbol{H}}^*)-2(\boldsymbol{h}\odot\boldsymbol{s}^*)\otimes\hat{\boldsymbol{r}}^{\mathrm{T}}\}}{\boldsymbol{h}^{\mathrm{H}}\boldsymbol{s}} \tag{7-83}$$

其中，$\hat{\boldsymbol{R}}$、$\hat{\boldsymbol{H}}$和$\hat{\boldsymbol{r}}$分别在式（7-62）、式（7-63）和式（7-64）中定义，并且

$$[\hat{\boldsymbol{T}}]_{p,k}\triangleq s_p^*R_{-k}(\boldsymbol{s},\boldsymbol{f}_p) \tag{7-84}$$

7.4.5 MF设计中XCS的雅可比矩阵

对于式（7-32）的MF最优化问题，归一化XCS仅是信号相位矢量$\boldsymbol{\phi}\in\mathbf{R}^N$的函数。此外，我们假设$\|\boldsymbol{s}\|=1$，这样$\tilde{R}_k=R_k$。令$k>0$，并且考虑延迟$k$处自相关函数（ACX）的平方关于相位矢量的第$p$个元素的偏导数

$$\frac{\partial}{\partial \phi_p}R_k(\boldsymbol{s},\boldsymbol{s})=\sum_{n=0}^{N-k-1}\frac{\partial}{\partial \phi_p}(s_{n+k}s_n^*)=(\mathrm{j}s_p)^*s_{p+k}u(N-k-p)+(\mathrm{j}s_p)s_{p-k}u(p-k) \tag{7-85}$$

同样可以得到

$$\frac{\partial}{\partial \phi_p}R_k^*(\boldsymbol{s},\boldsymbol{s})=[R_k^*(\boldsymbol{s},\boldsymbol{s})]^* \tag{7-86}$$

利用共轭对称性，有

$$\frac{\partial}{\partial \phi_p}|R_k(\boldsymbol{s},\boldsymbol{s})|^2 = 2\operatorname{Im}\left\{R_k(\boldsymbol{s},\boldsymbol{s})\left[s_p^* s_{p+k} u(N-k-p) - s_p s_{p-k} u(p-k)\right]\right\} \tag{7-87}$$

相应的雅可比矩阵可按式（7-88）计算。

$$\boldsymbol{J}_\phi^{\mathrm{T}}|R_k(\boldsymbol{s},\boldsymbol{s})|^2 = 2\operatorname{Im}\{\boldsymbol{R}\odot(\hat{\boldsymbol{H}}-\boldsymbol{H}^*)\} \tag{7-88}$$

考虑到 $\boldsymbol{h}=\boldsymbol{s}$，可以用式（7-58）、式（7-59）和式（7-63）分别定义出 $\boldsymbol{R}$、$\boldsymbol{H}$ 和 $\hat{\boldsymbol{H}}$。

7.5 仿真实验

本节针对一个实例干扰过程，对最优化问题式（7-30）~式（7-32）进行求解，得到最佳波形并进行性能评估。信号和滤波器的长度均为 $N=64$，并且要求信号均是恒模。每个问题均使用 MATLAB 的最优化工具箱进行求解。为了客观地进行性能比较，每个问题都使用 SQP 法和内点法求解，在局部最优性能到达时停止计算。就最优化求解算法而言，式（7-30）和式（7-31）使用内点法最有效，而式（7-32）使用 SQP 算法更为有效。为了高效地执行这些优化求解算法，采用上节给出的梯度和雅可比矩阵。

为评价 3 种设计的波形优化性能，将它们的 SINR 与 3 种基准信号/滤波器对的 SINR 进行比较。第一种基准信号/滤波器对为“LFM/MF”设计，是一个 LFM 信号（$\boldsymbol{s}_{\mathrm{L}}$）和其匹配滤波器。第二种基准信号/滤波器对是“LFM/WF”，即一个 LFM 信号和其白化匹配滤波器。第三种基准信号/滤波器对是式（7-11）给出的特征值最优解，即无任何约束下能达到的最优解（简记为 Opt），通过与第一、第二基准信号/滤波器对的性能比较，可以体现波形自适应的增益。

在本节的仿真实验中，假定总干扰由一个白高斯随机过程（也就是噪声）加上一个自回归随机过程（也就是干扰）组成。该自回归随机过程的传递函数为

$$H(z)=\frac{1}{(1-1.5z^{-1}+0.7z^{-2})^4} \tag{7-89}$$

调节这两个过程的强度使得干扰噪声比（INR）为 40 dB，SNR 为 0 dB。下文将噪声加干扰简称为干扰。假定此干扰的协方差矩阵 $\boldsymbol{K}$ 可以预先得到，也即假定它是已知的。

设计中 XCS 约束采用−18 dB 旁瓣限制，对 3 种最优化设计问题采用相同的优化停止准则。最优波形设计的结果如图 7-1～图 7-4 所示，图 7-1 给出了匹配滤波（MF）设计的结果，包括功率谱密度（Power Spectral Density，PSD）和自相

关函数（距离响应）；图 7-2 所示为白化滤波（WF）设计的结果；图 7-3 所示为联合（Joint）设计的结果。图 7-4 所示为 3 种设计的 XCS 以及给定 XCS 约束的模板，从图 7-4 中可以看到，3 种设计方法都满足约束条件（恒模与 XCS 旁瓣）。

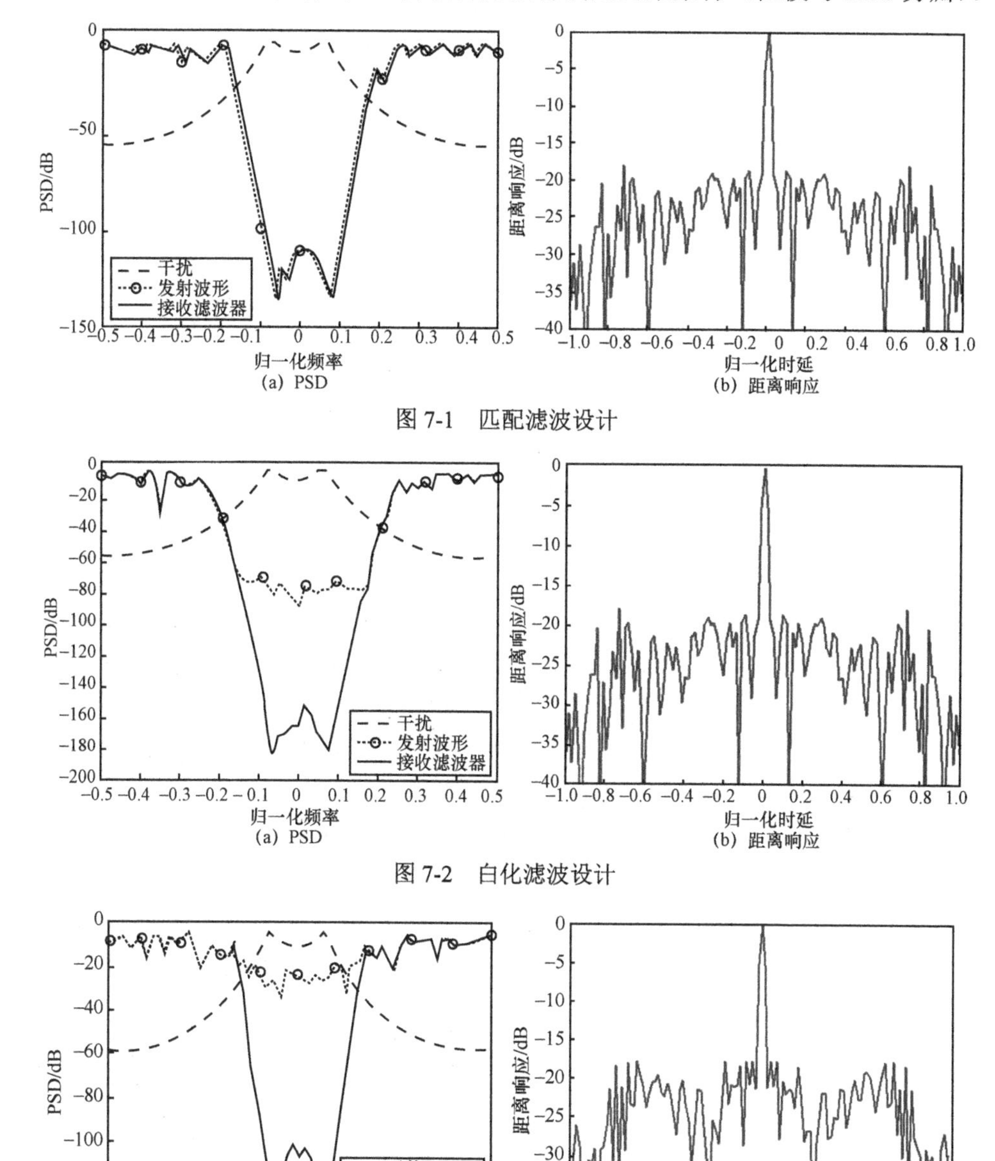

图 7-1　匹配滤波设计

图 7-2　白化滤波设计

图 7-3　联合设计

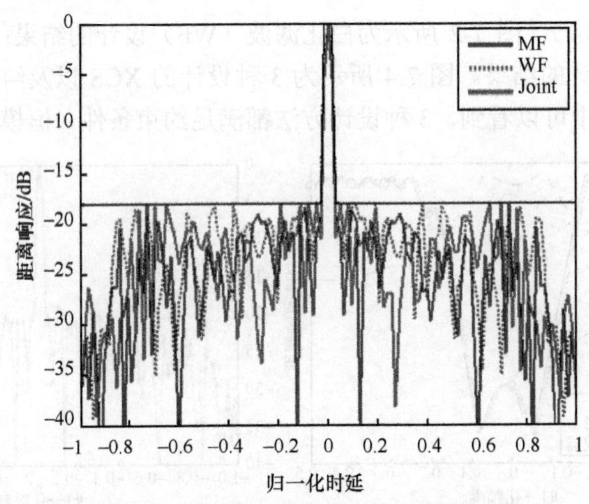

图 7-4　自相关函数与 XCS 约束模板

干扰功率谱密度分布与 LFM 信号谱不相似情况下，基准信号/滤波器对的比较如图 7-5～图 7-8 所示。图 7-5 所示为 LFM 信号以及干扰功率谱，不相似指仿真的基准 LFM 信号与干扰的频谱范围相差较大。图 7-6 所示为几种优化设计结果相对于传统匹配滤波器（LFM-MF）的增益，从图 7-6 中可以看到，3 种最佳波形的约束优化设计结果都能够接近理论最优设计，对传统的 LFM-MF 信号处理方法有高于 40 dB 的增益，对传统的白化滤波器（LFM-WF）也有高于 2 dB 的增益。同时，对于 3 种波形优化设计方法，联合设计在此仿真试验中性能略差于其他两种方法，而且其计算效率也最低。这主要是其更多的优化参数以及约束限制造成的。相比其他两种方法，匹配滤波（MF）设计的计算效率高，性能也好。

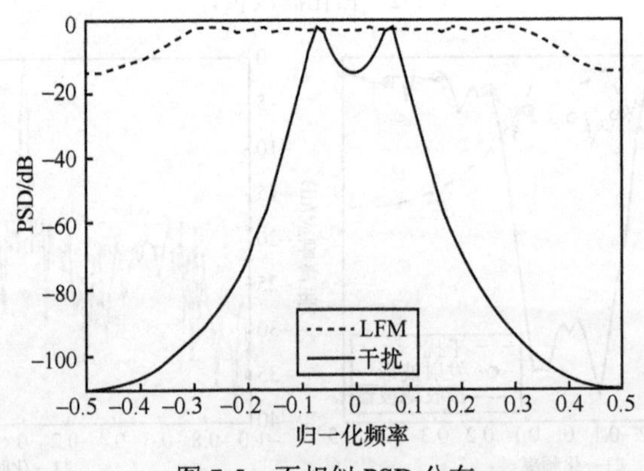

图 7-5　不相似 PSD 分布

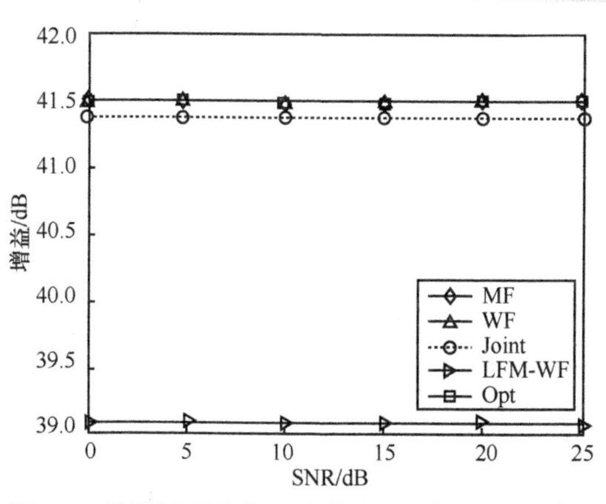

图 7-6　检测波形优化设计增益（不相似功率谱）

图 7-7 所示为单个点目标情况的回波仿真结果，其中信噪比是 25 dB，干扰噪声比是 40 dB，进行 100 次蒙特卡洛仿真。可以看出，3 种波形优化设计结果都能有效抑制干扰并保持低的旁瓣。反观传统的处理方法，LFM-MF 方法对干扰几乎不能抑制，而 LFM-WF 方法有很高的旁瓣。

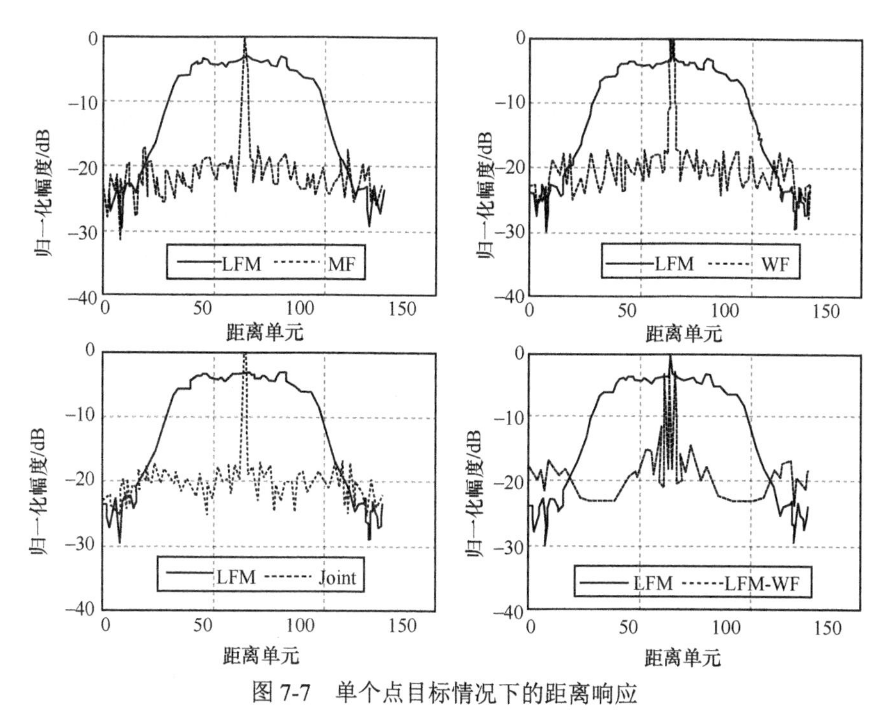

图 7-7　单个点目标情况下的距离响应

图 7-8 所示为两个点目标情况的回波仿真。两个点目标信噪比分别为 20 dB 和 26 dB。两种传统的方法都不能提供有效检测。

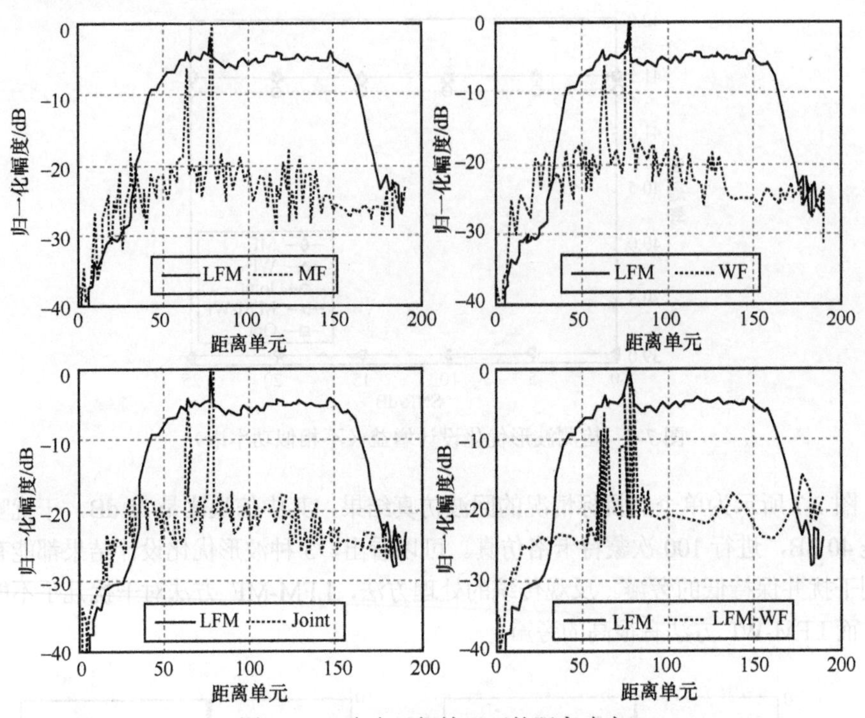

图 7-8　两个点目标情况下的距离响应

干扰功率谱密度分布与 LFM 信号谱相似情况下，基准信号/滤波器对的比较如图 7-9～图 7-11 所示。图 7-9 所示为 LFM 信号以及干扰功率谱，相似指仿真的基准 LFM 信号与干扰的频谱范围接近。图 7-10 所示为检测波形优化设计增益，从中可以看到，3 种优化设计结果可以提供高达 45 dB 的增益，而传统的 LFM-WF 在这种情况下性能有所下降，仅提供大约 33 dB 的增益。图 7-11 所示为单个点目标的距离响应性能比较，在这种情况下，传统方法的检测性能变得更差。

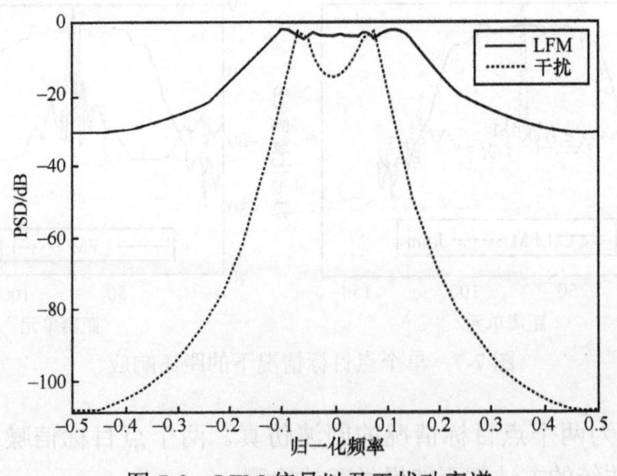

图 7-9　LFM 信号以及干扰功率谱

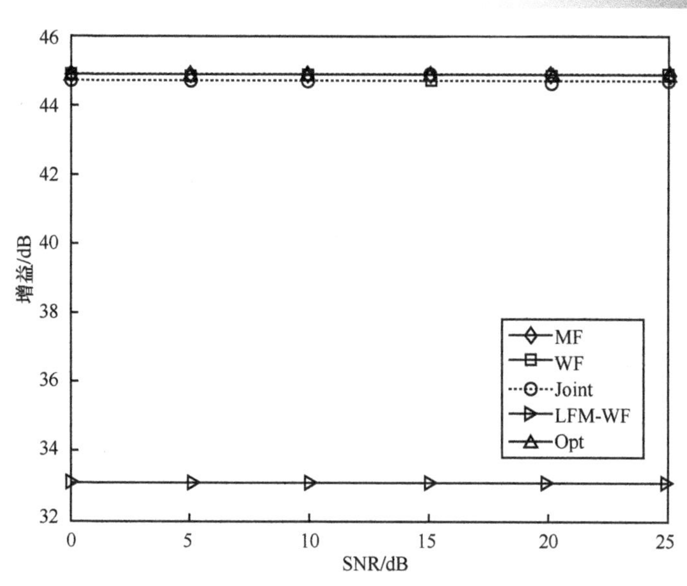

图 7-10　检测波形优化设计增益（相似功率谱）

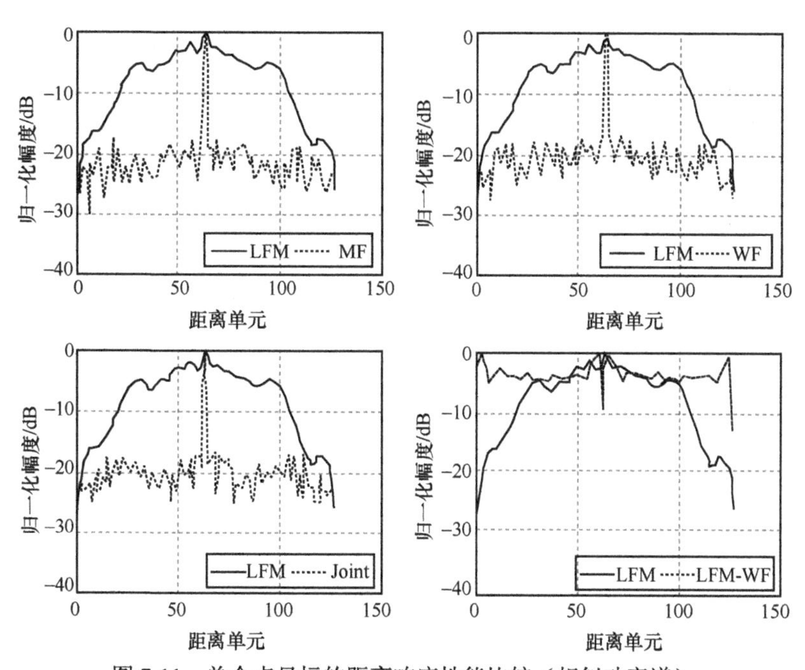

图 7-11　单个点目标的距离响应性能比较（相似功率谱）

最后，图 7-12 所示为两种情况下的波形优化检测性能比较。实验结果是 10 000 次蒙特卡洛试验的结果（虚警概率为1×10^{-6}）。从中可以看到，波形优化设计可以极大地提高检测性能。

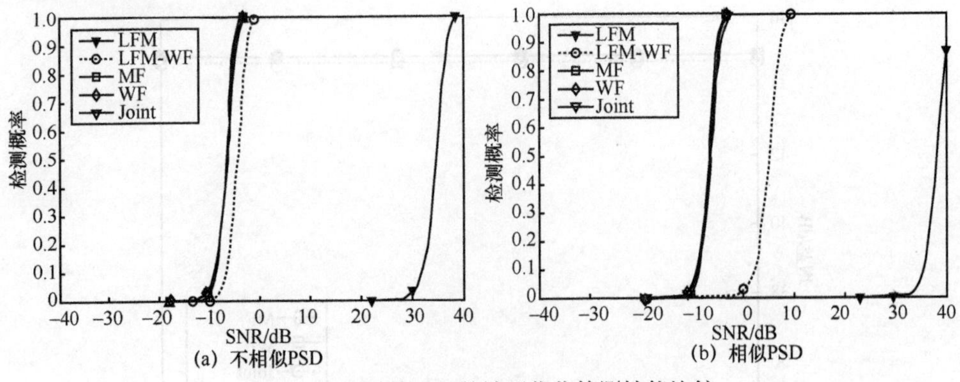

图 7-12 两种情况下的波形优化检测性能比较

参考文献

[1] PATTON L K, RIGLING B D. Autocorrelation constraints in radar waveform optimization for detection[J]. IEEE Transactions on Aerospace and Electronic Systems, 2012, 48(2): 951-968.

[2] GINI F, DE MAIO A, PATTON L K. Waveform design and diversity for advanced radar systems[M]. London: The Institution of Engineering and Technology, 2012.

[3] KAY S. Optimal signal design for detection of Gaussian point targets in stationary Gaussian clutter/reverberation[J]. IEEE Journal of Selected Topics in Signal Processing, 2007, 1(1): 31-41.

第 8 章 最佳跟踪波形

本章介绍雷达目标跟踪中的波形优化策略。通过分析波形参数与跟踪性能之间的关系，在不同场合依据特定的准则找出满足条件的最优波形参数，从而对发射波形进行调整，提高跟踪性能。本章介绍了线性及非线性跟踪模型中的波形优化策略，给出了利用恒频–双曲调频组合脉冲串作为发射波形，用序贯扩展卡尔曼滤波对机动目标进行跟踪的波形优化方案。

8.1 引言

发射波形的选择一直是雷达研究中的一个重要问题。在传统的雷达波形研究中，通过接收端的自适应处理来选择合适的波形，提高雷达检测性能。但随着目标与周围环境的不断变化，单一的发射波形无法满足目标跟踪在性能上的要求。认知雷达概念的提出，建立了接收机到发射机的物理反馈回路，将雷达设计成可根据周围环境变化而自适应地调整自身检测与跟踪策略的闭环系统，且随着传感器技术与设备的迅速发展，在发射端进行自适应波形配置，每一采样时刻根据环境与先验知识改变发射波形。从理论上讲，如果发送信号波形与目标/杂波/干扰环境是相适应的，那么就可以进一步通过利用发射端信号（波形）的自由度来改善跟踪性能[1-6]。

不同波形具有不同的分辨属性，也会带来不同的估计误差，进而影响跟踪的效果。分析、量化不同波形对于检测与跟踪性能影响的框架已大概建立，主要有两种方法，一种是在高信噪比假设下利用估计方差的克拉默–拉奥下界（Cramer-Rao Lower Bound，CRLB）直接代替量测误差；另一种则是通过时延–多普勒域分辨单元的概念，建立其与波形模糊函数之间的联系，推导出检测概率、虚警概率和测量噪声方差。在此框架下，对于各种场合下最佳波形参数的讨论也有很多，除了最常用的线性调频波的脉冲宽度与调频率的选择，还有非线性调频波的相关参数的研究，为了获得更好的性能，一些更复杂的组合波形也被应用于雷达中。在这些分析的基础上，可考虑波形的自适应选择方案，从而适应不同的目标跟踪场景，进一步提高跟踪性能。

本章首先介绍了线性跟踪模型中的动态波形选择策略，即经典的基于卡尔曼滤波器（Kalman Filter，KF）的动态波形选择算法。该算法以最小化跟踪均方误差（Mean-Square Error，MSE）为波形选择的准则，利用量测估计误差的 CRLB 代替跟踪中的观测噪声协方差，以此传递量测的统计特性，并通过搜索求解出单载频脉冲的最优脉冲宽度及线性调频脉冲的最优脉冲宽度和最优调频率参数。接着介绍了非线性跟踪模型中的动态波形选择策略，利用无迹卡尔曼滤波（Unscented Kalman Filter，UKF）作为非线性跟踪器，在无迹变换（Unscented Transform，UT）之后直接利用 KF 公式进行跟踪 MSE 预测，在目标先验分布为高斯的情况下，可以达到降低跟踪误差并显著减小计算量的目的。最后，设计了一种机动目标跟踪的波形优化算法，将恒频–双曲调频（Constant Frequency-Hyperbolic Frequency Modulated，CF-HFM）组合脉冲串作为发射波形，通过分辨单元及量测提取具体分析量测的估计特性，利用带有多普勒量测的序贯扩展卡尔曼滤波器（Sequential Extended Kalman Filter，SEKF）对目标进行跟踪，在序贯滤波后通过 KF 公式预测跟踪 MSE，最终搜索求解最优参数。仿真实验验证了该算法可在一定程度上提高机动目标跟踪性能。

8.2 用于目标跟踪的发射波形集合

本章用到的发射波形包括高斯包络的单载频脉冲、线性调频脉冲以及矩形包络的单载频–双曲调频组合脉冲串。雷达发射信号的复包络 $\tilde{s}(t)$ 的一般表达式为

$$\tilde{s}(t) = a(t)\exp\left[\mathrm{j}2\pi\varphi(t)\right] \tag{8-1}$$

其中，$a(t)$为信号的幅度包络，$\varphi(t)$为可微的实值相位函数。选择不同的 $a(t)$和 $\varphi(t)$可以得到不同的波形。

8.2.1 高斯包络单载频脉冲

该类波形的幅度包络 $a(t)$是高斯的，相位函数恒为 0，表示式可写为

$$\tilde{s}(t) = \left(\frac{1}{\pi T^2}\right)^{\frac{1}{4}} \exp\left(-\frac{t^2}{2T^2}\right) \tag{8-2}$$

其中，T 为脉冲宽度。其模糊函数表达式为

$$\chi(\tau, f_d)=\left(\frac{1}{\pi T^2}\right)^{\frac{1}{2}}\int_{-\infty}^{+\infty}\exp\left(-\frac{\lambda^2}{2T^2}\right)\exp\left[-\frac{(\lambda+\tau)^2}{2T^2}\right]\exp(j2\pi f_d\lambda)d\lambda=$$
$$\left(\frac{1}{\pi T^2}\right)^{\frac{1}{2}}\exp\left(-\frac{\tau^2}{4T^2}\right)\int_{-\infty}^{+\infty}\exp\left(-\frac{\left(\lambda+\frac{\tau}{2}\right)^2}{T^2}\right)\exp(j2\pi f_d\lambda)d\lambda \tag{8-3}$$

其中，τ 为时延，f_d 为多普勒频移。令 $t=\lambda+\tau/2$，代入式（8-3）可得

$$\chi(\tau, f_d)=\left(\frac{1}{\pi T^2}\right)^{\frac{1}{2}}\exp\left(-\frac{\tau^2}{4T^2}\right)\exp(-j\pi f_d\tau)\int_{-\infty}^{+\infty}\exp\left(-\frac{t^2}{T^2}\right)\exp(j2\pi f_d t)dt \tag{8-4}$$

由于

$$\exp(-\pi t^2)\xrightarrow{\text{傅里叶变换}}\exp(-\pi f^2) \tag{8-5}$$

再令 $q=\frac{t}{\sqrt{\pi}T}$，代入式（8-4）并应用式（8-5）的结论，可得

$$\chi(\tau, f_d)=\exp\left(-\frac{\tau^2}{4T^2}\right)\exp(-j\pi f_d\tau)\int_{-\infty}^{+\infty}\exp(-\pi q^2)\exp\left[j2\pi(f_d\sqrt{\pi}T)q\right]dq=$$
$$\exp\left(-\frac{\tau^2}{4T^2}\right)\exp(-j\pi f_d\tau)\exp(-\pi^2 f_d^{\,2}T^2) \tag{8-6}$$

进一步可得 $\chi(\tau, f_d)$ 的模为

$$\left|\chi(\tau, f_d)\right|=\exp\left(-\frac{\tau^2}{4T^2}\right)\exp(-\pi^2 f_d^{\,2}T^2) \tag{8-7}$$

分别令 τ 、f_d 为 0，可以得到模糊函数单独随多普勒频移、时延变化的曲线，分别为

$$\begin{cases}\left|\chi(0, f_d)\right|=\exp(-\pi^2 f_d^{\,2}T^2)\\ \left|\chi(\tau, 0)\right|=\exp\left(-\frac{\tau^2}{4T^2}\right)\end{cases} \tag{8-8}$$

8.2.2 高斯包络 LFM 脉冲

线性调频（LFM）是常用的脉冲压缩波形之一。LFM 脉冲波形可表示为

$$\tilde{s}(t)=a(t)\exp(j\pi bt^2) \tag{8-9}$$

其中，$b=B/T$ 为调频率，是带宽与脉冲宽度的比值。高斯包络 LFM 波形为

$$\tilde{s}(t)=\left(\frac{1}{\pi T^2}\right)^{\frac{1}{4}}\exp\left(-\frac{t^2}{2T^2}\right)\exp(\mathrm{j}\pi bt^2) \tag{8-10}$$

其瞬时频率为 bt。高斯包络 LFM 波形的模糊函数为

$$|\chi(\tau,f_\mathrm{d})|=\left|\exp(\mathrm{j}\pi b\tau^2)\exp\left(-\frac{\tau^2}{4T^2}\right)\exp[-\mathrm{j}\pi(f_\mathrm{d}-b\tau)\tau]\exp\left[-\pi^2(f_\mathrm{d}-b\tau)^2T^2\right]\right|=$$

$$\left|\exp\left(-\frac{\tau^2}{4T^2}\right)\exp\left[-\pi^2(f_\mathrm{d}-b\tau)^2T^2\right]\right| \tag{8-11}$$

分别令 τ 、f_d 为 0，可以得到该模糊函数单独随多普勒频移、时延变化的曲线，分别为

$$\begin{cases}|\chi(0,f_\mathrm{d})|=\exp(-\pi^2 f_\mathrm{d}{}^2T^2)\\ |\chi(\tau,0)|=\exp\left[-\left(\dfrac{1}{4T^2}+\pi^2b^2T^2\right)\tau^2\right]\end{cases} \tag{8-12}$$

8.2.3 CF-HFM 组合脉冲串

脉冲压缩技术可以有效提高距离分辨率，通过发射连续脉冲串则可以获得较好的速度分辨率。一些研究者指出，非线性调频波形在跟踪中也可获得较好的效果。本章在对机动目标进行跟踪时，考虑将非线性调频加入波形设计中，使用 CF 矩形脉冲与 HFM 矩形脉冲组成的脉冲串作为发射波形。

HFM 波形可以表示为

$$\tilde{s}(t)=\frac{1}{\sqrt{T}}\mathrm{rect}\left(\frac{t}{T}\right)\exp\left[\mathrm{j}\pi\ln\left(\frac{1+\mu f_0t}{\mu}\right)\right],\quad \mu=\frac{f_0-f_1}{f_0f_1T} \tag{8-13}$$

其中，$\mathrm{rect}(t/T)$ 为矩形包络，f_0 和 f_1 分别为起始与终止频率。CF-HFM 组合波形的表达式如下

$$\tilde{s}(t)=\frac{1}{\sqrt{N}}\left[\sum_{i=0}^{n_p-1}\tilde{s}_1(t-iT_\tau)+\sum_{j=n_p}^{N-1}\tilde{s}_2(t-\mathrm{j}T_\tau)\right],\quad 0\leqslant n_p\leqslant N \tag{8-14}$$

其中，

$$\tilde{s}_1(t)=\frac{1}{\sqrt{T}}\mathrm{rect}\left(\frac{t}{T}\right)\exp(\mathrm{j}2\pi f_0t) \tag{8-15}$$

$\tilde{s}_2(t)$ 按式（8-13）给出，T_τ 为脉冲重复间隔。

组合脉冲串中 HFM 脉冲数越多，波形模糊函数的主瓣在时延轴方向上就越窄，距离分辨率也就越高。当组合脉冲串中全为 HFM 脉冲时，旁瓣的影响很低，加入 CF 脉冲之后，旁瓣沿时延轴的幅度会变大。HFM 脉冲数的变化对于多普勒分辨率而言并无较大影响。

8.3 线性跟踪模型中的波形优化

目标跟踪是一个通过先验知识对目标状态进行预测，再利用所获取的量测信息对预测进行纠正，从而获得目标状态估计值的过程。目标状态估计值与真值越接近，目标跟踪的性能就越好，通常利用跟踪误差来衡量这一点。当系统的状态转移函数与观测函数均为线性时，卡尔曼滤波的结果就是目标状态的线性最小均方误差估计。

8.3.1 卡尔曼滤波

在目标跟踪问题中，令 $\boldsymbol{X}_k$ 为 k 时刻的目标状态矢量，$\boldsymbol{Z}_k$ 为有噪观测矢量。前面已经说过，滤波的过程就是利用 $\boldsymbol{Z}_k$ 对 $\boldsymbol{X}_k$ 进行估计。系统的状态方程和观测方程可表示为

$$\begin{cases}\boldsymbol{X}_k = f_k(\boldsymbol{X}_{k-1}, \boldsymbol{w}_{k-1}) \\ \boldsymbol{Z}_k = h_k(\boldsymbol{X}_k, \boldsymbol{v}_k)\end{cases} \tag{8-16}$$

其中，f_k 和 h_k 分别是系统的状态转移函数和测量函数，$\boldsymbol{w}_{k-1}$ 和 $\boldsymbol{v}_k$ 分别表示过程噪声和观测噪声。从贝叶斯估计的角度看，确定 $\boldsymbol{X}_k$ 的估计值需要计算概率密度函数 $p(\boldsymbol{X}_k|\boldsymbol{Z}_{1:k}, \boldsymbol{\theta}_{1:k})$，其中，$\boldsymbol{Z}_{1:k}$ 为到 k 时刻为止所有量测的集合，$\boldsymbol{\theta}_{1:k} = \{\theta_1, \cdots, \theta_k\}$ 为发射波形的参数序列。给定初始概率密度为 $p(\boldsymbol{X}_0|\boldsymbol{Z}_0)=p(\boldsymbol{X}_0)$，首先利用系统模型对目标状态进行预测，根据科尔莫戈罗夫–查普曼（Kolmogorov-Chapman，KC）方程可计算

$$p(\boldsymbol{X}_k \mid \boldsymbol{Z}_{1:k-1}, \boldsymbol{\theta}_{1:k-1}) = \int p(\boldsymbol{X}_k \mid \boldsymbol{X}_{k-1}) p(\boldsymbol{X}_{k-1} \mid \boldsymbol{Z}_{1:k-1}, \boldsymbol{\theta}_{1:k-1}) \mathrm{d}\boldsymbol{X}_{k-1} \tag{8-17}$$

在 k 时刻获得测量值 $\boldsymbol{Z}_k$ 后，可根据贝叶斯准则并利用其对之前所做的预测进行校正、更新。

$$p(\boldsymbol{X}_k \mid \boldsymbol{Z}_{1:k}, \boldsymbol{\theta}_{1:k}) = \frac{p(\boldsymbol{Z}_k \mid \boldsymbol{X}_k, \boldsymbol{\theta}_k) p(\boldsymbol{X}_k \mid \boldsymbol{Z}_{1:k-1}, \boldsymbol{\theta}_{1:k-1})}{\int p(\boldsymbol{Z}_k \mid \boldsymbol{X}_k, \boldsymbol{\theta}_k) p(\boldsymbol{X}_k \mid \boldsymbol{Z}_{1:k-1}, \boldsymbol{\theta}_{1:k-1}) \mathrm{d}\boldsymbol{X}_k} \tag{8-18}$$

尽管式（8-17）和式（8-18）给出了估计目标状态后验概率的递推关系，但一般很难求得其解析解。当式（8-16）中的状态转移函数和观测函数均为线性时，利用卡尔曼滤波得到的结果就是线性最小均方误差估计。

离散时间卡尔曼滤波的系统方程表示为

$$\begin{cases} \boldsymbol{X}_k = \boldsymbol{F}\boldsymbol{X}_{k-1} + \boldsymbol{w}_{k-1} \\ \boldsymbol{Z}_k = \boldsymbol{H}\boldsymbol{X}_k + \boldsymbol{v}_k \end{cases} \tag{8-19}$$

其中，$\boldsymbol{F}$ 和 $\boldsymbol{H}$ 均为已知矩阵，$\boldsymbol{w}_{k-1}$ 和 $\boldsymbol{v}_k$ 是均值为零、协方差矩阵分别为 $\boldsymbol{Q}_k$ 和 $\boldsymbol{R}_k$ 的高斯白噪声。卡尔曼滤波的整个过程用计算式表示如下。

预测，

$$\begin{cases} \boldsymbol{X}_{k|k-1} = \boldsymbol{F}\boldsymbol{X}_{k-1|k-1} \\ \boldsymbol{P}_{k|k-1} = \boldsymbol{F}\boldsymbol{P}_{k-1|k-1}\boldsymbol{F}^{\mathrm{T}} + \boldsymbol{Q}_k \end{cases} \tag{8-20}$$

更新，

$$\begin{cases} \boldsymbol{S}_k = \boldsymbol{H}\boldsymbol{P}_{k|k-1}\boldsymbol{H}^{\mathrm{T}} + \boldsymbol{R}_k \\ \boldsymbol{K}_k = \boldsymbol{P}_{k|k-1}\boldsymbol{H}^{\mathrm{T}}\boldsymbol{S}_k^{-1} \\ \boldsymbol{X}_{k|k} = \boldsymbol{X}_{k|k-1} + \boldsymbol{K}_k(\boldsymbol{Z}_k - \boldsymbol{H}\boldsymbol{X}_{k|k-1}) \\ \boldsymbol{P}_{k|k} = \boldsymbol{P}_{k|k-1} - \boldsymbol{K}_k\boldsymbol{S}_k\boldsymbol{K}_k^{\mathrm{T}} \end{cases} \tag{8-21}$$

其中，$\boldsymbol{X}_{k|k-1}$、$\boldsymbol{P}_{k|k-1}$ 是在 k 时刻获得测量值之前系统所预测的状态均值和协方差；$\boldsymbol{X}_{k|k}$、$\boldsymbol{P}_{k|k}$ 则是在获得 k 时刻观测值之后所更新的状态均值及其协方差；$\boldsymbol{S}_k$ 为新息协方差，表示的是 k 时刻观测值的预测协方差；$\boldsymbol{K}_k$ 为卡尔曼滤波增益，表示预测值在获取观测值之后应被修正的程度。

8.3.2 观测噪声协方差的 CRLB 近似

从上述滤波过程可以看出，目标状态协方差矩阵的更新与 $\boldsymbol{Q}$ 和 $\boldsymbol{R}$ 都有关。实际上，建立波形参数与跟踪性能的联系正是从观测噪声的协方差入手。雷达接收端对信号时延与多普勒的测量具有不确定性，跟踪中的观测噪声就可视为对这一不确定性的描述。因此，在雷达接收端对时延和多普勒量测的估计误差协方差经传递可作为观测噪声的协方差。观测噪声的协方差随波形参数变化而变化，并影响跟踪误差。

传感器对时延和多普勒频移的测量，是通过匹配滤波器对接收波形进行相关处理得到的。当接收信噪比足够大时，其输出的峰值处对应着该接收波形的时延和多普勒频移的无偏极大似然估计，此时该估计误差的方差可以达到 CRLB。因此用量测估计误差方差的 CRLB 来近似观测噪声协方差。

确定量测无偏估计误差协方差的 CRLB，需要求解其费希尔（Fisher）信息矩阵 $\boldsymbol{I}$，矩阵中各元素是似然函数 $\ln \Lambda(\boldsymbol{p})$ 关于各个参数 p_i 的二阶偏导数。

$$\boldsymbol{I} = -E\left[\frac{\partial^2 \ln \Lambda(\boldsymbol{p})}{\partial p_i \partial p_j}\right], \quad i,j=1,2 \tag{8-22}$$

模糊函数峰值处对应着时延与多普勒量测的极大似然估计，因此可以通过模糊函数在原点处的二阶偏导来求解费希尔信息矩阵 $\boldsymbol{I}$ 中的各元素。

$$\begin{cases} I_{11} = \left.\dfrac{\partial^2 \chi(\tau, f_{\mathrm{d}})}{\partial^2 \tau}\right|_{\tau=0} \\ I_{12} = I_{21} = \left.\dfrac{\partial^2 \chi(\tau, f_{\mathrm{d}})}{\partial \tau \partial f_{\mathrm{d}}}\right|_{\substack{\tau=0 \\ f_{\mathrm{d}}=0}} \\ I_{22} = \left.\dfrac{\partial^2 \chi(\tau, f_{\mathrm{d}})}{\partial^2 f_{\mathrm{d}}}\right|_{f_{\mathrm{d}}=0} \end{cases} \tag{8-23}$$

Kershaw 等[2]给出了一种更直接地利用波形复包络计算信息矩阵中各元素的方法，即，

$$\boldsymbol{I} = \eta \begin{bmatrix} \overline{f^2} - \bar{f}^2 & \overline{f\tau} - \bar{f}\bar{\tau} \\ \overline{f\tau} - \bar{f}\bar{\tau} & \overline{f^2} - \bar{f}^2 \end{bmatrix} \tag{8-24}$$

其中，$\bar{f}$、$\bar{\tau}$ 分别为波形所对应的频率均值和时间均值，η 为接收信噪比。

$$\begin{cases} \bar{f} = \dfrac{1}{2\pi}\displaystyle\int_{-\infty}^{+\infty} \omega \,|\tilde{S}(\omega)|^2 \,\mathrm{d}\omega \\ \bar{\tau} = \displaystyle\int_{-\infty}^{+\infty} t\,|\tilde{s}(t)|^2 \,\mathrm{d}t \end{cases} \tag{8-25}$$

在跟踪过程中，接收信噪比 η 可近似认为与目标到传感器距离的四次方成反比

$$\eta_k = \left(\frac{r_0}{r_k}\right)^4 \eta_0 \tag{8-26}$$

其中，r_0、η_0 分别为参考距离与参考信噪比，r_k 为目标在 k 时刻到传感器的距离。

对费希尔信息矩阵 $\boldsymbol{I}$ 求逆可得到量测估计误差方差的 CRLB。由于最终的量测为距离与径向速度，故跟踪中的观测噪声协方差为

$$\boldsymbol{R} = \frac{1}{\eta_k}\boldsymbol{\Gamma}\boldsymbol{I}^{-1}\boldsymbol{\Gamma}^{\mathrm{T}}, \ \boldsymbol{\Gamma} = \mathrm{diag}\left(\frac{c}{2}, \frac{c}{2f_{\mathrm{c}}}\right) \tag{8-27}$$

其中，c 为电磁波传播速度。根据式（8-24）可以计算高斯包络单频脉冲及 LFM 脉冲对应的量测估计误差方差的 CRLB 表达式。

高斯包络的单载频脉冲

$$\boldsymbol{R}=\begin{bmatrix}\dfrac{cT^2}{2\eta} & 0\\ 0 & \dfrac{c^2}{2f_c^2T^2\eta}\end{bmatrix} \tag{8-28}$$

高斯包络的 LFM 脉冲

$$\boldsymbol{R}=\begin{bmatrix}\dfrac{cT^2}{2\eta} & \dfrac{-c^2bT^2}{f_c\eta}\\ \dfrac{-c^2bT^2}{f_c\eta} & \dfrac{c^2}{f_c^2\eta}\left(\dfrac{1}{2T^2}+2b^2T^2\right)\end{bmatrix} \tag{8-29}$$

8.3.3 基于卡尔曼滤波的波形自适应选择

对于不同的应用需求，波形参数选择所依据的准则也就不同。最常见的是最小跟踪均方误差准则，可以直观地反映跟踪性能的好坏。当杂波较强或噪声较大时，减小波门体积可以降低虚警数，因此也可以选用最小波门体积准则。这里采用最小跟踪 MSE 作为波形选择的依据。

在 k 时刻，跟踪的 MSE 可表示为

$$\boldsymbol{J}(\boldsymbol{\theta}_k)=E_{\boldsymbol{X}_k,\boldsymbol{Z}_k|\boldsymbol{Z}_{1:k-1}}\{(\boldsymbol{X}_k-\boldsymbol{X}_{k|k})^{\mathrm{T}}(\boldsymbol{X}_k-\boldsymbol{X}_{k|k})\} \tag{8-30}$$

其中，$\boldsymbol{\theta}_k$ 为 k 时刻的波形参数矢量。

k 时刻的滤波协方差为

$$\boldsymbol{P}_{k|k}(\boldsymbol{\theta}_k)=E_{\boldsymbol{X}_k,\boldsymbol{Z}_k|\boldsymbol{Z}_{1:k-1}}\{(\boldsymbol{X}_k-\boldsymbol{X}_{k|k})(\boldsymbol{X}_k-\boldsymbol{X}_{k|k})^{\mathrm{T}}\} \tag{8-31}$$

因此，$\boldsymbol{J}(\boldsymbol{\theta}_k)$ 最小就是 $\boldsymbol{P}_{k|k}(\boldsymbol{\theta}_k)$ 的对角线元素之和最小，也就是矩阵 $\boldsymbol{P}_{k|k}(\boldsymbol{\theta}_k)$ 的迹最小，此时对应的波形参数 $\boldsymbol{\theta}_k^*$，为最优。

$$\boldsymbol{\theta}_k^*=\arg\min_{\theta_k\in\Theta}\mathrm{Tr}[\boldsymbol{P}_{k|k}(\boldsymbol{\theta}_k^*)] \tag{8-32}$$

在卡尔曼滤波中可以直接计算每个时刻的滤波协方差，将式（8-21）代入式（8-32）得到

$$\boldsymbol{\theta}_k^*=\arg\min_{\theta_k\in\Theta}\mathrm{Tr}[\boldsymbol{P}_{k|k}(\boldsymbol{\theta}_k^*)]=$$

$$\arg\min_{\theta_k\in\Theta}\mathrm{Tr}\left\{\boldsymbol{P}_{k|k-1}-\boldsymbol{P}_{k|k-1}\boldsymbol{H}^{\mathrm{T}}\left[\boldsymbol{H}\boldsymbol{P}_{k|k-1}\boldsymbol{H}^{\mathrm{T}}+\boldsymbol{R}(\boldsymbol{\theta}_k)\right]^{-1}\boldsymbol{H}\boldsymbol{P}_{k|k-1}\right\} \tag{8-33}$$

由式（8-33）可以看出，给定波形参数时，该时刻的观测噪声协方差就可以确定，从而计算该时刻的跟踪均方误差。当波形为单载频脉冲且跟踪场景较为简单时，观测噪声的协方差只与脉冲的宽度有关，此时可以利用滤波协方差的迹以及脉冲宽度的导数为零求得波形的最优脉冲宽度。Kershaw 等[2]对一维目标跟踪中简单调幅波形的最优参数进行了推导。根据上节给出的几种波形的 CRLB 可以看出，单载频脉冲的 CRLB 可以表示为对角矩阵，当目标状态不包括俯仰角信息时，通过对脉冲宽度参数进行求导，最终可以获得一个关于脉冲宽度的四次方程，求得最优解。但是当采用较为复杂的波形，或者所跟踪的目标在二维平面或三维空间中运动时，这种方法就无法获得相关参数的解析解了。此时，可以通过搜索的方法近似地找出最优参数。对于调幅单脉冲而言，其波形参数只有脉冲宽度这一项，将脉冲宽度所在的区间等分为 N 份，在 k 时刻对每一个脉冲宽度值都求出其对应滤波协方差的迹，找出最小的一项所对应的脉冲宽度值作为下一时刻的发射参数。对于线性调频脉冲而言，波形参数由脉冲宽度与调频率组成。分别将脉冲宽度和调频率所在区间等分为 N、M 份，遍历 NM 种组合，最终选出使得滤波协方差矩阵迹最小的一项作为下一时刻的发射波形参数。这种方法得到的最优解的精确度与区间划分有关，划分得越细，精确度越高。但这样也会使得计算复杂度增加。当波形参数矢量的维数 s 比较大时，如果均按 N 等分，该方法的时间复杂度将达到 $O(N^s)$。

8.3.4　仿真及分析

本节对上述波形选择算法进行实验仿真，发射波形采用高斯包络的 LFM 脉冲，脉冲宽度可选范围为[10, 300] μs，调频率范围为[−30, 30] GHz/s，载波频率为 10.4 GHz。使用单部雷达进行观测。参考信噪比为 0 dB，参考距离 r_0 为 30 000 m。目标做一维匀速直线运动，目标运动状态包括径向距离与速度，为$[r, v_r]$，初始状态为[−15 000 m, 100 m/s]，雷达位于 0 m 处，观测时间间隔为 $\Delta t = 1$ s。目标前 150 s 逐渐靠近雷达，后 150 s 逐渐远离雷达。状态转移矩阵与观测矩阵分别为

$$\boldsymbol{F}=\begin{bmatrix}1 & \Delta t\\ 0 & 1\end{bmatrix},\quad \boldsymbol{H}=\begin{bmatrix}1 & 0\\ 0 & 1\end{bmatrix} \tag{8-34}$$

通过仿真实验比较固定波形参数与动态波形参数的跟踪性能，蒙特卡洛仿真次数为 100。

（1）高斯包络单载频波形脉冲宽度的动态选择

当调频率固定为 0 GHz/s 时，发射波形为高斯包络的单载频脉冲，对脉冲宽度进行选择，并与具有最大脉冲宽度的波形进行跟踪 MSE 对比。仿真结果如图 8-1 和图 8-2 所示。根据图 8-2 可知，在跟踪过程中，加入动态波形参数选择的雷达系统在前 50 s 左右选择的发射脉冲的脉冲宽度不断变化，在最小值与 200 μs

左右交替出现，在 50～140 s 脉冲宽度的变化范围逐渐减小至 60～120 μs。对照图 8-2 中的跟踪 RMSE 曲线和图 8-1 中的距离与速度 RMSE 曲线可看出，动态波形参数选择使得跟踪距离误差迅速下降。尽管跟踪速度误差在这一段时间内要比固定脉冲宽度发射波形下的距离误差大，但由于速度误差幅度远小于距离误差的幅度，总的跟踪 RMSE 仍然小于固定参数下的总跟踪 RMSE。目标在 150 s 以后逐渐远离传感器，从 140 s 以后传感器选择的最优脉冲宽度不断增加，最后稳定在接近最大值 300 μs 的位置，在这一阶段动态波形的优化效果不够明显。

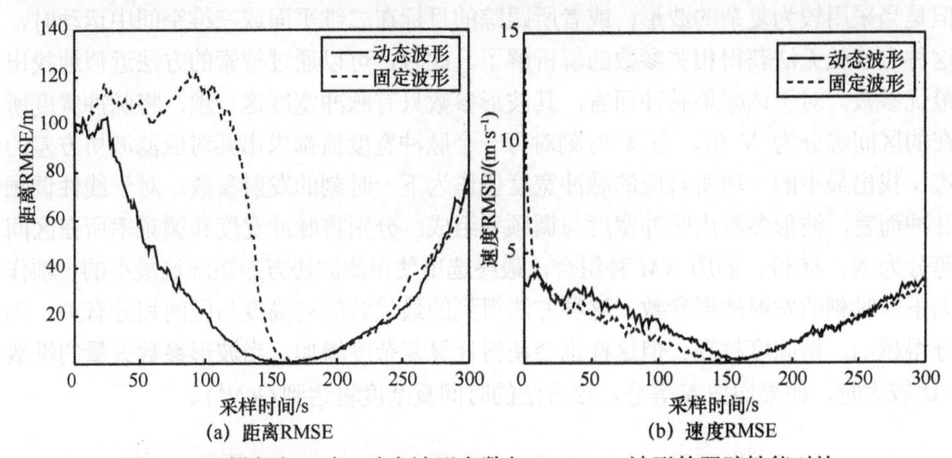

图 8-1　调频率为 0 时，动态波形参数与 T=300 μs 波形的跟踪性能对比

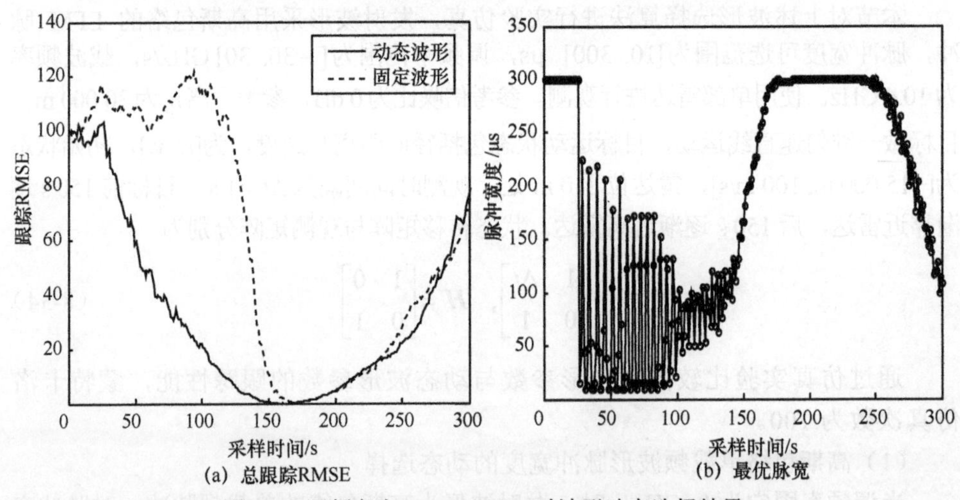

图 8-2　调频率为 0、r_0=30 km 时波形动态选择结果

对于单载频脉冲而言，估计误差与信噪比成反比，距离估计误差与 T 成正比而速度估计误差与 T 成反比。将参考信噪比 η_0 提高至 20 dB 进行仿真，结果

如图 8-3 和图 8-4 所示。可以看出，当信噪比增大时，固定波形参数下的跟踪误差下降的速度也逐渐增大，不过仍然比加入动态参数选择的情况慢。根据图 8-4，跟踪前 100 s 传感器选择的脉冲宽度变化频率仍然比较高，但前 50 s 与 50～100 s 脉冲宽度的变化幅度是在减小的。在 100～140 s 脉冲宽度在短暂上升后又有所下降，140 s 之后选择的脉冲宽度不断增加，从 170 s 开始稳定在最大值。

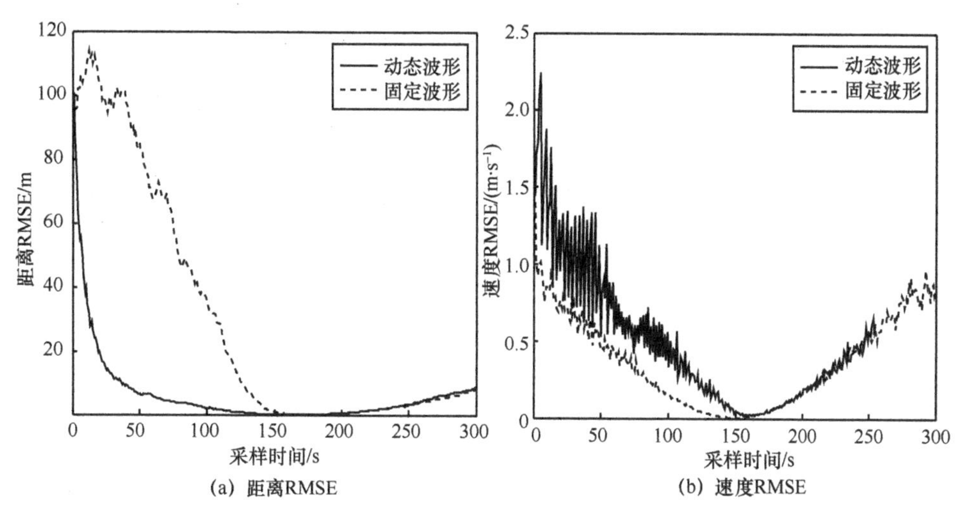

(a) 距离RMSE　　(b) 速度RMSE

图 8-3　调频率为 0、η_0=20 dB 时动态波形参数与 T=300 μs 波形的跟踪性能对比

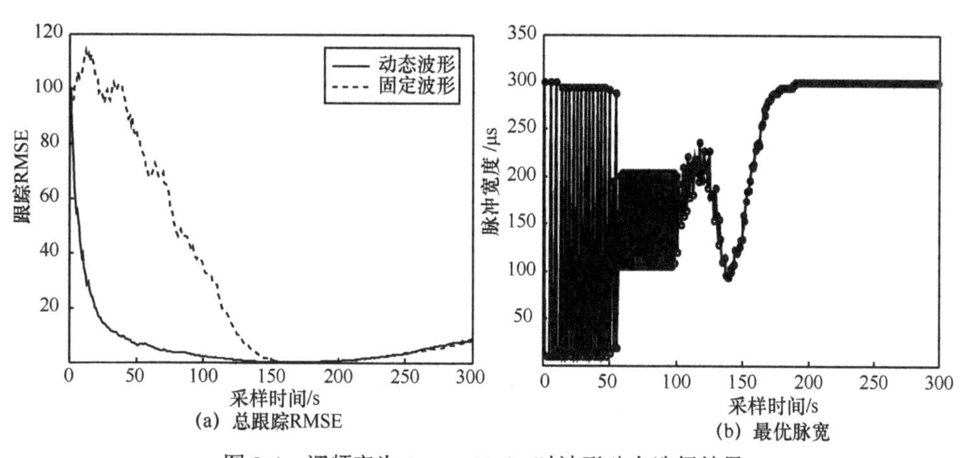

(a) 总跟踪RMSE　　(b) 最优脉宽

图 8-4　调频率为 0、η_0=20 dB 时波形动态选择结果

由此推测，当发射波形为高斯包络的单载频脉冲时，波形动态选择算法根据最小跟踪 MSE 准则仅对脉冲的宽度进行选择，在信噪比足够大的情况下，目标距离传感器较远时，系统倾向于选择长脉冲，而当目标距离传感较近时，系统则倾向于选择短脉冲。当信噪比不够高时，滤波初始阶段系统会交替选择长短脉冲以使

得跟踪误差快速下降。根据图 8-2 和图 8-4 可以看出，此时短脉冲的宽度并非一直为最小值，长脉冲的宽度也不是一直为最大值，但这种策略可以迅速降低距离跟踪误差，使得加入动态波形参数选择的跟踪算法相比于发射波形参数恒定的跟踪算法具有一定的优越性。

（2）高斯包络 LFM 波形脉冲宽度与调频率的选择

对波形的调频率和脉冲宽度同时进行选择，意味着波形带宽会随着脉冲宽度与调频率的变化而发生改变。对比组的固定波形参数取 T=150 μs，b=10 GHz/s。仿真结果如图 8-5 和图 8-6 所示。

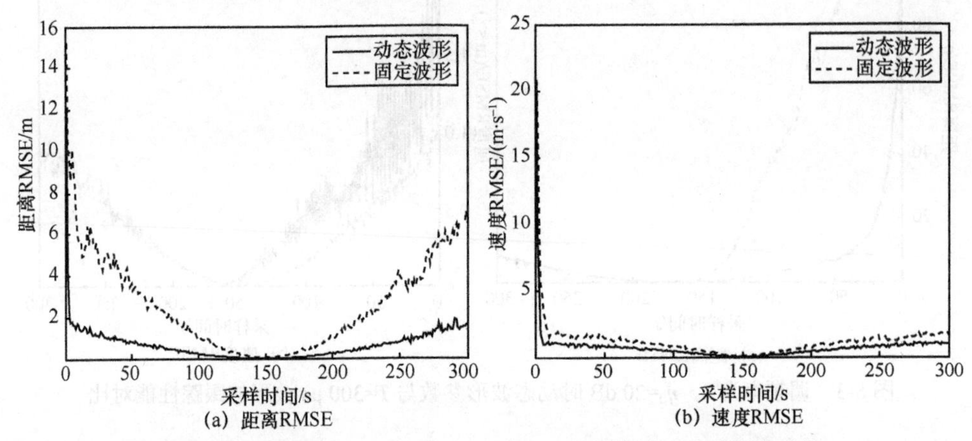

图 8-5　动态波形与 T=150 μs、b=10 GHz/s 固定波形跟踪性能对比

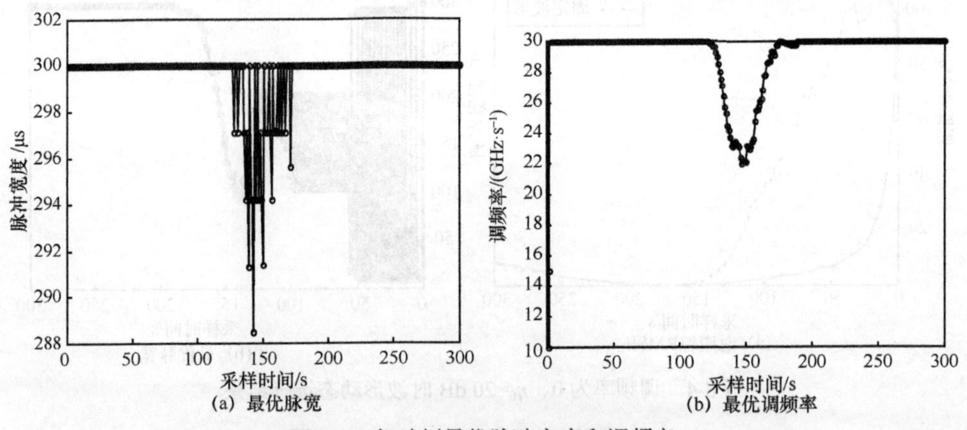

图 8-6　各时刻最优脉冲宽度和调频率

由图 8-5 可以看出，动态波形选择算法能够同时降低距离与速度误差。0～150 s，目标不断靠近传感器，信噪比也逐渐升高，此时距离与速度跟踪误差均不断减小，但是动态波形参数下的跟踪误差下降的速度比固定波形参数快，下降幅度比

该固定参数大。在 150～300 s，目标逐渐远离传感器，信噪比也随着距离的增大而不断下降，此时距离与速度的跟踪误差也有所增加。然而动态波形参数对应的跟踪误差上升速度较慢，上升幅度也较小。对照图 8-6 可以看出，当目标距离传感器较远时，除去滤波刚开始时一两个不稳定的点，系统倾向于选择具有最大脉冲宽度和最大调频率的发射波形。当目标距离传感器很近时，对应图 8-6 中 130～180 s 这一区间，系统选择的最优脉冲宽度稍微减小，最优调频率也有所降低，在 150 s 左右达到最低，分别约为 288 μs 和 22 GHz/s。同时本仿真实验还对多组固定参数波形及动态参数波形下的跟踪效果进行了综合对比，其距离与速度 RMSE 如图 8-7 所示。

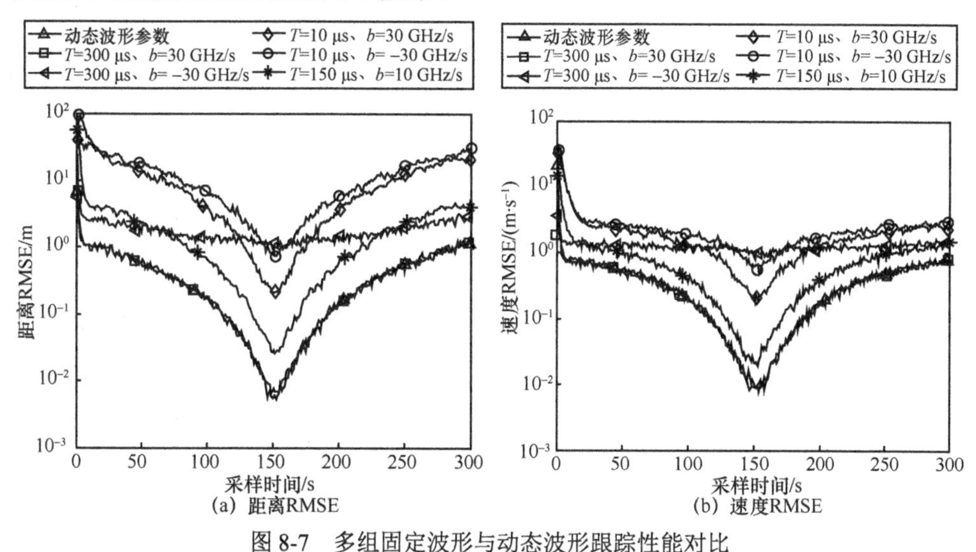

图 8-7　多组固定波形与动态波形跟踪性能对比

大体上看，具有大时间带宽积的波形所对应的跟踪误差要相对小一些。动态波形选择算法在最小跟踪 MSE 的准则下选取的脉冲宽度和调频率都是可选范围内的最大值，因此，其跟踪误差曲线与 T=300 μs、b=30 GHz/s 的波形所对应的跟踪误差曲线基本一致且同为最优。在时间带宽积相同时，上调频波形的表现要明显优于下调频波形。这一点从{T=300 μs，b=−30 GHz/s}与{T=300 μs，b=30 GHz/s}以及{T=10 μs，b=30 GHz/s}与{T=10 μs，b=−30 GHz/s}这两组曲线的对比中可看出。

8.4　非线性跟踪模型中的波形优化

本节仍以 $\boldsymbol{X}_k$ 表示 k 时刻系统的状态矢量，包含目标在 x、y 方向上的位置分量 x_k、y_k 和速度分量 $\dot{x}_k$、$\dot{y}_k$；$\boldsymbol{Z}_k$ 为有噪观测矢量；$\boldsymbol{w}_{k-1}$、$\boldsymbol{v}_k$ 是均值为零、协方差

分别为$\boldsymbol{Q}_k$、$\boldsymbol{R}_k$的高斯白噪声。系统的状态转移矩阵为$\boldsymbol{F}$，状态方程

$$\boldsymbol{X}_k = \boldsymbol{F}\boldsymbol{X}_{k-1} + \boldsymbol{w}_{k-1} \tag{8-35}$$

系统的量测为方位角、径向距离以及径向速度$\left[\theta\ r\ v_r\right]$，系统的观测方程为

$$\boldsymbol{Z}_k = h(\boldsymbol{X}_k) + \boldsymbol{v}_k \tag{8-36}$$

其中，观测函数$h(\cdot)$为目标状态到量测的非线性映射，可表示为

$$h\left(\boldsymbol{X}_k\right) = \begin{bmatrix} \arctan(\dfrac{y}{x}), \\ \sqrt{x^2+y^2} \\ \dfrac{\dot{x}x+\dot{y}y}{\sqrt{x^2+y^2}} \end{bmatrix} \tag{8-37}$$

8.4.1 无迹卡尔曼滤波

当跟踪模型为非线性时，目标状态的后验概率密度很难求出。扩展卡尔曼滤波通过非线性函数的泰勒展开对后验概率密度进行近似，但在非线性较强的情况下，舍弃高阶项会导致系统误差增大。无迹卡尔曼滤波（UKF）通过引入无迹变换来降低这种线性化近似带来的误差[7]。

无迹变换的基本思想是模拟非线性函数的概率分布，而不关心其具体表达式的形式。因此，选取特定的点集，使其和当前目标状态具有相同的均值与协方差。再分别对这些点进行非线性变换，获得新的点集，计算其均值与协方差，就是原目标状态经过非线性函数之后的均值与协方差。下面介绍UKF的具体过程。

目标状态的维数为n，在k-1时刻其估计值为$\boldsymbol{X}_{k-1|k-1}$，协方差为$\boldsymbol{P}_{k-1|k-1}$，α、β、κ为无迹变换的参数。每一时刻的滤波包括预测和更新两个阶段。

预测阶段包括如下几个步骤。

① 选取$2n$+1个西格玛（Sigma）点，并计算其权重。

$$\begin{cases} \boldsymbol{\chi}_{k-1}^0 = \boldsymbol{X}_{k-1|k-1}, \quad W_m^0 = \dfrac{\lambda}{n+\lambda}, \quad W_c^0 = \dfrac{\lambda}{n+\lambda} + (1-\alpha^2+\beta) \\ \boldsymbol{\chi}_{k-1}^i = \boldsymbol{X}_{k-1|k-1} + \left(\sqrt{(n+\lambda)\boldsymbol{P}_{k-1|k-1}}\right)_i, \quad W_m^i = W_c^i = \dfrac{1}{2(n+\lambda)}, \quad i=1,\cdots,n \\ \boldsymbol{\chi}_{k-1}^i = \boldsymbol{X}_{k-1|k-1} - \left(\sqrt{(n+\lambda)\boldsymbol{P}_{k-1|k-1}}\right)_i, \quad W_m^i = W_c^i = \dfrac{1}{2(n+\lambda)}, \quad i=n+1,\cdots,2n \end{cases} \tag{8-38}$$

其中，$\left(\sqrt{(n+\lambda)\boldsymbol{P}_{k-1|k-1}}\right)_i$ 表示 $\sqrt{(n+\lambda)\boldsymbol{P}_{k-1|k-1}}$ 的第 i 列，

$$\lambda=\alpha^2(n+\kappa)-n \tag{8-39}$$

参数 α 与 κ 决定了 Sigma 点在均值附近的分布。

② 计算 Sigma 点的一步预测值。

$$\chi_p^i=\boldsymbol{F}\chi^i,\quad i=1,\cdots,2n \tag{8-40}$$

③ 计算预测状态的均值与协方差。

$$\begin{aligned}\boldsymbol{X}_{k|k-1}&=\sum_{i=0}^{2n}W_m^i\chi_p^i\\ \boldsymbol{P}_{k|k-1}&=\sum_{i=0}^{2n}W_c^i(\chi_p^i-\boldsymbol{X}_{k|k-1})(\chi_p^i-\boldsymbol{X}_{k|k-1})^{\mathrm{T}}+\boldsymbol{Q}_k\end{aligned} \tag{8-41}$$

更新阶段的步骤如下。

① 根据预测状态均值与协方差再次选取 Sigma 点集并求其均值。

$$\begin{cases}\chi_{k-1}^0=\boldsymbol{X}_{k|k-1},\ W_m^0=\dfrac{\lambda}{n+\lambda},\ W_c^0=\dfrac{\lambda}{n+\lambda}+(1-\alpha^2+\beta)\\ \chi_k^i=\boldsymbol{X}_{k|k-1}+\left(\sqrt{(n+\lambda)\boldsymbol{P}_{k|k-1}}\right)_i,\ W_m^i=W_c^i=\dfrac{1}{2(n+\lambda)},\ i=1,\cdots,n\\ \chi_k^i=\boldsymbol{X}_{k|k-1}-\left(\sqrt{(n+\lambda)\boldsymbol{P}_{k|k-1}}\right)_i,\ W_m^i=W_c^i=\dfrac{1}{2(n+\lambda)},\ i=n+1,\cdots,2n\\ \bar{\chi}=\displaystyle\sum_{i=0}^{2n}W_m^i\chi_i\end{cases} \tag{8-42}$$

② 计算 Sigma 点对应的量测值并求其均值。

$$\begin{cases}\boldsymbol{Z}_k^i=h(\chi_k^i),\ i=1,\cdots,2n\\ \bar{\boldsymbol{Z}}_k=\displaystyle\sum_{i=0}^{2n}W_m^i\boldsymbol{Z}_k^i\end{cases} \tag{8-43}$$

③ 计算量测数据的协方差及混合协方差。

$$\begin{aligned}\boldsymbol{P}_{zz}&=\sum_{i=0}^{2n}W_c^i\left(h(\chi_k^i)-\bar{\boldsymbol{Z}}_k\right)\left(h(\chi_k^i)-\bar{\boldsymbol{Z}}_k\right)^{\mathrm{T}}+\boldsymbol{R}_k\\ \boldsymbol{P}_{xz}&=\sum_{i=0}^{2n}W_c^i(\chi_k^i-\bar{\chi})\left(h(\chi_k^i)-\bar{\boldsymbol{Z}}_k\right)^{\mathrm{T}}\end{aligned} \tag{8-44}$$

④ 计算滤波增益，估计 k 时刻目标状态的均值与协方差。

$$\begin{aligned}
\boldsymbol{K}_k &= \boldsymbol{P}_{xz}\boldsymbol{P}_{zz}^{-1} \\
\boldsymbol{X}_{k|k} &= \boldsymbol{X}_{k|k-1} + \boldsymbol{K}_k(\boldsymbol{Z}_k - \overline{\boldsymbol{Z}}_k) \\
\boldsymbol{P}_{k|k} &= \boldsymbol{P}_{k|k-1} - \boldsymbol{K}_k\boldsymbol{P}_{zz}\boldsymbol{K}_k^{\mathrm{T}}
\end{aligned} \tag{8-45}$$

其中，$\boldsymbol{K}_k$ 为滤波增益。

8.4.2 基于无迹变换的跟踪均方误差预测

预测下一时刻跟踪均方误差的难点在于，一是目标状态的传递或者量测的计算函数是非线性的，不容易近似；二是实际下一时刻的误差计算需要用到当时的观测值，而这一项无法提前获知。通过前文的描述可知，无迹卡尔曼滤波通过无迹变换获取目标状态的估计值，且该滤波过程中协方差的估计与 k 时刻的量测值并没有直接的联系。

将代价函数定义为

$$\boldsymbol{J}(\boldsymbol{\theta}_k) = E_{\boldsymbol{X}_k,\boldsymbol{Z}_k|\boldsymbol{Z}_{1:k-1}}\{(\hat{\boldsymbol{X}}_k - \boldsymbol{X}_k)^{\mathrm{T}}(\hat{\boldsymbol{X}}_k - \boldsymbol{X}_k)\} \tag{8-46}$$

其中，$\boldsymbol{\theta}_k$ 为 k 时刻的波形参数矢量。这里仍然通过协方差 $\boldsymbol{P}_{k|k}$ 的迹计算代价函数。尽管代价函数无法直接表示，但是利用 UKF 的滤波公式，其计算过程可被大幅度简化[8]。

在获得 $k-1$ 时刻目标状态的均值 $\boldsymbol{X}_{k|k}$ 与协方差估计 $\boldsymbol{P}_{k|k}$ 后，首先按照预测阶段计算出一步预测值，接着进行更新阶段的步骤中的①、②步。并计算

$$\begin{aligned}
\boldsymbol{P}_{zz}^{*} &= \sum_{i=0}^{2n} W_c^i\left[h(\boldsymbol{\chi}_k^i) - \overline{\boldsymbol{Z}}_k\right]\left[h(\boldsymbol{\chi}_k^i) - \overline{\boldsymbol{Z}}_k\right]^{\mathrm{T}} \\
\boldsymbol{P}_{xz} &= \sum_{i=0}^{2n} W_c^i(\boldsymbol{\chi}_k^i - \overline{\boldsymbol{\chi}})\left[h(\boldsymbol{\chi}_k^i) - \overline{\boldsymbol{Z}}_k\right]^{\mathrm{T}}
\end{aligned} \tag{8-47}$$

预测 $\boldsymbol{P}_{k|k}(\boldsymbol{\theta}_k)$ 为

$$\boldsymbol{P}_{k|k}(\boldsymbol{\theta}_k) = \boldsymbol{P}_{k|k-1} - \boldsymbol{P}_{xz}\left\{\left[\boldsymbol{P}_{zz}^{*} + \boldsymbol{R}(\boldsymbol{\theta}_k)\right]^{-1}\right\}^{\mathrm{T}}\boldsymbol{P}_{xz}^{\mathrm{T}} \tag{8-48}$$

因此，通过二维搜索可以得出最优参数

$$\boldsymbol{\theta}_k^{*} = \underset{\boldsymbol{\theta}_k\in\Theta}{\arg\min}\,\mathrm{Tr}[\boldsymbol{P}_{k|k}(\boldsymbol{\theta}_k)] = \underset{\boldsymbol{\theta}_k\in\Theta}{\arg\min}\,\mathrm{Tr}\left\{\boldsymbol{P}_{k|k-1} - \boldsymbol{P}_{xz}\left[\left(\boldsymbol{P}_{zz}^{*} + \boldsymbol{R}(\boldsymbol{\theta}_k)\right)^{-1}\right]^{\mathrm{T}}\boldsymbol{P}_{xz}^{\mathrm{T}}\right\} \tag{8-49}$$

8.4.3　仿真及分析

仿真目标在二维平面上沿直线匀速运动，目标轨迹如图 8-8 所示。发射波形仍采用高斯包络的 LFM 脉冲波形，脉冲宽度可选范围为[10, 100] μs，调频率可选范围为[−30, 30] GHz/s。使用单部雷达进行观测，其位于[20 000, 5 000] m 处。目标初始位置位于原点处，x 方向初始速度为 100 m/s，y 方向速度为 500 m/s。过程噪声协方差矩阵为

$$\boldsymbol{Q}=q\begin{bmatrix}\Delta t^3/3 & 0 & \Delta t^2/2 & 0\\ 0 & \Delta t^3/3 & 0 & \Delta t^2/2\\ \Delta t^2/2 & 0 & \Delta t & 0\\ 0 & \Delta t^2/2 & 0 & \Delta t\end{bmatrix} \tag{8-50}$$

其中，q 为过程噪声分布密度，设置为 10^{-3}。信噪比为 0 dB 的参考距离设为 30 000 m。仿真 30 个采样点，采样时间间隔为 $\Delta t = 2$ s。

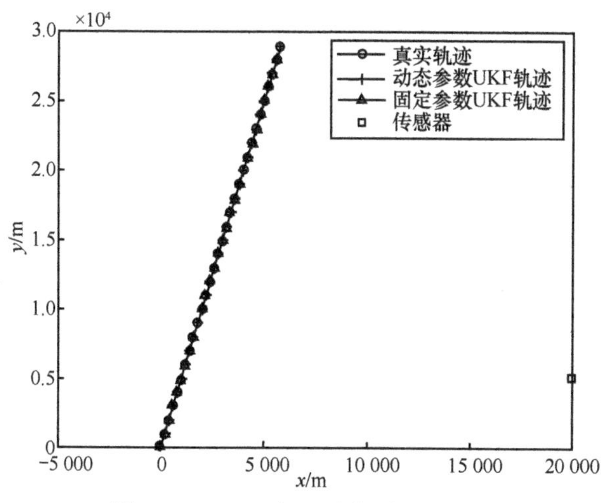

图 8-8　UKF 目标跟踪位置估计示意

选取两组固定参数的波形作为对照组，参数分别为{T=10 μs，b=30 GHz/s}（具有最大调频率）、{T=100 μs，b=3 GHz/s}（具有最大脉冲宽度），比较它们与动态波形参数的跟踪 RMSE 曲线，蒙特卡洛仿真次数为 100。固定波形与动态波形跟踪性能对比如图 8-9 所示。UKF 目标跟踪过程中选择的最优参数（最优脉宽和最优调频率）如图 8-10 所示。

由图 8-9 可以看出，基于 UKF 的动态波形选择方法在非线性跟踪中具有一定的优化效果。波形参数固定时，距离跟踪误差随着时间的增加而逐渐增大。动态参数的距离误差小于固定参数的距离误差，且误差曲线增长趋势缓慢，优化效果

较为明显。整个跟踪过程中实验组与对照组的速度误差曲线波动不大，前 20 s 内动态参数与固定参数的速度误差基本相同，但 20 s 之后具有动态参数的速度跟踪误差更小。由图 8-10 可看出，波形动态选择算法在该实验场景中一直选择最大脉冲宽度以及最高调频率，只不过在前 20 s 内，选择的是下调频波形，20 s 之后选择的是上调频波形。推测传感器选用下调频波形是为了尽快稳定滤波过程。但该实验结果无法给出动态波形参数选择的一般性规律。

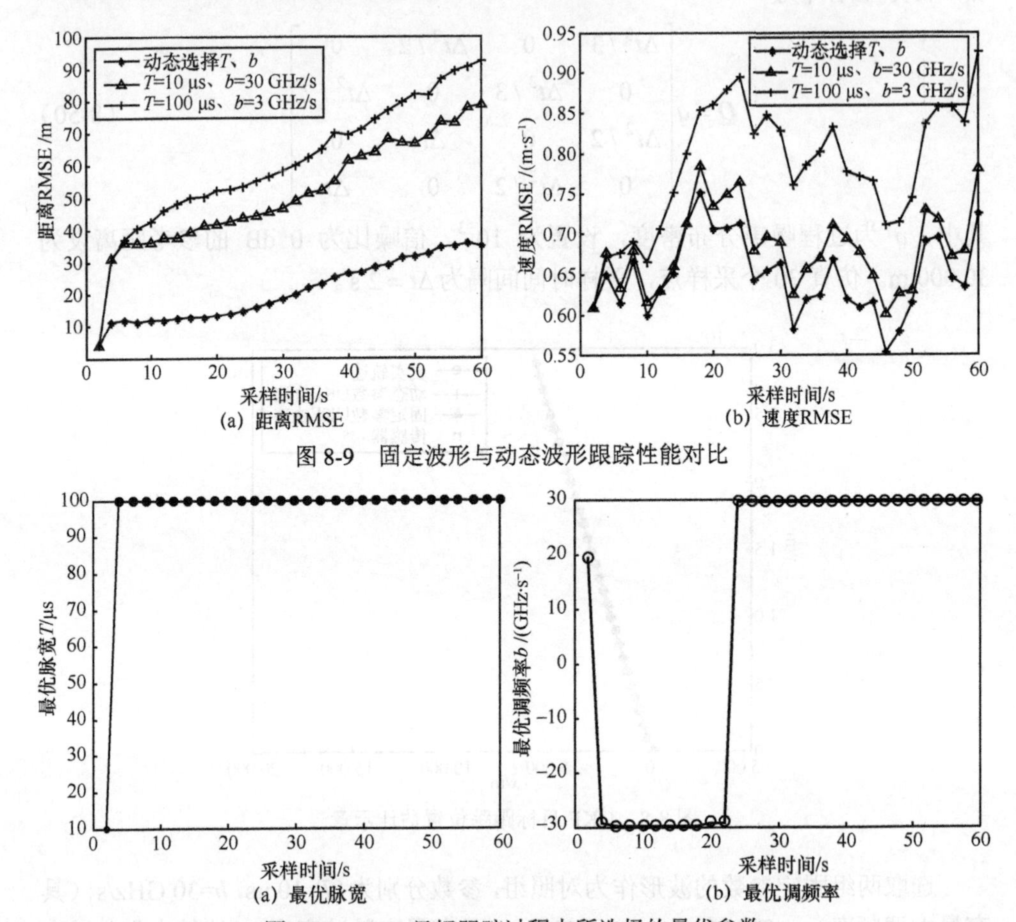

图 8-9　固定波形与动态波形跟踪性能对比

图 8-10　UKF 目标跟踪过程中所选择的最优参数

分别调整过程噪声密度以及参考信噪比，考察其对算法性能的影响。首先将过程噪声密度改为 10^{-1}，再次进行仿真，并与过程噪声密度为 10^{-3} 时的总跟踪 RMSE 进行对比，结果如图 8-11 所示。从图 8-11 中可以看出，当过程噪声密度增大时，无论是采用固定参数的发射波形还是动态选择发射波形，跟踪误差均增大。但是动态参数下跟踪误差增大的幅度远小于固定参数的情况。说明当系统模型误差较大时，动态波形选择算法可以在一定程度上减小模型误差对跟踪误差的影响。

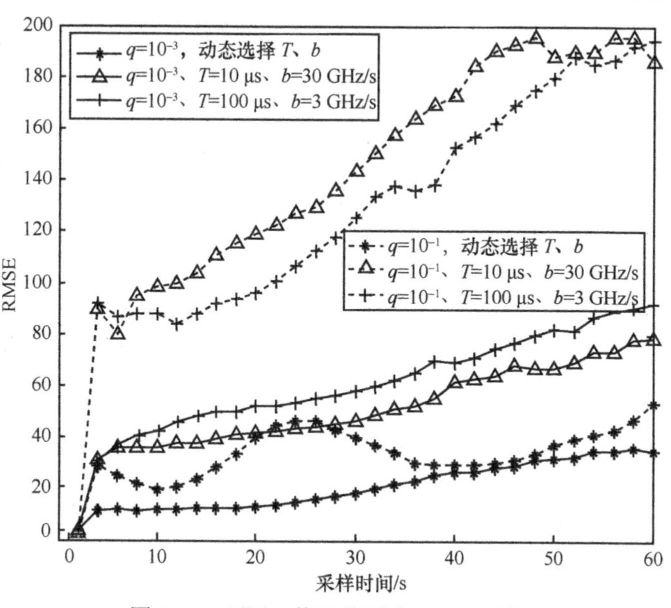

图 8-11　不同 q 值下总跟踪 RMSE 对比

将系统的参考信噪比 η_0 增大为 20 dB，并进行仿真。不同信噪比下总跟踪 RMSE 对比如图 8-12 所示。从图 8-12 可以看出，当信噪比增大时，不论是固定波形参数还是对波形参数进行动态选择，系统的跟踪误差均有所降低。不过动态波形选择算法仍具有一定的优化效果。在仿真过程中发现，当信噪比为 20 dB 时，系统选择的最优脉冲宽度曲线和参考信噪比为 0 dB 时基本一致，但最优调频率曲线则有所不同，如图 8-13 所示。对比图 8-10（b）可知，信噪比提高之后，系统在跟踪过程中选择下调频波形的时间减少。

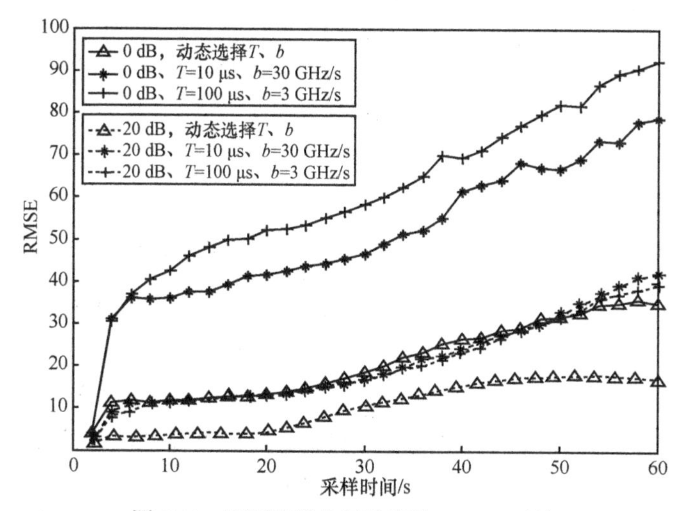

图 8-12　不同信噪比下总跟踪 RMSE 对比

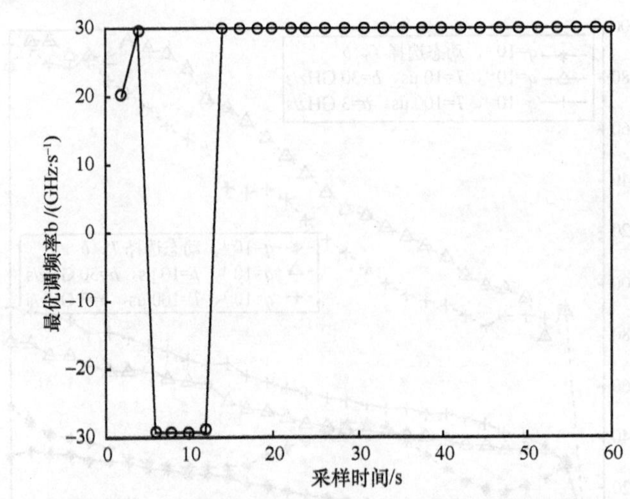

图 8-13　参考信噪比为 20 dB 时的最优调频率曲线

由上述两组仿真结果可知，基于 UKF 的波形动态选择算法在不同系统模型误差以及不同信噪比下均能够降低跟踪误差，鲁棒性较强。

8.5　机动目标跟踪中的波形优化

单个脉冲波形对于雷达目标检测及跟踪而言局限性较大，使用脉冲串可以提高波形的速度分辨率。一些学者研究了组合脉冲串对检测与跟踪性能的影响，指出单载频脉冲与调频脉冲的组合脉冲串在一定条件下具有较强的鲁棒性，同时能提供较好的跟踪性能。本节采用 CF-HFM 组合脉冲串作为雷达发射波形。

本章前述动态波形选择算法中，直接将量测估计的 CRLB 作为跟踪中的观测噪声协方差，没有涉及波形对检测过程影响的分析。在实际应用中，雷达系统受到功率的限制以及噪声的影响，量测估计误差的方差无法真正达到 CRLB。Niu 等[9]通过分辨单元详细分析了不同波形参数对检测过程的影响，利用量测提取将检测与跟踪过程联系起来。本节利用该方法对跟踪中的观测噪声协方差进行近似，以更加全面地描述波形参数对最终跟踪结果的影响，同时利用序贯扩展卡尔曼滤波跟踪机动目标，充分利用多普勒量测提供的信息来提高跟踪性能。

8.5.1　基于分辨单元及量测提取的观测噪声协方差近似

雷达接收端接收信号之后，进行匹配滤波。检测过程正是对匹配滤波器的输

出信号进行处理。匹配滤波器的输出为

$$x(\tau,f_{\rm d})=\int\tilde{s}(\lambda)\tilde{s}^{*}(\lambda-\tau)\exp({\rm j}2\pi f_{\rm d}\lambda){\rm d}\lambda \tag{8-51}$$

其中，$\tilde{s}(t)$ 为发射信号的复包络。

可将时延–多普勒平面视为多个相邻的网格，每个格点所对应的 $\tau_{\rm g}$ 和 $f_{\rm g}$ 均可以作为匹配滤波参考信号的时延及多普勒频移，假设没有噪声存在，且将回波信号的幅度考虑在内，其对应匹配滤波器的输出信号为

$$\begin{aligned}x(\tau,f_{\rm d},\tau_{\rm g},f_{\rm g})&=\int A_s\tilde{s}(\lambda-\tau_{\rm g})\exp[{\rm j}2\pi f_{\rm d}(\lambda-\tau)]\tilde{s}^{*}(\lambda-\tau)\exp[-{\rm j}2\pi f_0(\lambda-\tau_{\rm g})]{\rm d}\lambda=\\&\int A_s\tilde{s}(t)\tilde{s}^{*}(t+\tau-\tau_{\rm g})\exp[{\rm j}2\pi t(f_{\rm d}-f_0)]\exp[-{\rm j}2\pi f_{\rm g}(\tau-\tau_{\rm g})]{\rm d}t\end{aligned} \tag{8-52}$$

其中，A_s 表示回波信号的幅度。假定目标模型为施威林（Swerling）I 型，回波信号幅度平方的分布为指数分布。

模糊函数可以衡量具有真实时延 τ 与多普勒频移 $f_{\rm d}$ 的目标回波通过具有不同参考信号的匹配滤波器的输出，即

$$|\chi(\tau,f_{\rm d})|=\left|\int\tilde{s}(\lambda)\tilde{s}^{*}(\lambda+\tau)\exp({\rm j}2\pi f_{\rm d}\lambda){\rm d}\lambda\right| \tag{8-53}$$

归一化表示为

$$A(\tau,f_{\rm d})=\frac{1}{\left[\int|\tilde{s}(\lambda)|^2{\rm d}\lambda\right]^2}\left|\int\tilde{s}(\lambda)\tilde{s}^{*}(\lambda+\tau)\exp({\rm j}2\pi f_{\rm d}\lambda){\rm d}\lambda\right|^2 \tag{8-54}$$

检测时通过对比匹配滤波器输出信号幅度的平方值与门限值来判断目标的有无。

$$\begin{cases}H_1:\ |x(\tau,f_{\rm d})|^2\geqslant\eta\\H_0:\ |x(\tau,f_{\rm d})|^2<\eta\end{cases} \tag{8-55}$$

其中，H_0 假设仅有噪声存在；H_1 假设有目标存在，η 为检测门限值。由式（8-52）和式（8-54）可以看出模糊函数 $A(\tau-\tau_{\rm g},f_{\rm d}-f_{\rm g})$ 与匹配滤波器的输出成正比，此时式（8-55）可转化为通过模糊函数进行判断。当目标实际时延与多普勒频移分别为 τ、$f_{\rm d}$ 时，模糊函数超过一定值即代表目标存在，其对应于时延–多普勒平面上的区域即该阶段所获取的量测值的范围。

根据奈曼–皮尔逊（NP）准则，给定虚警概率可计算对应的检测门限，同时使检测概率达到最大。虚警概率和检测概率表达式为

$$P_{\rm f}=\exp(-\eta) \tag{8-56}$$

$$P_{\rm d}=(P_{\rm f})^{1/[1+{\rm SNR}\cdot A(\tau-\tau_{\rm g},f_{\rm d}-f_{\rm g})]} \tag{8-57}$$

检测过程可以视为用一系列的参考信号去匹配接收到的回波，根据匹配的结果估计目标的时延与多普勒频移，并计算其距离与速度，将量测从时延–多普勒平面转换到距离–速度平面。这些参考信号的时延及多普勒频移对应时延–多普勒平面上的一系列格点$\{\tau_g, f_g\}$。如果目标正好对应某一格点，即$\tau=\tau_g$、$f=f_g$，则检测结果比较明确。但在实际中由于受到噪声及旁瓣的影响，模糊函数超过门限值的地方，在时延–多普勒平面上通常是一片连续或者分散的区域。因此定义包含格点在内的其周围固定面积的一小片区域为一个分辨单元，基于分辨单元来分析距离与速度量测的统计特征。

分辨单元概念的提出是为了对现有量测进行统计平均，从而获取相对准确的目标信息。其形状通常为平行四边形，方向一般与模糊函数轮廓的走向一致以便后续分析。下调频 LFM 波形的模糊函数与时延轴具有一定的夹角，如图 8-14 中椭圆阴影区域。图 8-14 中分别选择矩形和一般平行四边形作为分辨单元的形状，黑色圆点代表分辨单元的几何中心，飞机图标代表目标的实际位置，五角星代表与真实信号匹配的参考点。很明显，选择平行四边形的分辨单元时，目标在时延–多普勒平面上的实际位置与满足式（8-55）的参考点在同一分辨单元内。

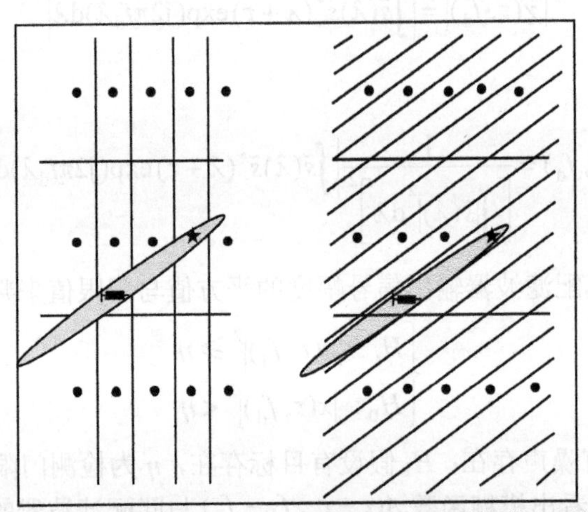

图 8-14　矩形分辨单元与一般平行四边形分辨单元示例

对于 CF 脉冲而言，其模糊函数不存在多普勒模糊现象，此时矩形分辨单元更便于分析。为了衡量分辨单元与模糊函数之间的“一致性”，定义模糊函数不确定度矩阵为

$$\boldsymbol{R}_{\text{amb}}=\frac{\iint\begin{pmatrix} r \\ v_r \end{pmatrix}\begin{pmatrix} r \\ v_r \end{pmatrix}^{\mathrm{T}} A\left(2\frac{r}{c},-2\frac{v_r f_{\mathrm{c}}}{c}\right)\mathrm{d}r\mathrm{d}v_r}{\iint A\left(2\frac{r}{c},-2\frac{v_r f_{\mathrm{c}}}{c}\right)\mathrm{d}r\mathrm{d}v_r} \tag{8-58}$$

其中，c 为电磁波速度，f_c 为载波频率，r 表示顶点对应的距离，v_r 表示顶点对应的速度。根据 $\boldsymbol{R}_{\text{amb}}$，可以确定分辨单元的 4 个顶点。在距离–速度平面上，当分辨单元的面积恒定为 S_c 时，其顶点可以使

$$\xi = \begin{pmatrix} r \\ v_r \end{pmatrix}^{\text{T}} \boldsymbol{R}_{\text{amb}}^{-1} \begin{pmatrix} r \\ v_r \end{pmatrix} \tag{8-59}$$

达到最小。令分辨单元的 4 个顶点分别为(r_1, v_{r1})、(r_2, v_{r1})、$(r_3, -v_{r1})$、$(r_4, -v_{r1})$，$\boldsymbol{R}_{\text{amb}}$ 的逆矩阵为

$$\boldsymbol{R}_{\text{amb}}^{-1} = \begin{pmatrix} \rho_{rr} & \rho_{rv_r} \\ \rho_{rv_r} & \rho_{v_r v_r} \end{pmatrix} \tag{8-60}$$

则满足式（8-59）的顶点坐标的代数解为

$$v_{r1} = \frac{\sqrt{S_c}}{2} \left(\frac{\rho_{rr}^2}{\rho_{rr}\rho_{v_r v_r} - \rho_{rv_r}^2} \right)^{\frac{1}{4}} \tag{8-61}$$

$$r_1 = \frac{1}{2} \left(\frac{S_c}{2v_{r1}} - \frac{2\rho_{rv_r} v_{r1}}{\rho_{rr}} \right) \tag{8-62}$$

$$r_2 = -\frac{1}{2} \left(\frac{S_c}{2v_{r1}} + \frac{2\rho_{rv_r} v_{r1}}{\rho_{rr}} \right) \tag{8-63}$$

$$r_3 = \frac{v_{r1}}{\rho_{rr}} \left(\rho_{rv_r} - \sqrt{\rho_{rr}\rho_{v_r v_r} - \rho_{rv_r}^2} \right) \tag{8-64}$$

$$r_4 = \frac{v_{r1}}{\rho_{rr}} \left(\rho_{rv_r} + \sqrt{\rho_{rr}\rho_{v_r v_r} - \rho_{rv_r}^2} \right) \tag{8-65}$$

分辨单元确定之后，需要通过量测提取来获得相对精确的量测，估计量测误差，并传递给跟踪器。当多个邻近的分辨单元内均出现模糊函数幅度超出一定检测门限值的情况时，一般采取某种平均策略，从冗余分散的量测集合提取最终用于跟踪的量测，该过程被称为量测提取。通常有直接平均和按模糊函数的幅度加权平均这两种方法。直接平均策略是对已有量测值的距离与速度进行算数平均，即

$$\begin{aligned} \hat{r}(r_a, v_a) &= \frac{\sum_{r_g, v_g} r_g \text{In}\left[A_s A(\tau_a - \tau_g, f_a - f_g) \geqslant \eta \right]}{\sum_{r_g, v_g} \text{In}\left[A_s A(\tau_a - \tau_g, f_a - f_g) \geqslant \eta \right]} \\ \hat{v}_r(r_a, v_a) &= \frac{\sum_{r_g, v_g} v_{rg} \text{In}\left[A_s A(\tau_a - \tau_g, f_a - f_g) \geqslant \eta \right]}{\sum_{r_g, v_g} \text{In}\left[A_s A(\tau_a - \tau_g, f_a - f_g) \geqslant \eta \right]} \end{aligned} \tag{8-66}$$

其中，In(·)代表目标指示函数，当匹配滤波器输出信号的幅度平方超出检测门限值时取值为 1，反之为 0；r_a、v_a表示目标的真实距离与径向速度。幅度加权平均的效果要优于直接平均，其计算式为

$$\hat{r}(r_a,v_a)=\frac{\sum_{r_g,v_g} r_g A(\tau_a-\tau_g,f_a-f_g)\mathrm{In}\left[A_s A(\tau_a-\tau_g,f_a-f_g)\geqslant\eta\right]}{\sum_{r_g,v_g} A(\tau_a-\tau_g,f_a-f_g)\mathrm{In}\left[A_s A(\tau_a-\tau_g,f_a-f_g)\geqslant\eta\right]}$$
$$\hat{v}_r(r_a,v_a)=\frac{\sum_{r_g,v_g} v_{rg} A(\tau_a-\tau_g,f_a-f_g)\mathrm{In}\left[A_s A(\tau_a-\tau_g,f_a-f_g)\geqslant\eta\right]}{\sum_{r_g,v_g} A(\tau_a-\tau_g,f_a-f_g)\mathrm{In}\left[A_s A(\tau_a-\tau_g,f_a-f_g)\geqslant\eta\right]} \tag{8-67}$$

无论使用何种平均策略，分辨单元 C 中的量测误差均可表示为

$$\boldsymbol{R}_{\mathrm{c}}=\iint_{\left[\begin{smallmatrix} r \\ v_r \end{smallmatrix}\right]\in C}\begin{bmatrix} r \\ v_r \end{bmatrix}\begin{bmatrix} r \\ v_r \end{bmatrix}^{\mathrm{T}} f(r,v_r)\mathrm{d}r\mathrm{d}v_r \tag{8-68}$$

其中，$f(r,v_r)$表示分辨单元中目标的概率密度函数，这里假设其为均匀分布，即

$$f(r,v_r)=\frac{1}{S_{\mathrm{c}}} \tag{8-69}$$

对于载频为f_0、脉冲宽度为 T 的单个脉冲发射波形而言

$$S_{\mathrm{c}}=cT\times\frac{c}{f_0 T}=\frac{c^2}{f_0} \tag{8-70}$$

其中，c 为电磁波速度。

脉冲串波形的模糊函数通常为“钉床”状，除了主峰，时延–多普勒空间中还分布着很多模糊瓣，对所有超出门限的区域进行统计从而获取量测是不现实的，而且跟踪过程会进一步降低量测不确定性，将目标锁定在主瓣上。因此只需要考虑模糊函数主瓣附近的区域。对于脉冲数为 N_{p}、脉冲宽度为 t_{p}、重复周期为 T_{R} 的脉冲波形，模糊函数峰值的间距沿时延轴为 T_{R}，沿多普勒轴为 $1/T_{\mathrm{R}}$。因此，在进行量测提取时，主要考虑时延轴[$-T_{\mathrm{R}}/2$，$T_{\mathrm{R}}/2$]、多普勒轴[$-1/(2T_{\mathrm{R}})$，$1/(2T_{\mathrm{R}})$]的矩形区域。此时分辨单元的面积为

$$S_{\mathrm{c}}=ct_{\mathrm{p}}\frac{c}{f_0 N_{\mathrm{p}} T_{\mathrm{R}}}=\frac{c^2 t_{\mathrm{p}}}{f_0 N_{\mathrm{p}} T_{\mathrm{R}}} \tag{8-71}$$

式（8-68）计算的是平均后的量测在其所在分辨单元中的估计误差。实际上

参与平均策略的每一个分辨单元中的量测都具有不同程度的不确定性，为了平衡这一点，定义量测提取单元（Measurement Extraction Cell，MEC）为包含所有提供量测的分辨单元的最小区域，其示意如图 8-15 所示。图 8-15 中的每一个栅格都是分辨单元，深灰色的椭圆代表的则是超出检测门限的区域，最大的平行四边形则为量测提取单元。根据量测提取单元的定义，它将所有包含深灰色椭圆的分辨单元囊括在内。

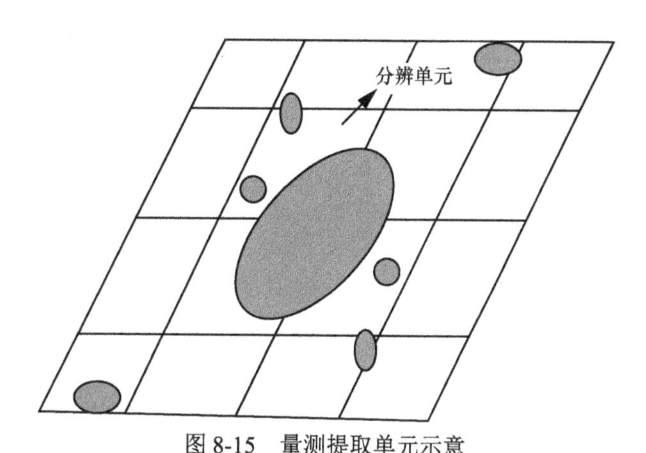

图 8-15　量测提取单元示意

由于 MEC 考虑了多个分辨单元中均有目标存在的可能性，量测估计的精度会有一定的提高，根据量测提取单元面积 S_{MEC} 与分辨单元面积 S_{c} 的比例计算量测误差矩阵

$$\boldsymbol{R}=\frac{S_{\mathrm{c}}}{S_{\mathrm{MEC}}}\boldsymbol{R}_{\mathrm{c}} \tag{8-72}$$

8.5.2　基于序贯扩展卡尔曼滤波的波形自适应选择

序贯扩展卡尔曼滤波（SEKF）是针对带有多普勒量测的目标跟踪提出的[7]。记 k 时刻机动目标的运动状态为 $\boldsymbol{X}_k=[x_k,y_k,\dot{x}_k,\dot{y}_k,\ddot{x}_k,\ddot{y}_k]^{\mathrm{T}}$，$x_k$、$y_k$ 分别为目标在 x、y 方向上的位置，$\dot{x}_k$，$\dot{y}_k$ 分别为目标在 x、y 方向上的速度，$\ddot{x}_k$，$\ddot{y}_k$ 分别为目标在 x、y 方向上的加速度。系统的状态方程与观测方程与前述章节中介绍的相同，参见式（8-35）～式（8-37）。此时雷达的观测方程是极坐标下的，且量测包含方位角、距离以及径向速度。令带有噪声的量测分别为 θ_k^m、r_k^m、$\dot{r}_k^m$，其对应的观测噪声方差为 σ_θ^2、σ_r^2、$\sigma_{\dot{r}}^2$，$\boldsymbol{v}_k^m=[\tilde{\theta}_k,\tilde{r}_k,\tilde{\dot{r}}_k]^{\mathrm{T}}$ 为观测噪声误差矢量，$\tilde{\theta}_k$ 与 $\tilde{r}_k$、$\tilde{\dot{r}}_k$ 均不相关，$\tilde{r}_k$ 与 $\tilde{\dot{r}}_k$ 具有相关性，相关系数为 ρ，二者的协方差矩阵是通过量测提取求得的 $\boldsymbol{R}$。

序贯扩展卡尔曼滤波并不在极坐标系下直接处理量测，而是首先将其转换到直角坐标系下，并引入伪量测 ξ。

$$\begin{cases} x_k^{\mathrm{c}} = r_k^m \cos\theta_k^m = x_k + v_k^x \\ y_k^{\mathrm{c}} = r_k^m \sin\theta_k^m = y_k + v_k^y \\ \xi_k^{\mathrm{c}} = r_k^m \dot{r}_k^m = x_k \dot{x}_k + y_k \dot{y}_k + v_k^{\xi} \end{cases} \tag{8-73}$$

其中，v_k^i 表示 k 时刻相应量测转换误差在直角坐标系上的 i 分量。最终获得的转换后的雷达量测 $\boldsymbol{Z}_k^{\mathrm{c}}$ 可表示为

$$\boldsymbol{Z}_k^{\mathrm{c}} = [x_k^{\mathrm{c}}, y_k^{\mathrm{c}}, \xi_k^{\mathrm{c}}]^{\mathrm{T}} = h_k(\boldsymbol{X}_k) + \boldsymbol{v}_k^{\mathrm{c}} = [x_k, y_k, x_k\dot{x}_k + y_k\dot{y}_k]^{\mathrm{T}} + [v_k^x, v_k^y, v_k^{\xi}]^{\mathrm{T}} \tag{8-74}$$

同时，转换量测误差的协方差为

$$\boldsymbol{R}_k = \begin{bmatrix} R_k^{xx} & R_k^{xy} & R_k^{x\xi} \\ R_k^{yx} & R_k^{yy} & R_k^{y\xi} \\ R_k^{\xi x} & R_k^{\xi y} & R_k^{\xi\xi} \end{bmatrix} \tag{8-75}$$

其中，

$$\begin{cases} R_k^{xx} = r_k^m \exp(-2\sigma_\theta^2)\Big\{\cos^2\theta_k^m\Big[\cosh(2\sigma_\theta^2) - \cosh(\sigma_\theta^2)\Big] + \sin^2\theta_k^m\Big[\sinh(2\sigma_\theta^2) - \sinh(\sigma_\theta^2)\Big]\Big\} + \\ \qquad \sigma_r^2 \exp(-2\sigma_\theta^2)\Big\{\cos^2\theta_k^m\Big[2\cosh(2\sigma_\theta^2) - \cosh(\sigma_\theta^2)\Big] + \sin^2\theta_k^m\Big[2\sinh(2\sigma_\theta^2) - \sinh(\sigma_\theta^2)\Big]\Big\} \\ R_k^{yy} = r_k^m \exp(-2\sigma_\theta^2)\Big\{\sin^2\theta_k^m\Big[\cosh(2\sigma_\theta^2) - \cosh(\sigma_\theta^2)\Big] + \cos^2\theta_k^m\Big[\sinh(2\sigma_\theta^2) - \sinh(\sigma_\theta^2)\Big]\Big\} + \\ \qquad \sigma_r^2 \exp(-2\sigma_\theta^2)\Big\{\sin^2\theta_k^m\Big[2\cosh(2\sigma_\theta^2) - \cosh(\sigma_\theta^2)\Big] + \cos^2\theta_k^m\Big[2\sinh(2\sigma_\theta^2) - \sinh(\sigma_\theta^2)\Big]\Big\} \\ R_k^{xy} = R_k^{yx} = \sin\theta_k^m \cos\theta_k^m \exp(-4\sigma_\theta^2)\Big\{\sigma_r^2 + (r_k^m + \sigma_r^2)\Big[1 - \exp(\sigma_\theta^2)\Big]\Big\} \\ R_k^{x\xi} = R_k^{\xi x} = (\sigma_r^2 \dot{r}_k^m + r_k^m \rho\sigma_r\sigma_{\dot{r}})\cos\theta_k^m \exp(-\sigma_\theta^2) \\ R_k^{y\xi} = R_k^{\xi y} = (\sigma_r^2 \dot{r}_k^m + r_k^m \rho\sigma_r\sigma_{\dot{r}})\sin\theta_k^m \exp(-\sigma_\theta^2) \\ R_k^{\xi\xi} = (r_k^m)^2\sigma_{\dot{r}}^2 + \sigma_r^2(\dot{r}_k^m)^2 + 3(1+\rho^2)\sigma_{\dot{r}}^2\sigma_r^2 + 2r_k^m\dot{r}_k^m\rho\sigma_r\sigma_{\dot{r}} \end{cases} \tag{8-76}$$

由式（8-76）可知，转换之后的量测 $\boldsymbol{Z}_k^{\mathrm{c}}$ 中只有伪量测与目标状态是非线性映射关系。SEKF 利用一系列的变换消除位置量测与伪量测转换误差之间的相关性。首先利用 KF 对位置量测进行滤波，获取估计的中间值，再利用泰勒（Taylor）展开对伪量测的非线性函数进行线性近似，从而实现序贯滤波。

将 $\boldsymbol{R}_k$ 表示为

$$\boldsymbol{R}_k=\begin{bmatrix}\boldsymbol{R}_k^p & (\boldsymbol{R}_k^{\xi,p})^{\mathrm{T}}\\ \boldsymbol{R}_k^{\xi,p} & \boldsymbol{R}_k^{\xi}\end{bmatrix} \tag{8-77}$$

消除位置量测与伪量测转换误差之间相关性的变换矩阵被定义为

$$\begin{cases}\boldsymbol{L}_k=[L_k^1,L_k^2]=-\boldsymbol{R}_k^{\xi,p}(\boldsymbol{R}_k^p)^{-1}\\ \boldsymbol{B}_k=\begin{bmatrix}\boldsymbol{I}_2 & \boldsymbol{0}\\ \boldsymbol{L}_k & 1\end{bmatrix}\end{cases} \tag{8-78}$$

将式（8-74）两边均左乘以 $\boldsymbol{B}_k$，可得直角坐标系下新的观测方程

$$\begin{cases}\boldsymbol{Z}_k^p=\boldsymbol{H}_k\boldsymbol{X}_k+\boldsymbol{v}_k^p\\ \varepsilon_k=h_k^{\varepsilon}(\boldsymbol{X}_k)+\tilde{\varepsilon}_k\end{cases} \tag{8-79}$$

其中，

$$\begin{cases}\boldsymbol{Z}_k^p=[x_k^{\mathrm{c}},y_k^{\mathrm{c}}]^{\mathrm{T}}\\ \boldsymbol{H}_k=[\boldsymbol{I}_{2\times2},\boldsymbol{0}_{2\times4}]\\ \boldsymbol{v}_k^p=[v_k^x,v_k^y]^{\mathrm{T}}\\ h_k^{\varepsilon}=L_k^1x_k+L_k^2y_k+x_k\dot{x}_k+y_k\dot{y}_k\\ \tilde{\varepsilon}_k=L_k^1v_k^x+L_k^2v_k^y+v_k^{\xi}\end{cases} \tag{8-80}$$

此时，量测误差的协方差矩阵可简化为

$$\boldsymbol{R}_k=\begin{bmatrix}\boldsymbol{R}_k^p & \boldsymbol{0}_{2\times1}\\ \boldsymbol{0}_{1\times2} & R_k^z\end{bmatrix} \tag{8-81}$$

在此基础上，序贯扩展卡尔曼滤波首先对位置转换量测进行滤波，再对伪量测进行线性化处理（Taylor 展开），其主要步骤如下。

① 时间更新滤波估计。目标状态的一步预测估计及其协方差分别为

$$\hat{\boldsymbol{X}}_{k|k-1}=\boldsymbol{F}_{k-1}\hat{\boldsymbol{X}}_{k-1|k-1} \tag{8-82}$$

$$\boldsymbol{P}_{k|k-1}=\boldsymbol{F}_{k-1}\boldsymbol{P}_{k-1|k-1}\boldsymbol{F}_{k-1}^{\mathrm{T}}+\boldsymbol{Q}_{k-1} \tag{8-83}$$

其中，过程噪声协方差矩阵 $\boldsymbol{Q}$ 如下所示，q 为过程噪声密度，Δt 为采样间隔，Q_1、Q_2 分别为位置与速度上的过程噪声系数。

$$
\boldsymbol{Q}=\begin{bmatrix}
\frac{\Delta t^5 Q_1}{20} & 0 & \frac{\Delta t^4 Q_1}{8} & 0 & \frac{\Delta t^3 Q_1}{6} & 0 \\
0 & \frac{\Delta t^5 Q_2}{20} & 0 & \frac{\Delta t^4 Q_2}{8} & 0 & \frac{\Delta t^3 Q_2}{6} \\
\frac{\Delta t^4 Q_1}{8} & 0 & \frac{\Delta t^3 Q_1}{3} & 0 & \frac{\Delta t^2 Q_1}{2} & 0 \\
0 & \frac{\Delta t^4 Q_2}{8} & 0 & \frac{\Delta t^3 Q_2}{3} & 0 & \frac{\Delta t^2 Q_2}{2} \\
\frac{\Delta t^3 Q_1}{6} & 0 & \frac{\Delta t^2 Q_1}{2} & 0 & \Delta t Q_1 & 0 \\
0 & \frac{\Delta t^3 Q_2}{6} & 0 & \frac{\Delta t^2 Q_2}{2} & 0 & \Delta t Q_2
\end{bmatrix} q \tag{8-84}
$$

② 位置量测更新滤波估计。对应卡尔曼滤波增益及状态估计计算式为

$$\boldsymbol{K}_k^p = \boldsymbol{P}_{k|k-1}(\boldsymbol{H}_k)^{\mathrm{T}}[\boldsymbol{H}_k \boldsymbol{P}_{k|k-1}(\boldsymbol{H}_k)^{\mathrm{T}} + \boldsymbol{R}_k^p]^{-1} \tag{8-85}$$

$$\hat{\boldsymbol{X}}_{k|k}^p = \hat{\boldsymbol{X}}_{k|k-1} + \boldsymbol{K}_k^p[\boldsymbol{Z}_k^p - \boldsymbol{\mu}_k^p - \boldsymbol{H}_k \hat{\boldsymbol{X}}_{k|k-1}] \tag{8-86}$$

$$\boldsymbol{P}_{k|k}^p = (\boldsymbol{I}_n - \boldsymbol{K}_k^p \boldsymbol{H}_k)\boldsymbol{P}_{k|k-1} \tag{8-87}$$

其中，$\boldsymbol{\mu}_k^p = E[\boldsymbol{v}_k^p]$。

③ 伪量测更新滤波估计。对应卡尔曼滤波增益及状态估计计算式为

$$\boldsymbol{K}_k^\varepsilon = \boldsymbol{P}_{k|k}^p(\boldsymbol{H}_k^\varepsilon)^{\mathrm{T}}[\boldsymbol{H}_k^\varepsilon \boldsymbol{P}_{k|k}^p(\boldsymbol{H}_k^\varepsilon)^{\mathrm{T}} + \boldsymbol{R}_k^\varepsilon + \boldsymbol{A}_k]^{-1} \tag{8-88}$$

$$\hat{\boldsymbol{X}}_{k|k}^z = \hat{\boldsymbol{X}}_{k|k}^p + \boldsymbol{K}_k^\varepsilon[\varepsilon_k - \boldsymbol{\mu}_k^\varepsilon - h_k^\varepsilon(\hat{\boldsymbol{X}}_{k|k}^p) - \frac{1}{2}\boldsymbol{\delta}_k^2] \tag{8-89}$$

$$\boldsymbol{P}_{k|k}^\varepsilon = (\boldsymbol{I}_{n\times n} - K_k^\varepsilon \boldsymbol{H}_k^\varepsilon)\boldsymbol{P}_{k|k}^p \tag{8-90}$$

其中，$\boldsymbol{H}_k^\varepsilon = [L_k^1 + \hat{x}_{k|k}^p,\ L_k^2 + \hat{y}_{k|k}^p,\ \hat{x}_{k|k}^p,\ \hat{y}_{k|k}^p, \boldsymbol{0}_{1\times 2}]$ 为 $h_k^\varepsilon(\boldsymbol{X}_k)$ 在 $\hat{\boldsymbol{X}}_{k|k}^p$ 处的雅可比矩阵，$\boldsymbol{\delta}_k^2 = 2\boldsymbol{P}_{k|k}^p(1,3) + 2\boldsymbol{P}_{k|k}^p(2,4)$，由 $h_k^z(\boldsymbol{X}_k)$ 的二阶导数构成，另外

$$\boldsymbol{A}_k = \boldsymbol{P}_{k|k}^p(1,1)\boldsymbol{P}_{k|k}^p(3,3) + \boldsymbol{P}_{k|k}^p(2,2)\boldsymbol{P}_{k|k}^p(4,4) + 2\boldsymbol{P}_{k|k}^p(1,2)\boldsymbol{P}_{k|k}^p(3,4) + 2\boldsymbol{P}_{k|k}^p(1,4)\boldsymbol{P}_{k|k}^p(2,3) \tag{8-91}$$

④ 最终滤波估计。

$$\hat{\boldsymbol{X}}_{k|k} = \hat{\boldsymbol{X}}_{k|k}^\varepsilon \tag{8-92}$$

$$\boldsymbol{P}_{k|k} = \boldsymbol{P}_{k|k}^\varepsilon \tag{8-93}$$

波形选择的基本准则仍为最小化跟踪 MSE。跟踪过程依次完成了对目标位置量测以及伪量测的滤波。每一时刻对目标状态的估计，首先通过卡尔曼滤波获得目标位置的估计结果，此时可以直接利用卡尔曼滤波的预测公式对下一时刻跟踪误差进行预测，根据前文的叙述，在 k 时刻对组合脉冲串中 CF 脉冲的个数$(n_{\mathrm{p}})_{k+1}$进行搜索，找到满足式（8-94）的最优参数 $(n_{\mathrm{p}})_{k+1}^{*}$

$$(n_{\mathrm{p}})_{k+1}^{*}=\arg\min_{n_{\mathrm{p}}}\left\{E\left[\left(\boldsymbol{X}_{k+1}-\hat{\boldsymbol{X}}_{k+1|k+1}\left((n_{\mathrm{p}})_{k+1}\right)\right)^{\mathrm{T}}\left(\boldsymbol{X}_{k+1}-\hat{\boldsymbol{X}}_{k+1|k+1}\left((n_{\mathrm{p}})_{k+1}\right)\right)|\,\boldsymbol{Z}_{k}\right]\right\}=$$
$$\arg\min_{n_{\mathrm{p}}}\left\{\mathrm{Tr}\left\{E\left[\boldsymbol{P}_{k+1|k+1}\left((n_{\mathrm{p}})_{k+1}\right)|\,\boldsymbol{Z}_{k}\right]\right\}\right\}\tag{8-94}$$

利用 k 时刻 SEKF 的滤波结果对 k+1 时刻目标状态的协方差矩阵进行预测，有

$$\mathrm{Tr}\{E[\boldsymbol{P}_{k+1|k+1}(n_{\mathrm{p},k+1})\,|\,\boldsymbol{Z}_{k}]\}=\mathrm{Tr}[\boldsymbol{P}_{k+1|k+1}(n_{\mathrm{p},k+1})]=\mathrm{Tr}(\boldsymbol{P}_{k+1|k+1}^{\varepsilon})=$$
$$\mathrm{Tr}(\boldsymbol{P}_{k+1|k+1}^{p}-\boldsymbol{K}_{k+1}^{\varepsilon}\boldsymbol{H}_{k}^{\varepsilon}\boldsymbol{P}_{k+1|k+1}^{p})=\mathrm{Tr}\{(\boldsymbol{I}_{n}-\boldsymbol{K}_{k+1}^{p}\boldsymbol{H}_{k+1})\boldsymbol{P}_{k+1|k}(\boldsymbol{I}_{n}+(\boldsymbol{H}_{k+1}^{\varepsilon})^{\mathrm{T}}\cdot$$
$$[\boldsymbol{H}_{k+1}^{\varepsilon}(\boldsymbol{I}_{n}-\boldsymbol{K}_{k+1}^{p}\boldsymbol{H}_{k+1})\boldsymbol{P}_{k+1|k}(\boldsymbol{H}_{k+1}^{\varepsilon})^{\mathrm{T}}+\boldsymbol{R}_{k+1}^{\varepsilon}+\boldsymbol{A}_{k+1}]^{-1}\boldsymbol{H}_{k+1}^{\varepsilon}(\boldsymbol{I}_{n}-\boldsymbol{K}_{k+1}^{p}\boldsymbol{H}_{k+1})\boldsymbol{P}_{k+1|k})\}\tag{8-95}$$

那么式（8-95）的结果最小即可使 $(n_{\mathrm{p}})_{k+1}^{*}$ 最优。

假定脉冲串中共包含 M=16 个脉冲，在具体实施过程中，每个时刻选择的波形范围是一样的，且根据 n_{p} 的不同共有 M+1 种波形，因此可以预先计算出 M+1 种波形对应的量测估计误差的协方差矩阵 $\boldsymbol{R}$，波形选择过程中直接代入 CF 脉冲个数 n_{p} 对应的 $\boldsymbol{R}$ 矩阵，从而降低运算量，提高运行速度。

下面给出上述算法的详细步骤[10]。

① 预先计算具有不同参数的组合脉冲串对应的量测估计误差矩阵$\{\boldsymbol{R}\}$。

- 选定不同参数 n_{p}^{i}，计算 CF-HFM 组合脉冲串的模糊函数 $A^{i}(\tau,f)$。
- 根据式（8-58）计算模糊函数不确定度及其逆矩阵，从而根据式（8-61）～式（8-65）计算出分辨单元的 4 个顶点在距离–速度平面上的坐标。
- 分别判断分辨单元与超门限区域边界的坐标在距离–速度平面上对应的采样格点的个数，然后比较两者范围大小，并计算出二者格点数的差值，再按照分辨单元的“长宽”比将其进行缩放，获得新的量测提取单元。
- 根据式（8-68）和式（8-72）计算最终的量测估计误差矩阵 $\boldsymbol{R}^{i}$，存入$\{\boldsymbol{R}\}$中。

② 将已经计算好的估计误差矩阵$\{\boldsymbol{R}\}$代入跟踪。

- 对于每一个采样时刻，首先利用式（8-95），代入$\{\boldsymbol{R}\}$中具体误差矩阵计算预测的跟踪 MSE，选择使得预测跟踪 MSE 最小的 $\boldsymbol{R}$ 所对应的波形参数，并将其与前 m（m<4）个采样时刻的最优参数进行平均，获得当前时刻所采用的波形参数。
- 进行 SEKF 滤波。

8.5.3 仿真及分析

对二维平面中的机动目标进行跟踪，其初始状态为[−2 000 m; 1 000 m; 100 m/s; 100 m/s; 0 m/s²; 0 m/s²]，第一阶段（$t\in[1,310]$ s）目标做匀速运动；第二阶段（$t\in[311,600]$ s）目标出现机动，其角速度 $\omega=\dfrac{\pi}{20}$ rad/s；第三阶段（$t\in[601,901]$ s）目标角速度变为零，继续做匀速运动，其运动轨迹如图 8-16 所示。

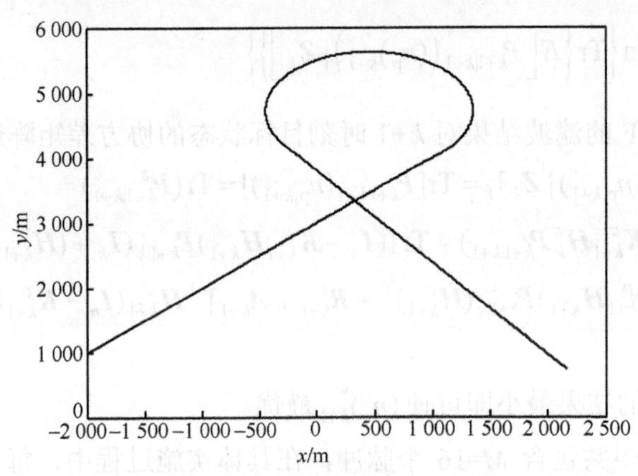

图 8-16　二维机动目标运动轨迹

选择CH-HFM组合脉冲串作为发射波形。一个脉冲串中共包含 M=16个脉冲，单个脉冲宽度 T_{p} 为 10 μs，脉冲重复周期 T_R 为 50 μs。双曲调频脉冲的频率范围为 1～6 MHz。采样间隔为 10 s，蒙特卡洛次数为 300。

组合脉冲串的可变参数为 CF 脉冲的个数 n_p。对量测提取过程进行仿真，n_{p} 为 0、8、16 时分辨单元及量测提取的结果如图 8-17～图 8-19 所示。图 8-17（a）、图 8-18（a）、图 8-19（a）表示的是分辨单元，其中平行四边形为分辨单元的边界，不规则色块则代表匹配滤波输出超出检测门限的区域。图 8-17（b）、图 8-18（b）、图 8-19（b）表示的是量测提取单元，图中不规则色块同样为匹配滤波输出超出检测门限的区域，而平行四边形代表的则是量测提取单元。可以看出，随着波形参数 n_{p} 的变化，模糊函数的轮廓、分辨单元及量测提取单元的形状也发生改变。当 n_{p} 较小时，CF-HFM 中含有较多的 HFM 分量，此时模糊函数与时延、多普勒频率轴有一定的夹角，计算出的分辨单元为平行四边形，走向与模糊函数一致，可以更好地利用分辨单元计算量测的统计特性。当 n_{p} 逐渐增大，匹配滤波输出较为分散，此时量测提取单元要比分辨单元大，且其对应的平行四边形区域沿时延轴方向在逐渐变宽，沿多普勒轴方向在逐渐变窄。可推断，随着 HFM 脉冲数目逐渐增大，系统对目标速度量测的估计误差逐渐增大，而对目标距离量测的估计误差逐渐减小。

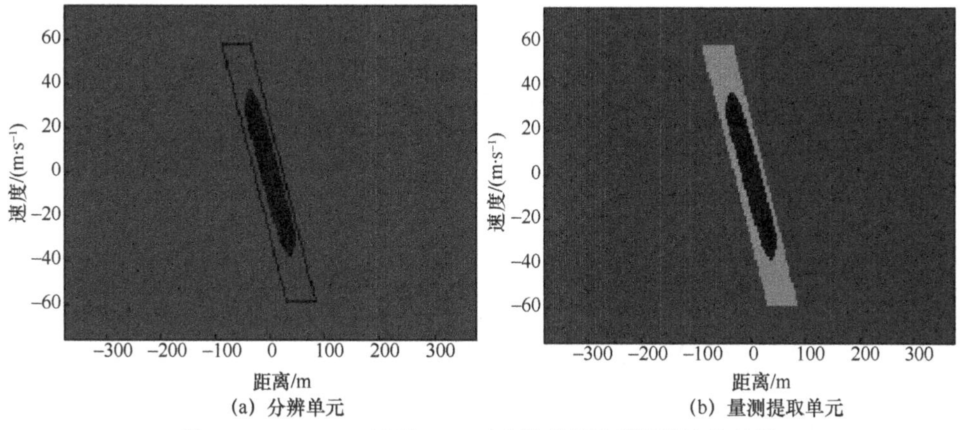

(a) 分辨单元　　(b) 量测提取单元

图 8-17　CH-HFM 波形 n_p=0 时分辨单元及量测提取的结果

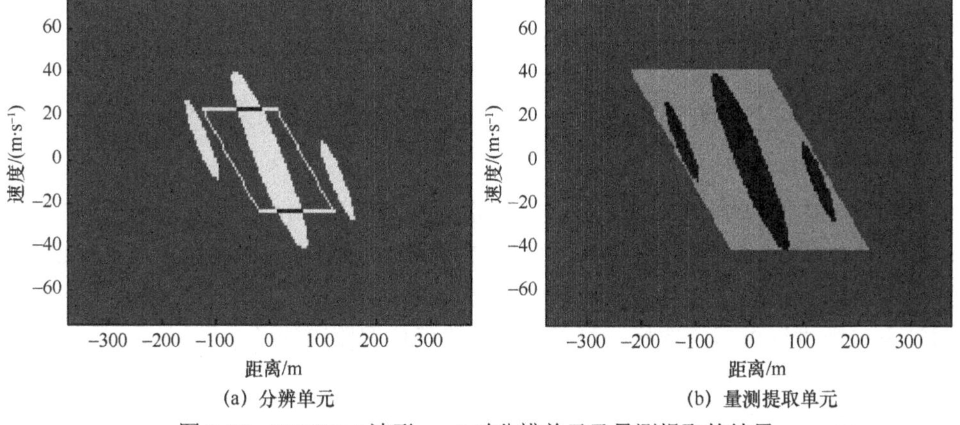

(a) 分辨单元　　(b) 量测提取单元

图 8-18　CH-HFM 波形 n_p=8 时分辨单元及量测提取的结果

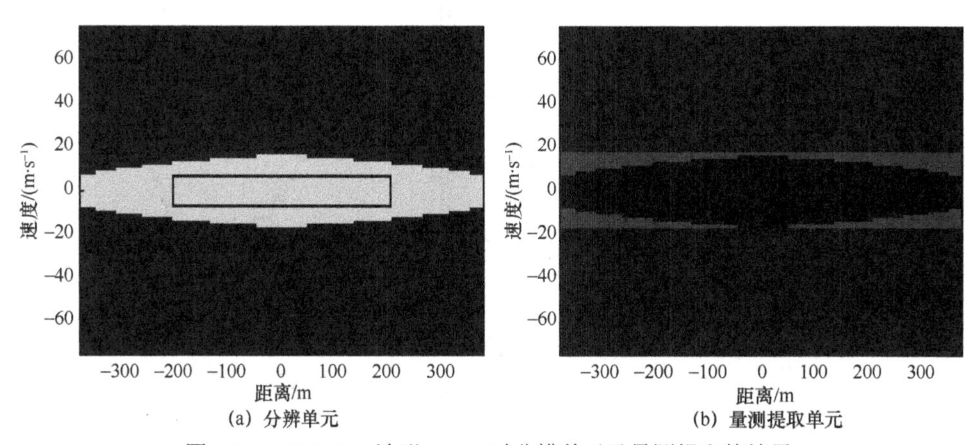

(a) 分辨单元　　(b) 量测提取单元

图 8-19　CH-HFM 波形 n_p=16 时分辨单元及量测提取的结果

首先对过程噪声密度 q=1 时的跟踪场景进行仿真，此时主要对比应用该动态波形与固定波形的跟踪位置误差。首先对 SEKF 跟踪进行验证，图 8-20 对比了经量测转化后 x、y 方向上的位置 RMSE 与滤波后的位置 RMSE。可知该滤波算法可以有效估计目标状态，且随着目标机动的出现，跟踪误差曲线出现上升趋势。

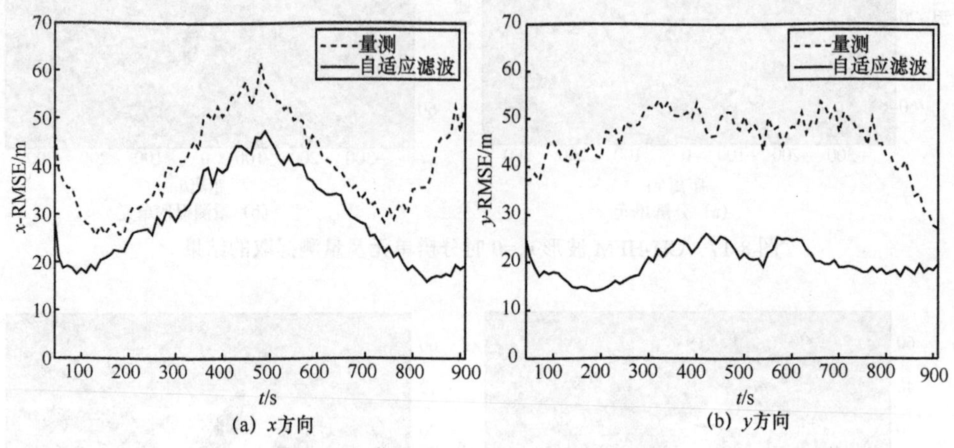

图 8-20　位置量测与估计值 RMSE 对比

图 8-21 所示为固定波形参数（n_p 分别为 3、8、12、16）与自适应波形参数时跟踪效果的对比，以及跟踪过程中每一时刻选择出的最优波形参数 n_p 的变化曲线。可以看出，对于固定波形，脉冲串中 CF 脉冲个数越多，其位置跟踪误差越小。对波形参数进行自适应选择，可以进一步降低位置跟踪误差。

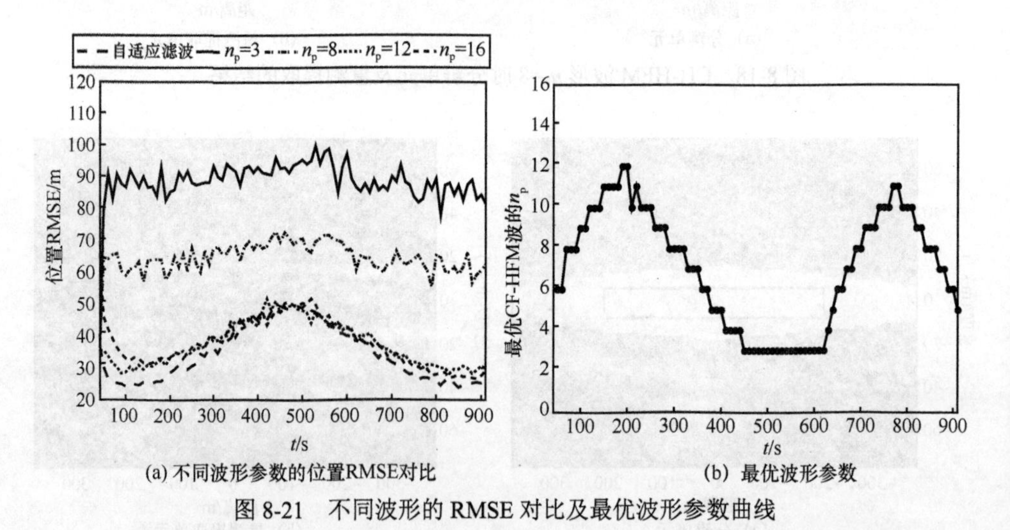

图 8-21　不同波形的 RMSE 对比及最优波形参数曲线

从波形选择的结果来看，在“非机动–机动–非机动”的目标运动过程中，系统动态选择出的波形参数的曲线随着时间的推移呈现出“波峰–波谷–波峰”的变化趋势。当目标出现机动时，所选择波形的 n_p 值逐渐减小，这意味着其包含的 HFM 脉冲数量逐渐增多。在目标做匀速圆周运动的过程中，系统一直选择较低的 n_p 值。而当目标做线性直线运动时，n_p 值先增大到 12 左右，而后逐渐减小。

结合位置误差曲线和波形参数曲线可以看出，在非机动阶段（前 300 s，700～900 s）自适应选择的优化效果比较明显，此时选择 CF 脉冲数较多的组合脉冲串作为发射波形；而在机动阶段（约 300～700 s），位置均方根误差曲线呈现出一个“波峰”，此时波形参数曲线正好呈现出一个“波谷”，系统自适应选择 HFM 脉冲数较多的组合脉冲串作为发射波形，其位置均方根误差要比 CF 脉冲数为 12 时稍小一些，和距离分辨率最高的 CF 波形（n_p=16）效果相当。因此，总体来说，该动态波形选择算法能够在一定程度上提高跟踪性能。

过程噪声强度影响着目标运动模型的准确性。过程噪声越大，则系统对所选模型模拟真实目标运动过程的宽容度也就越高。如果过程噪声很小，那么只有当目标真实的运动过程与该模型非常吻合的时候，才能保证跟踪的有效性。图 8-22 和图 8-23 所示分别为 q=0.5、q=0.1 时不同波形的 RMSE 对比及最优波形参数曲线。

对比图 8-21（a）、图 8-22（a）和图 8-23（a）可以看出，当过程噪声密度较小时（q=0.1），跟踪的整体效果变差。在非机动阶段，位置跟踪误差虽然也遵循随 q 值减小而增大的规律，但差别并不明显；而当目标出现机动时，q 值过小则会导致位置跟踪误差突然增大。可以推断，当采用的固定脉冲串中含有较多的 HFM 脉冲时，位置跟踪误差较大，此时系统模型带来的影响在位置跟踪误差中并不是主要的，而当固定脉冲串中 CF 脉冲数目较多时，位置误差比较低，目标机动以及模型的好坏，对目标跟踪的影响都比较明显。

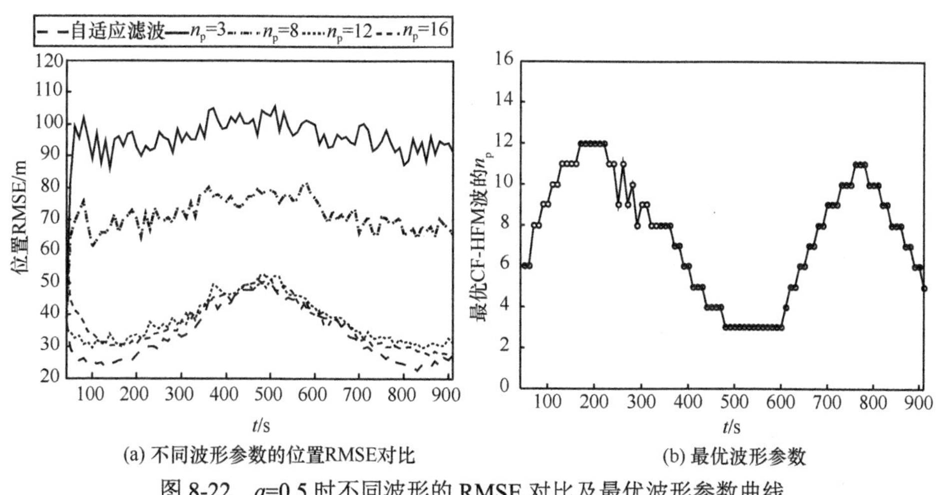

(a) 不同波形参数的位置RMSE对比　　(b) 最优波形参数

图 8-22　q=0.5 时不同波形的 RMSE 对比及最优波形参数曲线

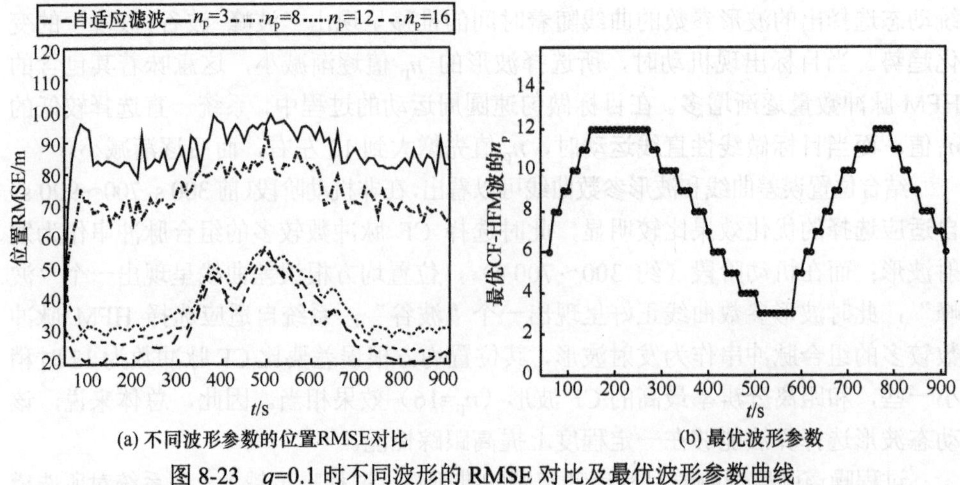

(a) 不同波形参数的位置RMSE对比　　(b) 最优波形参数

图 8-23　q=0.1 时不同波形的 RMSE 对比及最优波形参数曲线

总体来说，将序贯卡尔曼滤波作为跟踪器，根据目标与传感器之间相对位置的变化而动态地选择发射波形可以明显改善跟踪的性能。

参考文献

[1] GINI F, DE MAIO A, PATTON L K. Waveform design and diversity for advanced radar systems[M]. [S.l.]: The Institution of Engineering and Technology, 2012.

[2] KERSHAW D J, EVANS R J. Optimal waveform selection for tracking systems[J]. IEEE Transactions on Information Theory, 1994, 40(5): 1536-1550.

[3] KERSHAW D J, EVANS R J. Waveform selective probabilistic data association[J]. IEEE Transactions on Aerospace and Electronic Systems, 1997, 33(4): 1180-1188.

[4] SIRA S P, PAPANDREOUS-SUPPAPPOLA A, MORRELL D. Dynamic configuration of time-varying waveforms for agile sensing and tracking in clutter[J]. IEEE Transactions on Signal Process, 2007, 55(7): 3207-3217.

[5] 王冰. 面向目标跟踪的自适应雷达参数选择与波形设计[D]. 北京：清华大学, 2011.

[6] WANG J, QIN Y, WANG H, et al. Dynamic waveform selection for maneuvering target tracking in clutter [J]. IET Radar, Sonar and Navigation, 2013, 7(7): 815-825.

[7] WANG B B, SUN J P, ZHANG X W. Waveform-agile unscented Kalman filter for radar target tracking[C]//CISP-BMEI Conference. Piscataway: IEEE Press, 2016: 1173-1177.

[8] 韩崇昭. 多源信息融合[M]. 北京：清华大学出版社, 2006.

[9] NIU R, WILLETT P, BAR-SHALOM Y. Tracking considerations in selection of radar waveform for range and range-rate measurements [J]. IEEE Transactions on Aerospace and Electronic Systems, 2002, 38(2): 467-487.

[10] WANG B B, SUN J P, FU J B. Waveform-agile sequential extended Kalman filter for maneuvering target[C]//2015 IET International Radar Conference. Piscataway: IEEE Press, 2015: 148-152.

第 9 章 MIMO 雷达波形

本章介绍 MIMO 雷达的基本原理，以及 MIMO 雷达正交波形设计的信号模型和设计准则。针对相位编码正交波形设计问题，介绍一种基于量子遗传算法的波形优化设计方法，并给出仿真验证结果。

9.1 MIMO 雷达简介

多输入多输出（Multiple-Input Multiple-Output，MIMO）雷达是一种新兴的有源探测技术，现已成为雷达技术领域的一个研究热点[1-2]。顾名思义，MIMO 雷达就是采用多通道发射、多通道接收技术的雷达的总称。MIMO 技术最先起源于无线通信，其采用收发天线阵列的空间复用增益和空间分集增益来抑制无线信道的衰落，可以极大地提高无线传输性能。MIMO 可以简单定义为：在一个任意的无线系统中，链路的发射端和接收端都使用多副天线或多个阵元，也包括单入多出（Single-Input Multiple-Output，SIMO）系统和多入单出（Multiple-Input Single-Output，MISO）系统，对其研究主要集中在智能天线、空间分集、空间复用和信道模型等方面。MIMO 技术的核心思想是：将发送端的信号分开而将接收端天线的信号合并，使每个 MIMO 用户的传输质量——比特误码率（Bit Error Ratio，BER）或数据速率得到改进，从而提高网络服务质量。2003 年，Bliss 和 Forsythe[3]将无线通信中的 MIMO 技术引入雷达中，并首次提出了 MIMO 雷达的概念。

根据发射天线和接收天线的间距大小，可以将 MIMO 雷达分为分布式 MIMO 雷达和集中式 MIMO 雷达两类，分布式 MIMO 雷达如图 9-1 所示，系统的收发天线相距很远，它们可以分别从不同的视角观察目标。集中式 MIMO 雷达如图 9-2 所示，系统的收发天线相距较近，各个天线对目标的视角近似相同。每个天线发射不同的正交波形，并接收所有正交波形的回波信号。

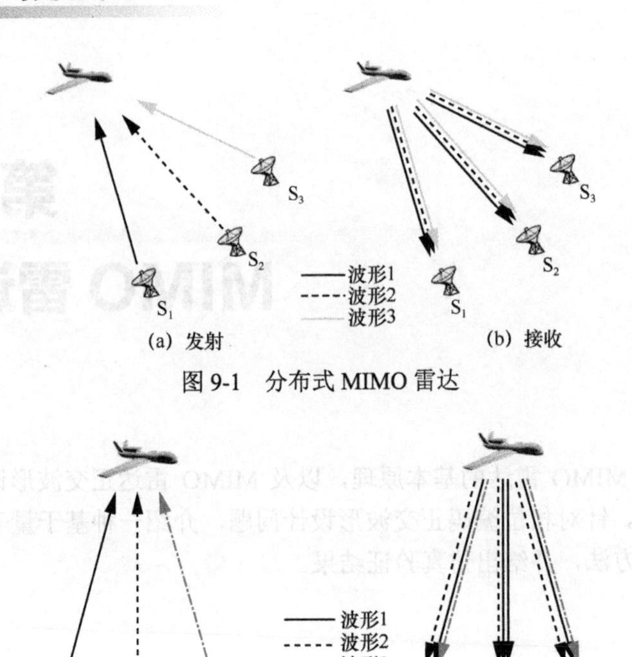

图 9-1 分布式 MIMO 雷达

图 9-2 集中式 MIMO 雷达

对于分布式 MIMO 雷达来说，由于各个天线对目标有不同的观测视角以及目标回波的独立性，在统计意义下，这类 MIMO 雷达可以克服目标的闪烁效应，从而提高雷达对目标的探测性能。对于集中式 MIMO 雷达来说，其特点是收发天线或阵元间距较小。与相控阵雷达相比，集中式 MIMO 雷达可以自由设计每个阵元的发射信号波形，从而对空间目标具有更高的分辨率，对低速运动目标具有更好的灵敏度和对一般目标具有更佳的参数辨别能力。此外，集中式 MIMO 雷达可以更加灵活地设计发射方向图，从而使得雷达系统的工作模式非常灵活。

MIMO 雷达的每副天线或每个阵元都可以自由选择发射优化设计的信号波形，也就是所谓的波形分集。阵列的发射信号波形辐射到空间某处并线性叠加形成空间合成信号，目标处的空间合成信号被反射回雷达的接收系统，这些回波信号自身具有时域自相关特性，它们之间具有时域互相关特性。为了抑制来自不同方向的目标回波信号间的相互干扰，要求目标处的空间合成信号之间的互相关要小。同时为了能够顺利地检测并区分来自同一方向的不同目标，要求这些空间合成信号或者目标回波信号具有良好的自相关特性。

波形分集赋予了 MIMO 雷达巨大的潜在能力，对于挖掘这些潜在的能力，波形设计技术具有重要的作用[4]。

① 通过合理设计发射信号波形，综合发射方向图，可以动态管理雷达系统的电磁能量。传统的相控阵雷达是通过控制各个通道发射信号波形的相位来实现系统空间能量的分配，即形成满足一定要求的发射方向图。MIMO 雷达可以控制每个通道（天线或阵元）的发射波形，其合成发射方向图的可控自由度远大于相控阵雷达，因此，MIMO 雷达合成发射方向图更为灵活，进而使得系统的工作模式更为灵活。

② 优化发射信号波形，使空间合成信号具有良好的时域自相关特性和时域互相关特性。所设计的发射信号波形如果使空间合成信号满足上述良好的时域自相关特性，则对于雷达接收系统来说，就能很好地进行脉冲压缩，从而顺利地提取目标的距离、速度和方位信息；如果使空间合成信号满足较低的时域互相关，则不同方向的目标回波间的相互干扰就很低。此外，整个雷达系统很难被敌方侦察机交叉定位，从而提高整个雷达系统的战场生存能力。

集中式 MIMO 雷达由传统的相控阵雷达衍生而来。相控阵雷达每个阵元发射的信号是相同的，它通过调节每个阵元移相器的相位进行空间波束扫描，每次移相的周期比较长，一般为一个脉冲重复周期。由此可见，相控阵雷达发射波形单一，波束驻留时间长，因此很容易被敌方侦察机发现，并且非常容易被精确定位，从而很有可能被摧毁，在战场生存能力差。集中式 MIMO 雷达每个阵元具备独立的快速波形产生器，因而具备波形捷变能力。集中式 MIMO 雷达在目标搜索阶段可以处于相控阵模式，在目标跟踪阶段，按需分配发射电磁能量。

从 MIMO 雷达概念的诞生到现在，MIMO 雷达的波形设计主要围绕正交波形设计、发射方向图匹配设计和发射信号波形合成等 3 个方面展开研究。

9.2　信号模型和设计准则

MIMO 雷达波形设计需要从多个方面考虑，包括自相关特性、互相关特性、峰值因子、能量谱形状和多普勒特性等。自相关特性主要是自相关旁瓣峰值电平和主瓣宽度，在强回波中检测弱目标等情况下，对波形的自相关特性提出了很高的要求，需要足够窄的主瓣和足够低的旁瓣；互相关特性主要包括互相关峰值电平和互相关平均电平，更低的互相关值有利于降低信号之间的干扰；峰值因子即波形的最大幅度与均方根幅度之比，反映了雷达发射机功率的有效性；能量谱形状与频带利用和硬件实现有关，平坦、紧凑的能量谱形状可以更有效地利用频带，同时也更易于硬件实现；而多普勒特性主要与信号的时间长度有关，长度越长，多普勒特性越好。

多个信号之间的正交性能主要通过互相关特性体现。对于信号 $s_1(t), s_2(t), \cdots, s_N(t)$，$N$ 为总信号数，其互相关函数为

$$r_{ij}(\tau)=\int_{-\infty}^{+\infty} s_i(t)s_j^*(t-\tau)\,\mathrm{d}t, \quad i\neq j \tag{9-1}$$

其中，i、j 表示任意两个信号，*表示共轭。当两个波形完全正交时，有

$$r_{ij}(\tau)=0 \tag{9-2}$$

在工程实现上，理想的正交波形很难实现，大多数情况下使用的正交波形事实上是准正交波形，即其互相关函数式（9-1）不为零。为了提高波形之间的正交特性，降低信号之间的干扰，需要波形的互相关值尽可能小。一般通过互相关的峰值电平和平均电平来衡量波形的互相关特性，因此，这里将正交波形的设计准则定为，在满足自相关旁瓣峰值电平小于一定值的约束条件下，使互相关峰值电平尽量小。

正交波形有多种实现方式，需选择一种作为信号模型进行优化设计。传统的MIMO 雷达使用的正交信号有正交点频脉冲（Single Frequency Pulse，SFP）信号、伪随机相位编码（Pseudo-random Phase Coding，PPC）信号、正交离散频率编码信号（Discrete Frequency Coding Waveform，DFCW）、正交频分复用线性调频（Orthogonal Frequency Division Multiplexing- LFM，OFDM-LFM）信号等[5-7]。综合考虑需要满足多个波形、互相关峰值可以优化和相参波束合成可以实现等条件，本章选择 PPC 波形作为优化设计的信号模型。

假设 MIMO 雷达有 M 个发射阵元，其中第 i 个阵元发射的信号为 $s_i(t), i=1,2,\cdots,M$，每个信号包含 N 个子脉冲，对于 PPC 信号，信号集表示为

$$\left\{s_i(t)=a(t)\exp\left[\mathrm{j}\phi_i(p)\right], p=1,2,\cdots,N\right\}, i=1,2,\cdots,M \tag{9-3}$$

其中，

$$a(t)=\begin{cases}\dfrac{1}{\sqrt{N\tau}}, & 0<t<N\tau \\ 0, & \text{其他}\end{cases} \tag{9-4}$$

其中，τ 是子脉冲宽度，$\phi_i(p)$ 是子脉冲的相位。如果采用 K 相编码，则子脉冲的相位 $\phi_i(p)$ 只能取 $2\pi/K$ 的整数倍。即

$$\phi_i(p)\in\left\{0,\frac{2\pi}{K},2\frac{2\pi}{K},\cdots,(K-1)\frac{2\pi}{K}\right\} \tag{9-5}$$

因此，PPC 信号的互相关函数为

$$\mathrm{CCF}(\phi_i,\phi_j,n)=\begin{cases}\dfrac{1}{N}\displaystyle\sum_{m=1}^{N-n}\exp\left\{\mathrm{j}\left[\phi_i(m)-\phi_j(m+n)\right]\right\}, & 0\leqslant n<N \\ \dfrac{1}{N}\displaystyle\sum_{m=-n+1}^{N}\exp\left\{\mathrm{j}\left[\phi_i(m)-\phi_j(m+n)\right]\right\}, & -N<n<0\end{cases}, \quad i\neq j \tag{9-6}$$

根据设计准则，对于一组阵元发射的信号 x（包含 M 个信号 $x_1,x_2,\cdots,x_M$），其优化函数设计为，在满足自相关旁瓣峰值电平的约束条件下，求任意两个波形之间的互相关峰值电平，并取其中的最大值，即

$$f(x)=\begin{cases}\max\limits_{1\leqslant i<j\leqslant M,-N<n<N}\left|\mathrm{CCF}(x_i,x_j,n)\right|, & g(x)\leqslant L\\ 1, & g(x)>L\end{cases} \tag{9-7}$$

其中，$\mathrm{CCF}(x_i,x_i,n)$ 为两个波形之间互相关函数，如式（9-6）所示。而 $g(x)$ 则是求每个波形的自相关旁瓣峰值电平，并取其中的最大值，如式（9-8）所示。L 则是设定的自相关旁瓣峰值电平的约束值。式（9-7）中函数在 $g(x)>L$ 时取 1，大于归一化的互相关峰值电平，表示当一个信号的自相关旁瓣峰值不满足约束条件时，认为该信号的性能很差，而不需要讨论其互相关特性。

$$g(x)=\max_{1\leqslant i\leqslant M,-N<n<N}\left|\mathrm{ACF}(x_i,n)\right| \tag{9-8}$$

其中，$\mathrm{ACF}(x_i,n)$ 为每个波形的自相关函数。

$$\mathrm{ACF}(x_i,n)=\begin{cases}\dfrac{1}{N}\sum\limits_{m=1}^{N-n}\exp\left\{\mathrm{j}\left[x_i(m)-x_i(m+n)\right]\right\}, & 0\leqslant n<N\\ \dfrac{1}{N}\sum\limits_{m=-n+1}^{N}\exp\left\{\mathrm{j}\left[x_i(m)-x_i(m+n)\right]\right\}, & -N<n<0\end{cases} \tag{9-9}$$

9.3 基于量子遗传算法的正交波形设计

本节主要讨论如何利用量子遗传算法（Quantum Genetic Algorithm，QGA）进行正交波形设计。首先对遗传算法（Genetic Algorithm，GA）和量子遗传算法进行介绍，然后对量子旋转门的旋转策略进行调整，最后将信号的自相关旁瓣峰值电平和互相关峰值电平作为评价标准，建立适应度函数，并给出算法的步骤和流程。

9.3.1 遗传算法

遗传算法是一种随机全局搜索算法[8]，它对目标空间进行随机搜索。GA 将问题域中的可能解看作群体的一个个体或染色体，并对每一个个体用二进制表示法或浮点数表示法进行编码，现有模型的参数化，把代表模型集参数空间中的每一点都一一映射到染色体空间的染色体上，对群体反复进行基于遗传学的操作，根

据预定的目标函数对每个个体进行评价。经过基本的遗传操作过程，反复迭代不断优化繁殖以产生新的一代，不断得到更优的群体，同时以全局并行搜索方式来搜索优化群体中的最优个体，得到满足要求的最优解。

在很多情况下，我们解决一个问题就是从一大堆的数据中寻找一个解，而通常这个解都是混杂在数据中的。所有可行解组成的空间被称为搜索空间（也称为状态空间）。搜索空间中的每一个点都是一个可行解，每一个可行解都可以被它的函数值或是它的适应度标记。问题的解是搜索空间中的一个点，于是我们就要从搜索空间中找到这个点。这样，求解问题就可以转化为在搜索空间中寻找极值点。搜索空间在求解问题时可能是完全已知的，但一般来说我们只知道一些孤立的点，然后逐渐地生成其他点。可能这个搜索过程会很复杂，我们甚至不知道该去哪里搜索或者该从什么地方开始搜索。但是，有很多寻找合适解的方法，比如说爬山法、模拟退火算法以及遗传算法等。用遗传算法求出来的解一般被认为是一个比较好的解。

遗传算法的几个基本概念如下。

染色体（Chromosome）：在使用 GA 时，需要把问题解编成具有固定结构的符号串，它的每一位代表一个基因。一个染色体就代表问题的一个可行解，每个染色体称为一个个体。

种群（Population）：每代遗传产生的染色体总数。一个种群包含了该问题在某一遗传代中的一些可行解的集合。

适应度（Fitness）：每个染色体对应具体问题的一个解，每个解对应的评估函数值即适应度，它是衡量染色体对环境适应度的指标，也是反映实际问题的目标函数。

经典遗传算法（Simple Genetic Algorithm，SGA）是所有遗传算法的基础，也是研究各种遗传算法性能和优缺点的对象。经典遗传算法的基本流程如图 9-3 所示，基本步骤如下。

① 对所涉及问题的可行解进行染色体编码。

② 针对问题，寻找一个客观的适应度函数（Fitness Function）。

③ 生成满足所有约束条件的初始种群（Initial Population）。

④ 计算种群中每个染色体的适应度。

⑤ 若满足停止条件，退出循环，输出最优解；否则，继续向下执行。

⑥ 根据每个染色体的适应度，产生新的种群，即进行选择操作。

⑦ 进行交叉操作和变异操作。

⑧ 返回步骤④进行计算。

下面介绍遗传算法常见编码方法和基本操作。

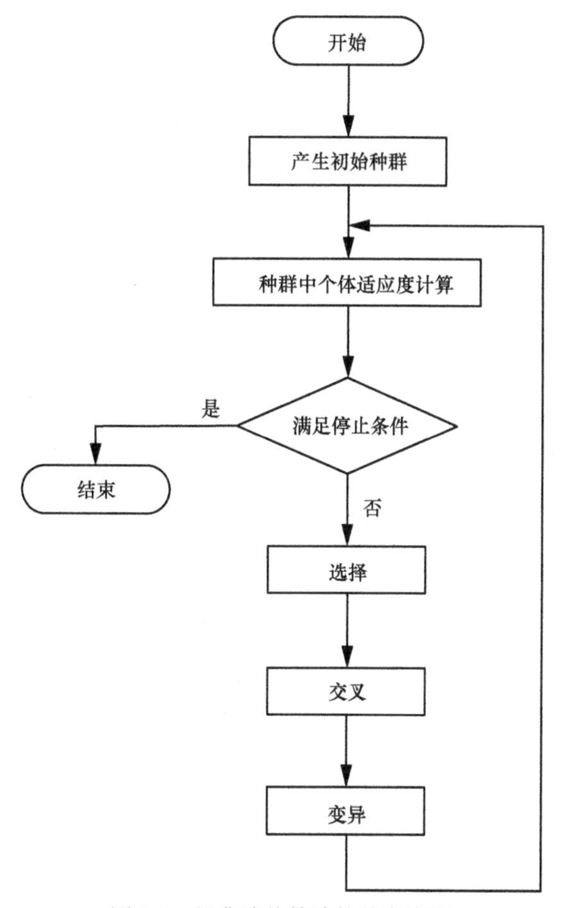

图 9-3　经典遗传算法的基本流程

1．编码问题

如何将问题的解编码成染色体是遗传算法使用中的关键问题。在遗传算法执行过程中，对不同的具体问题进行编码，编码的好坏直接影响选择、交叉和变异等遗传算法中的基本操作。在遗传算法中描述问题的可行解，即把一个问题的可行解从其解空间转换到遗传算法所能处理的搜索空间，这种转换方法就称为编码。而由遗传算法可行解空间向问题可行解空间的转换称为解码（或称译码）。

根据采用的符号，编码的方式可以分类如下。

- 二进制编码（Binary Encoding）。
- 实数编码（Real-number Encoding）。
- 整数和字母排列编码。
- 一般数据结构编码。

二进制编码方法是遗传算法中最主要的一种编码方法，它使用的编码符号集是由二进制符号 0 和 1 组成的二值符号集{0，1}，它所构成的个体基因型是一个二进制编码符号串。二进制编码符号串的长度与问题所要求的求解精度有关。

二进制编码不便于反映所求问题的结构特征，对于一些连续函数的优化问题，也由于遗传运算的随机特性而使得其局部搜索能力较差。为了改进这个特性，人们提出使用格雷码（Gray Code）对个体进行编码。格雷码连续的两个整数所对应的编码之间只有一个码位是不同的。格雷码是二进制编码方法的一种变形。

实数编码对于函数优化问题最有效。实数编码在函数优化和约束优化领域比二进制编码和格雷码更有效的说法，已经得到了广泛的验证。实数编码基因型空间中的拓扑结构与其表现型空间中的拓扑结构一致，因此很容易从传统优化方法中借鉴好的技巧来形成有效的遗传算子。

整数和字母排列编码对于组合优化问题最有效。组合优化问题最关键的是要寻找满足约束项目的最佳排列和组合，因此字母排列编码对于这类问题是最有效的方法。

选用什么编码方法主要取决于所要求解问题的本身。

2．基本操作

遗传算法包括 3 种基本的操作：选择、交叉、变异。

（1）选择

选择又称为复制，指在群体中选择生命力强的个体产生新的群体的过程。遗传算法使用选择算子对群体中的个体进行优胜劣汰操作：根据每个个体的适应度值大小来选择，适应度较高的个体被遗传到下一代群体中的概率较大；适应度较低的个体被遗传到下一代群体中的概率较小。这样就可以使得群体中个体的适应度值不断接近最优解。选择操作建立在对个体的适应度进行评价的基础之上。选择操作的主要目的是避免有用遗传信息丢失，提高全局收敛性和计算效率。选择算子的好坏，直接影响遗传算法的计算结果。选择算子不应造成群体中相似度值相近的个体增加，使得子代个体与父代个体相近，导致进化停止不前；或使适应度值偏大的个体误导群体的发展方向，使遗传失去多样性，产生早熟问题。其常用的方法如下。

① 轮盘赌或蒙特卡罗选择法：其利用每个个体适应度与所有个体适应度之和的比值作为概率从而决定其子孙的遗传可能性。若某个个体为 i，其适应度为 f_i，则其被选择的概率表示为

$$p_i = \frac{f_i}{\sum_{i=1}^{M} f_i} \tag{9-10}$$

其中，M 为种群中的个体数。显然，选择概率大的个体能多次被选中，它的遗传因子就会在种群中扩大。

② 最佳个体保存法：群体中适应度最高的个体不进行配对交叉，直接被复制到下一代中。

③ 排序选择法：指在计算每个个体的适应度后，根据适应度大小顺序对群体中的个体排序，然后把事先设计好的概率表按序分配给个体，作为各自的选择概率。所有个体按适应度大小排序，选择概率与适应度无直接关系而仅与序号有关。除此之外，还有随机遍历抽样法、联赛选择法和分级选择法等。

（2）交叉

交叉是指把两个父代个体的部分结构加以替换重组而生成新个体的操作，也被称为基因重组。交叉操作的作用是产生新的个体，交叉操作是 GA 区别于其他进化算法的重要特征，遗传算法中起核心作用的是遗传操作的交叉算子，各种交叉算子都包括两个基本内容：在选择操作形成的群体中，对个体随机配对并按预先设定的交叉概率来决定每对是否需要进行交叉操作；设定配对个体的交叉点，并对这些点前后的配对个体的部分结构（或基因）进行相互交换。常用的交叉操作方法如下。

① 单点交叉算子。

从群体中随机取出两个字符串，设串长为 L，随机确定交叉点，它是 1 到 $L-1$ 间的正整数。于是，将两个串的右半段互换再重新连接得到两个新串。当然，得到的新串不一定都能保留到下一代，需要和原来的串进行比较，保留适应度大的两个，如下所示。

父个体 A：0 1 0 0 1 1 0 0 0 1

父个体 B：1 1 0 1 0 0 1 1 1 1

若交叉点的位置为 5，交叉后产生两个子个体为

子个体 1：0 1 0 0 1 0 1 1 1 1

子个体 2：1 1 0 1 0 1 0 0 0 1

② 两点交叉算子。

两点交叉是指在个体编码串中随机设置了两个交叉点，然后再进行两交叉点之间的部分染色体基因交换。对于上述父个体，若两个交叉点分别为 3 和 8，则交叉后产生的子个体为

子个体 1：0 1 0 1 0 0 1 0 0 1

子个体 2：1 1 0 0 1 1 0 1 1 1

③ 多点交叉算子。

将单点交叉与两点交叉的概念加以推广，可得到多点交叉的概念。多点交叉是指在个体编码串中随机设置多个交叉点，然后进行基因交换。以上述父个体为例，设交叉点位置为 2、5、8，则交叉后的两个新的子个体为

子个体 1：0 1 0 1 0 1 0 0 1 1

子个体 2：1100101101

除了上述交叉方法，还有均匀交叉、部分匹配交叉、顺序交叉、循环交叉等交叉方法。

（3）变异

变异是指对群体中的个体串的某些基因位上的基因值做变动。交叉和变异是遗传算法中最重要的部分，算法的结果受交叉和变异的影响最大。变异的目的有两个：使遗传算法具有局部的随机搜索能力；保持群体的多样性。选择和交叉算子基本上完成了遗传算法的大部分搜索功能，而变异则增强了遗传算法找到接近最优解的能力。变异就是以很小的概率随机地改变字符串某个位置的值。在二进制编码中，变异算子随机地将某个位置的“1”变成“0”，或者“0”变成“1”。变异本身是一种随机搜索，然而与复制、交叉算子结合在一起，就能避免由复制与交叉算子而引起的某些信息的永久丢失，保证了遗传算法的有效性。

3．遗传算法的特点

遗传算法不同于传统寻优算法的特点在于：① 遗传算法在寻优过程中，仅需要得到适应度函数的值作为寻优的依据；② 遗传算法的优化搜索是从问题解的集合（种群）开始，而不是从单个解开始；③ 遗传算法使用概率性的变换规则，而不是确定性的变换规则；④ 遗传算法适应度函数的计算相对于寻优过程是独立的；⑤ 遗传算法面对的是参数的编码集合，而非参数集合本身，通用性强。它尤其适用于处理传统优化算法难以解决的复杂和非线性问题。

9.3.2 量子遗传算法

遗传算法是一种经典的智能优化算法。但是在面对复杂的大规模计算问题时，遗传算法暴露出搜索速度较慢、容易“早熟”陷入局部极值等缺点。因此我们使用量子遗传算法进行波形设计。量子遗传算法是在遗传算法的基础上引入了量子计算后形成的算法[6]。与传统的遗传算法一样，量子遗传算法也包括构造种群、计算适应度、种群更新的方法。但与前者不同的是，量子遗传算法的比特位是量子比特位，而非确定的经典的比特位。量子比特位借鉴了量子理论，表示为$|0\rangle$和$|1\rangle$两个态的任意中间态，描述为

$$|\varphi\rangle=\alpha|0\rangle+\beta|1\rangle \tag{9-11}$$

其中，复数α和β表示相应的比特状态的概率幅，且其模满足归一化条件，

$$|\alpha|^2+|\beta|^2=1 \tag{9-12}$$

其中，$|\alpha|^2$表示测量值取$|0\rangle$的概率，$|\beta|^2$表示测量值取$|1\rangle$的概率。

由于量子遗传算法的染色体处于叠加态或者纠缠态，因此传统遗传算法的选

择、交叉、变异操作无法应用在量子遗传算法中，而是使用量子门代替，其中主要应用的是量子旋转门和量子非门。量子旋转门的作用是在最优个体信息的指导下，对量子比特的概率幅的角度进行旋转，以实现量子状态的改变。这样，子代种群将不会由父代群体杂交决定，而是由父代种群中的最优个体与当前染色体向该最优个体靠拢之后的概率幅决定。旋转后的概率幅为

$$\begin{bmatrix}\alpha'\\ \beta'\end{bmatrix}=\begin{bmatrix}\cos(\Delta\theta) & -\sin(\Delta\theta)\\ \sin(\Delta\theta) & \cos(\Delta\theta)\end{bmatrix}\begin{bmatrix}\alpha\\ \beta\end{bmatrix}=\begin{bmatrix}\cos(\varphi+\Delta\theta)\\ \sin(\varphi+\Delta\theta)\end{bmatrix} \tag{9-13}$$

其中，$\Delta\theta$ 为旋转角，可设置旋转角的步长为 φ，用于控制算法的收敛速度。$s(\alpha_i,\beta_i)$ 为旋转角的调整方向，$f(x)$ 为适应度函数，旋转角的方向与大小见表 9-1，其中 x_i 代表当前染色体的第 i 个基因位，而 b_i 代表父代的最优染色体的第 i 个基因位。而 $f(x)$ 和 $f(b)$ 分别代表当前染色体和最优染色体的适应度函数值。这里对旋转角的调整策略进行了优化，使用的调整策略是：当 $x_i=b_i$ 时，当前染色体和最优染色体的第 i 位基因相同，因此不做调整，旋转角为 0；当 $x_i\neq b_i$ 时，将当前染色体的适应度 $f(x)$ 与父代的最优染色体的适应度进行比较，并给定旋转角的方向和大小，使得染色体的概率幅向适应度函数值更小的方向演化。旋转角的步长 φ 随着迭代次数进行调整，在迭代次数较小的时候选择更大的步长可以加快算法收敛，在迭代次数较大的时候选择较小的步长可以防止“早熟”陷入局部极值。

表 9-1　旋转角调整策略

x_i	b_i	$f(x)>f(b)$	$\Delta\theta_i$	$s(\alpha_i,\beta_i)$			
				$\alpha_i\beta_i>0$	$\alpha_i\beta_i<0$	$\alpha_i=0$	$\beta_i=0$
0	0	真	0	—	—	—	—
0	0	假	0	—	—	—	—
0	1	真	δ	−1	+1	±1	0
0	1	假	δ	+1	−1	0	±1
1	0	真	δ	+1	−1	0	±1
1	0	假	δ	−1	+1	±1	0
1	1	真	0	—	—	—	—
1	1	假	0	—	—	—	—

为了避免算法结果“早熟”，我们要提高算法的局部搜索能力，在通过量子旋转门之后，使用量子非门模拟染色体的变异。变异的具体方法为，首先以事先给定的概率从种群中选择若干个体，并按概率确定若干个基因位，对这些基因位执行量子非门操作，模拟染色体的变异。量子非门的操作实际上是改变原先坍缩到某一个状态的倾向，使其以该程度的倾向坍缩到另一个状态。变异后的概率幅为

$$\begin{bmatrix}\alpha' \\ \beta'\end{bmatrix}=\begin{bmatrix}0 & 1 \\ 1 & 0\end{bmatrix}\begin{bmatrix}\alpha \\ \beta\end{bmatrix}=\begin{bmatrix}\beta \\ \alpha\end{bmatrix} \tag{9-14}$$

量子遗传算法流程如图 9-4 所示。与传统的遗传算法相比，量子遗传算法最大的不同之处在于使用了量子比特而不是经典的确定的比特。这样在搜索过程中，量子遗传算法可以用更少的个体表达更丰富的种群，提高种群的多样性，并提高了全局搜索能力，防止过早收敛到局部极值。同时，由于采用了旋转角的调整策略，量子遗传算法拥有较快的收敛速度。

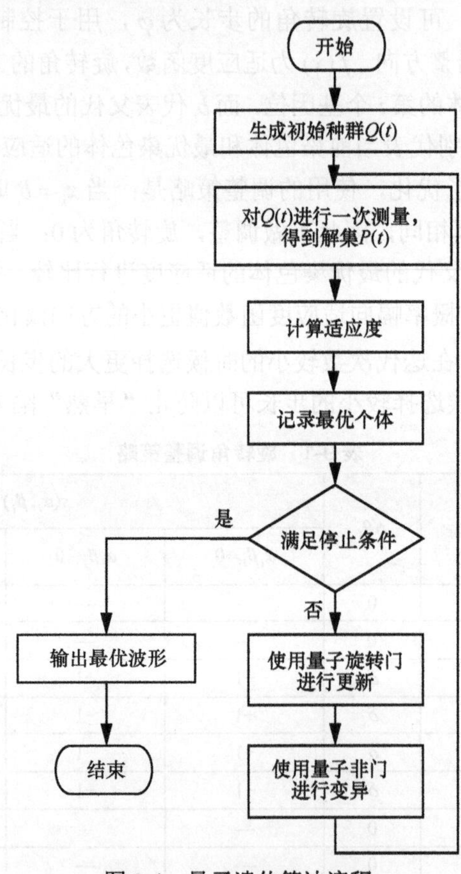

图 9-4　量子遗传算法流程

9.3.3　正交信号波形设计过程

本节介绍基于量子遗传算法对正交信号波形优化设计的具体过程，具体步骤如下。

步骤 1　给定种群大小、最大迭代次数、旋转角步长、变异概率等算法参数。

步骤 2　利用随机相位编码初始化种群并生成解集。

将种群定义为

$$Q(t)=\{q_{t,1},\ q_{t,2},\ q_{t,3},\cdots,q_{t,n}\} \tag{9-15}$$

其中，t 是迭代次数，n 是种群中的个体数目。对于种群中的第 k 个个体，有

$$q_{t,k}=\begin{bmatrix}\alpha_{t,k,1} & \alpha_{t,k,2} & \alpha_{t,k,3} & \cdots & \alpha_{t,k,l}\\ \beta_{t,k,1} & \beta_{t,k,2} & \beta_{t,k,3} & \cdots & \beta_{t,k,l}\end{bmatrix} \tag{9-16}$$

其中，$l=MNK$ 为每个个体的量子比特数；M 为正交信号波形的数量，即通道数；N 为波形的码长；K 为每个相位角占用的比特数。

然后将所有概率幅都进行随机初始化。与初始化为 $1/\sqrt{2}$ 相比，随机初始化可以增大个体间的差异，提高种群多样性，防止过早收敛。根据种群的概率幅状态生成含 n 个个体的二进制解集 $P(t)$。

$$P(t)=\begin{bmatrix}p_{1,1}(t) & p_{1,2}(t) & \cdots & p_{1,l}(t)\\ p_{2,1}(t) & p_{2,2}(t) & \cdots & p_{2,l}(t)\\ \vdots & \vdots & & \vdots\\ p_{n,1}(t) & p_{n,2}(t) & \cdots & p_{n,l}(t)\end{bmatrix} \tag{9-17}$$

步骤 3　计算种群中每个个体的适应度，并记录最优个体。

对于步骤 2 中生成的二进制解集 $P(t)$，首先将其转化为波形集。将每 K 比特的数据作为一组，例如 $p_{i,K(j-1)+1}(t),p_{i,K(j-1)+2}(t),\cdots,p_{i,Kj}(t)$，并将其转化为相位值

$$\phi_{ij}(t)=2\pi\sum_{n=0}^{K-1}\left[2^{K-n}\,p_{i,K(j-1)+n}(t)\right] \tag{9-18}$$

这样就能将二进制解集转化为由相位构成的波形集：

$$\phi(t)=\begin{bmatrix}\phi_{1,1}(t) & \phi_{1,2}(t) & \cdots & \phi_{1,NM}(t)\\ \phi_{2,1}(t) & \phi_{2,2}(t) & \cdots & \phi_{2,NM}(t)\\ \vdots & \vdots & & \vdots\\ \phi_{n,1}(t) & \phi_{n,2}(t) & \cdots & \phi_{n,NM}(t)\end{bmatrix} \tag{9-19}$$

矩阵的每一行都是一个个体。对于每个个体 $\Theta_s(t)$，都包含长度为 N 的 M 个波形

$$\Theta_s(t)=\left[\Theta_{s,1}(t),\Theta_{s,2}(t),\cdots,\Theta_{s,M}(t)\right] \tag{9-20}$$

其中，

$$\Theta_{s,i}(t)=\left[\phi_{s,N(i-1)+1}(t),\phi_{s,N(i-1)+2}(t),\cdots,\phi_{s,Ni}(t)\right] \tag{9-21}$$

然后将式（9-16）作为适应度函数，求得$\Theta_s(t)$的适应度值为

$$f[\Theta_s(t)]=\begin{cases}\max\limits_{\substack{1\leqslant i<j\leqslant M\\-N<n<N}}\left|\mathrm{CCF}\left[\Theta_{s,i}\Theta_s(t),\Theta_{s,j}\Theta_s(t),n\right]\right|, & g(x)\leqslant L\\ 1, & g(x)>L\end{cases} \tag{9-22}$$

在对所有个体的适应度进行比较之后，选取适应度函数最小的个体作为当前种群的最优个体。比较当前种群的最优个体与原先记录的最优个体，若当前种群的最优个体优于记录的最优个体，则更新记录，否则仍然使用原先的最优个体。

步骤 4 在最优个体信息的指导下，根据表 9-1 调整策略，通过量子旋转门对$Q(t)$进行种群进化。

步骤 5 使用量子非门模拟种群的基因突变。

以给定的概率选择$Q(t)$中的若干个体，并选择个体中的若干基因位，对这些基因位使用量子非门进行种群变异，变异之后的基因位会将自身的两个概率幅互换，以此保持种群多样性，避免选择压力。

步骤 6 利用进化与变异后的种群概率幅生成新的解集，并将其由二进制转换为相位集。

步骤 7 计算新的种群的个体的适应度，并更新最优个体记录。

步骤 8 判断是否达到最大迭代次数。若否，迭代次数加一并转到步骤 4，继续进行循环；若是，则结束迭代计算，并输出最优个体信息。

9.4 仿真及分析

为了验证使用量子遗传算法进行 MIMO 雷达正交信号波形优化设计的效果，按表 9-2 进行仿真。为了加快算法收敛，在前 500 次迭代中使用 3 倍旋转角。利用量子遗传算法进行优化设计，迭代 10 000 次后，波形的自相关函数如图 9-5（a）～图 9-5（c）所示，其中横坐标表示时延（对应距离采样单元），纵坐标表示自相关函数（dB）。图 9-5 中自相关旁瓣的峰值为−23.8 dB，因此可以得出结论，所得波形具有良好的自相关特性。图 9-5（d）～图 9-5（f）所示为所得波形的互相关曲线，其中横坐标表示时延，纵坐标表示的互相关函数（dB）。图 9-5 中互相关的峰值为−27.0 dB，因此可以得出结论，所得波形具有良好的互相关特性。

表 9-2　仿真参数

参数	参数值
波形数	3
码长	1 000
种群容量	80
相位量化比特数	8
变异概率	0.05
自相关旁瓣约束值/dB	−23
迭代次数/次	10 000
旋转角步长/rad	0.01π

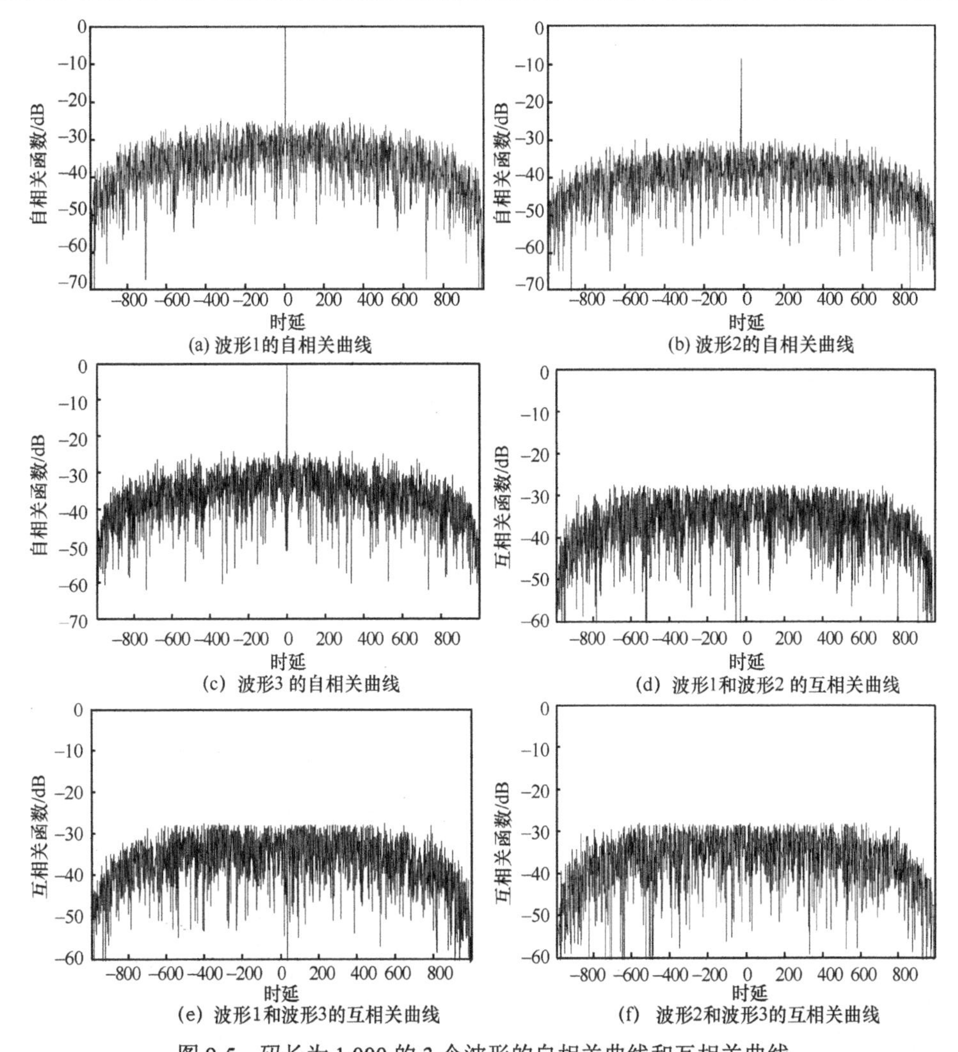

图 9-5　码长为 1 000 的 3 个波形的自相关曲线和互相关曲线

接着比较遗传算法与量子遗传算法所设计出正交信号波形的互相关性能。除自相关旁瓣峰值的约束值按照表 9-3 给定外，其余参数均按照表 9-2 给定，然后分别用文献[5]中的遗传-和声搜索算法、遗传算法和本文使用的量子遗传算法，分别设计码长从 100 到 1 000 的正交信号波形。设计结果的互相关峰值如图 9-6 所示，横坐标为正交信号波形的码长，纵坐标为对数形式的互相关峰值。由图 9-6 可知，对于所有码长在 100 到 1 000 之间的正交信号波形，量子遗传算法得到的波形的互相关峰值均明显低于其他两种算法得到的波形。由于适应度函数对自相关旁瓣峰值只设定了约束值，并没有进行优化，因此没有必要比较几种算法结果的自相关函数峰值。

表 9-3　自相关旁瓣峰值的约束值

码长	自相关旁瓣约束值/dB
100	−14
200	−15
300	−16
400	−17
500	−18
600	−19
700	−20
800	−21
900	−22
1 000	−23

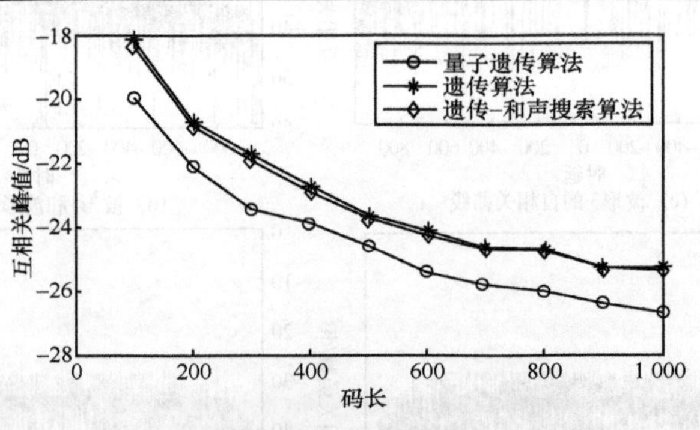

图 9-6　3 种算法所设计波形的互相关峰值

为了比较 3 种算法的优化速度，以码长为 100、自相关旁瓣峰值约束为−13 dB 为例，分别使用遗传算法、量子遗传算法和遗传-和声搜索算法进行波形设计，并记录其收敛情况。得到的结果如图 9-7 所示。从图 9-7 可以看出，在同样的迭代次数下，量子遗传算法的互相关峰值大部分低于另外两种算法。

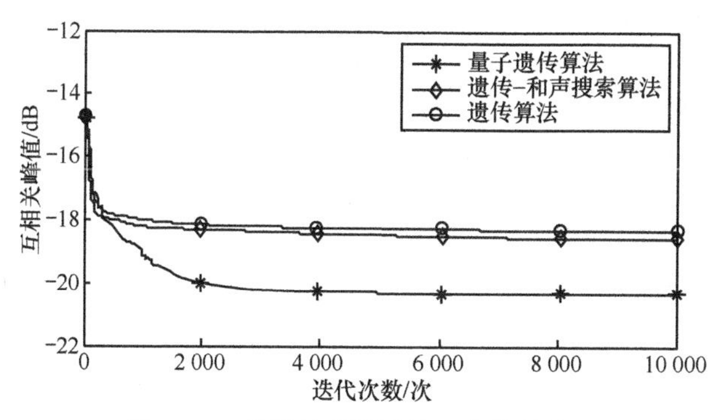

图 9-7　3 种算法所设计波形的收敛情况

最后使用量子遗传算法研究不同波形数对优化波形性能的影响。仍以码长为 100、自相关旁瓣峰值约束为−13 dB 为例，使用量子遗传算法进行波形设计，其中波形数从 2 到 10，并记录其优化结果的互相关峰值。得到的结果如图 9-8 所示。从图 9-8 可知，随着波形数的增加，波形的互相关峰值增高。因此，波形数越多，波形之间的正交性也就越弱。

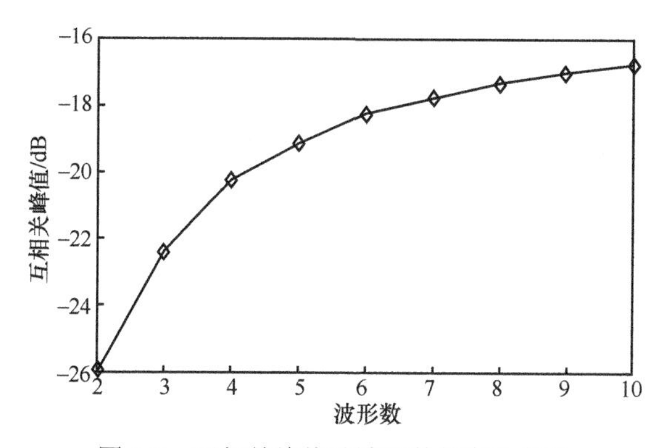

图 9-8　互相关峰值随波形数的变化曲线

参考文献

[1] BERGIN J, GUERCI J R. MIMO radar theory and application[M]. Boston: Artech House, 2018.

[2] 胡亮兵. MIMO 雷达波形设计[D]. 西安: 西安电子科技大学, 2010.

[3] BLISS D W, FORSYTHE K W. Multiple-input multiple-output (MIMO) radar and imaging: degrees of freedom and resolution[J]. Asilomar Conference on Signals Systems and Computers, 2002, 1(1): 54-59.

[4] GINI F, DE MAIO A, PATTON L. 先进雷达系统波形分集与设计[M]. 位寅生, 于雷, 译. 北京: 国防工业出版社, 2019.

[5] 谢雷振, 陈怡君, 康乐, 等. 遗传–和声搜索算法下的 MIMO 雷达正交多相码设计[J]. 电光与控制, 2018, 25(8): 23-27.

[6] 郝昭昕, 孙进平. 基于量子遗传算法的 MIMO 雷达正交信号波形设计[J]. 信号处理, 2019, 35(6): 1064-1071.

[7] 刘波. MIMO 雷达正交波形设计及信号处理研究[D]. 成都: 电子科技大学, 2008.

[8] 许国根, 贾瑛, 韩启龙. 模式识别与智能计算的 MATLAB 实现（第 2 版）[M]. 北京: 北京航空航天大学出版社, 2017.

名词索引

白化滤波器　154, 157, 170
波形分集　9～11, 210, 225
不确定原理　17
低截获概率　124, 125, 128, 131, 141, 147, 152
多普勒滤波　101, 107, 108, 111～113, 117
多普勒效应　5, 100～102
发射机　1, 10, 13, 20, 21, 35, 125～127, 138, 147, 148, 175, 211
分辨率　4, 6, 8, 9, 19, 33, 40, 48～57, 60～62, 65, 67, 69, 74, 75, 82, 83, 85, 88, 89, 91, 116, 140, 141, 147, 178, 179, 194, 207, 210
恒频-双曲调频组合脉冲串　175
接收机　1, 8, 12, 21～24, 26～30, 32, 103, 104, 107, 114～116, 124～129, 138, 140, 147～149, 153, 154, 158, 175
解析信号　12, 13, 15
卡尔曼滤波器　176
连续波信号　1, 60, 124, 127～129, 131, 138, 145
量测提取　176, 194, 197～199, 203～205
量子遗传算法　209, 213, 218, 220, 222, 224～226
模糊函数　8, 9, 20, 40～62, 64～67, 69, 72～75, 79～83, 87～98, 106, 113, 114, 118, 119, 124, 128, 130～137, 141, 142, 146, 147, 157, 175～179, 181, 195～198, 203, 204
奈曼-皮尔逊滤波器　156, 159
匹配滤波器　8, 12, 13, 24, 26, 28, 29, 31～34, 37, 40, 49, 60, 68, 75～77, 83, 91, 115, 129, 153, 154, 156, 168, 170, 180, 194, 195, 198
平均模糊函数　124, 129, 131, 141, 142, 146, 147

时频谱　124, 149, 151
无迹卡尔曼滤波　176, 188, 190
希尔伯特变换　14～16
线性调频脉冲信号　12, 60～68, 83, 92
相参脉冲串信号　60, 61, 69, 74, 77, 78
相参脉冲雷达　7, 20
相位编码信号　61, 85, 116
相位驻留原理　63
信干噪比　158
序贯扩展卡尔曼滤波　175, 176, 194, 199～201
循环平稳谱　150, 151
雅可比矩阵　161, 163～168, 202
遗传算法　213～218, 220, 222, 224, 225
占空比　104, 114, 115, 117, 118, 127
遮蔽效应　114, 115, 121～123
正交波形　209, 211～213, 226
周期模糊函数　124, 129, 130, 135～137